高等职业技术教育电子电工类系列教材

计算机辅助电路设计
Altium Designer 15

主　编　马安良

副主编　韩讲周　陈晓娥　姜有奇　赵亚转

主　审　闵卫锋

U0379208

西安电子科技大学出版社

内 容 简 介

本书从实用角度出发，全面介绍了计算机辅助电路设计软件 Altium Designer 15 的界面、基本组成、使用环境和软件的安装方法，着重介绍了电路原理图的绘制、印制电路板的设计与制作、电路仿真及信号分析、集成元器件库的创建等方面的内容。本书图文并茂，使用了大量的实例，将 Altium Designer 15 的各项功能结合起来进行了细致的介绍。书中列举的例子来源于教学实践或工程实例，读者按照书中精心提炼的实例步骤去操作，即可掌握 Altium Designer 的使用方法。

本书可作为高职高专院校电子类、电气类、自动化及机电一体化专业的教材，也可作为从事相关工作的工程技术人员进行电子及计算机辅助设计的参考用书。

图书在版编目(CIP)数据

计算机辅助电路设计 Altium Designer 15 / 马安良主编.
—西安：西安电子科技大学出版社，2016.8(2025.1 重印)
ISBN 978-7-5606-4256-7

Ⅰ.① 计…　　Ⅱ.① 马…　　Ⅲ.① 印刷电路—计算机辅助设计—应用软件—高等职业教育—教材　　Ⅳ.① TN410.2

中国版本图书馆 CIP 数据核字(2016)第 190914 号

责任编辑　马乐惠　秦志峰
出版发行　西安电子科技大学出版社(西安市太白南路 2 号)
电　　话　(029)88202421　88201467　　　邮　　编　710071
网　　址　www.xduph.com　　　　　　电子邮箱　xdupfxb001@163.com
经　　销　新华书店
印刷单位　广东虎彩云印刷有限公司
版　　次　2016 年 8 月第 1 版　　2025 年 1 月第 3 次印刷
开　　本　787 毫米×1092 毫米　1/16　印　张　17.25
字　　数　408 千字
定　　价　35.00 元
ISBN 978-7-5606-4256-7
XDUP 4548001-3
如有印装问题可调换

前　　言

计算机辅助电路设计就是将电路设计中的各种工作交由计算机来协助完成，这是现代电子技术设计中不可缺少的一项技术，也是从事电子类专业工作的人员必须掌握的内容。

Altium Designer 15 是一款一体化电子产品设计解决方案，它将设计流程、集成化 PCB 设计、可编程器件(如 FPGA)设计和基于处理器的嵌入式软件开发整合在一起。作为桌面板级设计系统，它将所有设计工具集成于一身，可完成从电路原理图到最终的印制电路板(PCB)设计的全部过程。从最初项目规划到最终形成生产数据，用户都可以按照自己的设计方式实现，从而真正享受方便、快捷、形象的自动化设计，并从繁琐的电路设计中解脱出来。

本书由多年来从事高职电子类专业教学的教师编写，理论与实践并重；从实用角度出发，通过实例系统地介绍了 Altium Designer 15 的功能和操作方法。按照本书的编排，读者可以轻松快速地掌握 Altium Designer 15 的使用方法并达到灵活应用的目的。

全书共 9 章。第 1 章为 Altium Designer 15 概述，第 2、3 章介绍电路原理图设计，第 4、5 章介绍印制电路板设计，第 6 章介绍集成元器件库的创建，第 7 章介绍电路仿真，第 8 章介绍多通道设计技术，第 9 章介绍综合实例。

本书的第 1、8、9 章由韩讲周编写，第 2 章由赵亚转编写，第 3、6 章及附录由陈晓娥编写，第 4、5 章由马安良编写，第 7 章由姜有奇编写。全书由杨凌职业技术学院马安良策划、统稿，闵卫锋主审。在本书的编写过程中，作者参考了多位专家的著作和文献，并得到了同行的大力支持，在此表示感谢。

由于编者水平有限，书中难免存在不足之处，敬请广大读者批评指正。

编　者
2016 年 5 月

目 录

第 1 章　Altium Designer 15 概述

内容提要

 📖 Altium Designer 15 的功能特点及安装与激活

 📖 Altium Designer 15 功能强大的文件管理系统

 📖 Altium Designer 15 工作面板的操作与控制

 📖 Altium Designer 15 各类设计文件的创建

 📖 使用 Altium Designer 15 进行 PCB 设计的基本步骤

1.1　Altium Designer 15 的发展历程

  Altium Designer 15 是 Protel 系列产品的后续升级版本，Protel 系列一直以其易学易用而深受广大电子设计者的喜爱。作为桌面板级设计系统，它将所有设计工具集成于一身，可完成从电路原理图到最终的印制电路板(PCB)设计的全部过程。用户从最初项目规划到最终形成生产数据都可以按照自己的设计方式实现，从而真正享受方便、快捷、形象的设计自动化，并从繁琐的电路设计中解脱出来。

  最初的 Protel 版本是 20 世纪 80 年代运行于 DOS 下的 TANGO。80 年代后期，随着 Windows 操作系统的广泛应用，Altium 公司着手开发利用 Microsoft Windows 作为平台的电子设计自动化软件。在 1991 年推出了基于 Windows 操作系统的 PCB 设计软件——Protel for Windows，接着 Altium 公司在 1998 年推出了 Protel 98，在 1999 年推出了划时代的 Protel 99 及其升级版 Protel 99SE。目前，还有相当数量的设计人员使用 Protel 99SE 进行 PCB 设计工作。Protel 99SE 对线路板设计行业的贡献相当巨大。进入 21 世纪，Altium 公司也顺应发展，于 2003 年推出了集成更多工具、使用更方便、功能更强大的 Protel DXP，而 Protel 2004 版产品则是 Altium 公司于 2004 年推出的一套将全部设计所需功能集于一身，并在单一应用中可实现任何设计概念的全板级设计系统，是第一种认识到 FPGA 在当今电子设计中重要性不断提高的板级设计系统，其人性化的界面风格、智能化的设计理念深受业内人士好评，成为电子设计师必备的设计软件，也是电子专业学生必学的电子 CAD 软件。2006 年，Altium 公司又成功推出了 Protel 系列当时的最新高端版本 Altium Designer 6.0。Altium Designer 是业界首例将设计流程、集成化 PCB 设计、可编程器件(如 FPGA)设计和基于处理器设计的嵌入式软件开发功能整合在一起的产品。2015 年，Altium 公司推出 Altium Designer 15，延续了连续不断的新特性和新技术的应用过程，综合了电子产品一体化开发所有必需的技术和功能。

1.2　Altium Designer 15 的组成与特点

1. Altium Designer 15 的组成

Altium Designer 15 从功能上包含以下几部分：电路原理图(SCH)设计、电路原理图仿真、印制电路板(PCB)设计、电路实现前后的信号完整性分析、可编程逻辑器件(FPGA)设计等。本书着重讲述原理图设计、电路原理图仿真及印制电路板设计 3 个系统工具的使用。

Altium Designer 15 将原理图编辑与仿真、PCB 图绘制及打印等功能有机地结合在一起，形成了一个集成的开发环境。在这个环境中，所谓的原理图编辑，就是对电子电路进行原理图设计，它是通过原理图编辑器实现的，同时由它生成的原理图文件为印制电路板的制作做了准备工作。所谓原理图仿真，就是通过软件来模拟具体电路的实际工作过程，并计算出给定条件下各个节点的输出波形，这样可提前发现问题，大大减少以后的调试工作量。所谓 PCB 图绘制，就是印制电路板的设计，它是通过 PCB 编辑器来实现的，其生成的 PCB 文件将直接应用到印制电路板的生产中。

2. Altium Designer 15 的特点

Altium Designer 15 是一套完整的板卡级设计系统，实现了在单个应用程序中的集成。它的主要特点如下：

(1) 通过设计文件包的方式，将原理图编辑、电路仿真、PCB 设计及打印这些功能有机地结合在一起，提供了一个集成开发环境。

(2) 提供了混合电路仿真功能，为正确设计实验原理图电路中的某些功能模块提供了方便。

(3) 提供了丰富的原理图元件库和 PCB 封装库，并且为设计新的器件提供了封装向导程序，简化了封装设计过程。

(4) 提供了层次原理图设计方法，支持"自上向下"的设计思想，使大型电路设计的工作组开发方式成为可能。

(5) 提供了强大的查错功能。原理图中的 ERC(电气法则检查)工具和 PCB 的 DRC(设计规则检查)工具能帮助设计者更快地查出和改正错误。

(6) 全面兼容 Protel 系列以前版本的设计文件，并提供了 OrCAD 格式文件的转换功能。

(7) 提供了全新的 FPGA 设计的功能。

(8) 利用可复用的设计模块，可以在更高的抽象层面上构建系统，不再需要从底层构建每个电路图。

1.3　Altium Designer 15 的运行环境

为了能够发挥出软件的最佳性能，对 Altium Designer 15 的系统配置要求如下。

1. Altium Designer 15 的推荐配置

推荐安装运行 Altium Designer 15 的计算机配置如下：

- Windows XP SP2 专业版或更高版本操作系统。
- 英特尔酷睿 2 双核、四核 2.66GHz 或更高主频的处理器。
- 2GB 内存。
- 10GB 硬盘空间(安装+用户档案)。
- 图形显示系统：1680×1050(宽屏)或 1600×1200(4∶3)屏幕分辨率，32 位色，256 MB
显存。

2．Altium Designer 15 的最低需求

安装运行 Altium Designer 15 的计算机最低配置如下：

- Windows XP SP2 专业版。
- 英特尔奔腾 1.8 GHz 或相同等级 CPU。
- 1 GB 内存。
- 3.5 GB 硬盘空间(安装+用户档案)。
- 图形显示系统：1280×1024 屏幕分辨率，128 MB 显存。

在运行该程序时，最好将多余的应用程序关掉，这样可节省内存，加快运行速度。

1.4　Altium Designer 15 的安装与激活

1.4.1　Altium Designer 15 的安装

Altium Designer 15 是标准的基于 Windows 的应用程序。与大多数软件的安装过程一样，只要运行软件中的"setup.exe"即可。由于该软件的容量非常大，因此安装时所需时间要比普通软件长一些。现以 Altium Designer 15 在 Windows XP 中的安装为例来介绍其具体安装步骤。

(1) 在光盘驱动器中插入 Altium Designer 15 安装光盘,运行 Windows 操作系统下的 Altium Designer 15 的"setup.exe"文件，进入如图 1-1 所示的 Altium Designer 15 安装向导窗口。

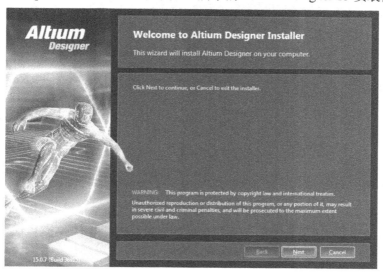

图 1-1　Altium Designer 15 安装向导窗口

(2) 单击 Next> 按钮进入如图 1-2 所示的注册协议许可窗口。若用户无异议则可选中
【I accept the agreement】单选按钮。

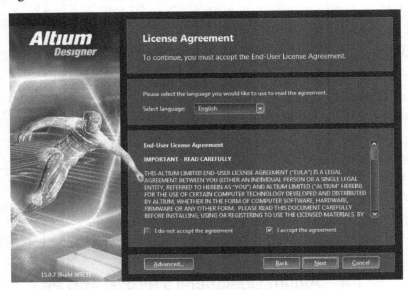

图 1-2　注册协议许可窗口

(3) 单击 Next> 按钮进入如图 1-3 所示的设计功能安装选择窗口，选择要安装的设计功
能，安装完成后也可以对这些设计功能进行添加和移除。

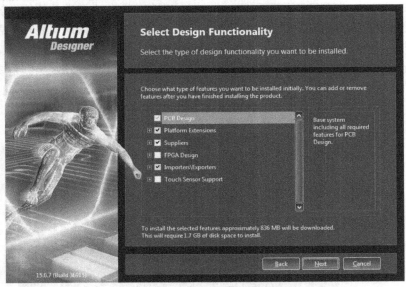

图 1-3　设计功能安装选择窗口

(4) 单击 Next> 按钮进入如图 1-4 所示的 Altium Designer 15 安装路径窗口。在该窗口
中用户可选择安装路径，单击 按钮直接在硬盘中进行浏览选择。一般选择默认的缺省路
径 "C: \Program Files\Altium\AD15"。

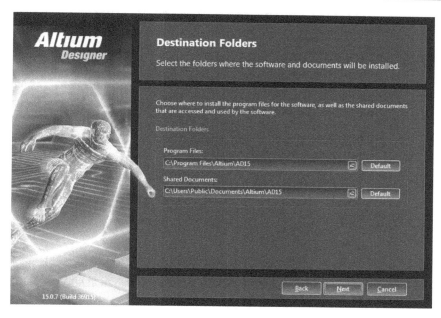

图 1-4　选择安装路径

(5) 单击 Next> 按钮进入如图 1-5 所示的窗口。如果用户确定所有的准备工作已完成，可单击 Next> 按钮开始程序安装；若用户临时改变主意，只要单击 <Back 按钮就可返回到上一步重新设置。

(6) 单击 Next> 按钮进入如图 1-6 所示的窗口。安装进度条会实时显示 Altium Designer 15 的安装进程。

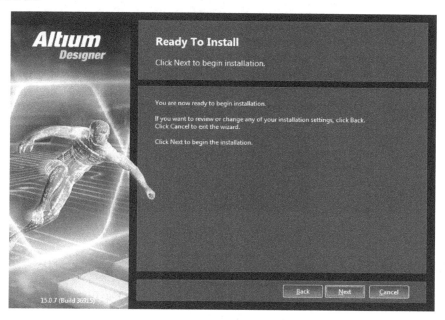

图 1-5　准备就绪对话框

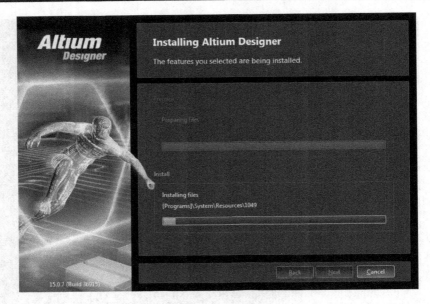

图 1-6　安装进程显示

(7) 经过几分钟安装结束后将弹出如图 1-7 所示的窗口。单击 [Finish] 按钮即可完成 Altium Designer 15 的安装。

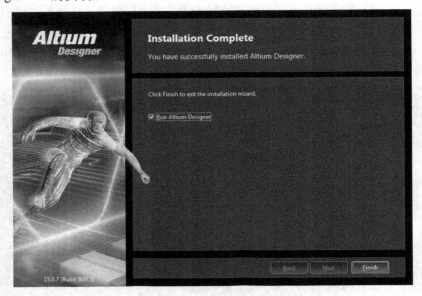

图 1-7　安装结束对话框

1.4.2　Altium Designer 15 的激活

Altium Designer 系统安装完成后，安装程序自动在【开始】菜单中放置一个启动 Altium Designer 的快捷方式命令，单击【Altium Designer】按钮，即可启动 Altium Designer 软件。

启动完成后会出现 Altium Designer 15 许可管理窗口，如图 1-8 所示，如果没有进入该界面，则可以从菜单【DXP】/【My Account】重新进入。然后登录 Altium 账号，用户需要 Altium 账号的登录密码，如图 1-9 所示。用户可以联络当地 Altium 销售和支持中心或供应商获取登录信息。

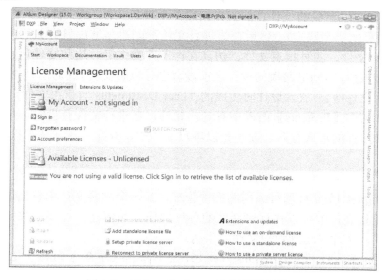

图 1-8　Altium Designer 15 许可管理窗口

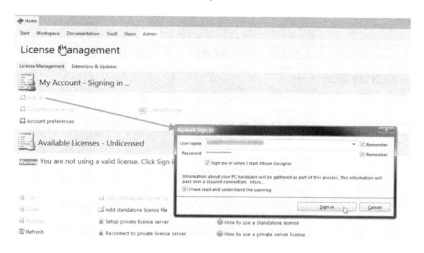

图 1-9　Altium 账号登录的 My Account 界面

登录成功后，用户可以按照需要对软件在线进行激活。Altium Designer 15 软件被激活后，用户就可以使用软件提供的所有功能进行电子产品的设计了。

1.5　Altium Designer 15 文件的组织与管理

进行一个 PCB 设计往往需要生成很多文件，包括原理图文件、PCB 文件、各种报表文件、仿真文件及库文件等，Altium Designer 15 提供了强大的项目级文件管理系统，通过简单的操作就可以更好地管理设计生成的各种文件。

　　Altium Designer 15 相对于以前的各个版本，在文件组织管理和结构方面有了很大的改进。Altium Designer 15 引入了项目设计概念，即把设计时生成的所有文件都放在一个项目文件中。在进行印制电路板的设计之前首先创建一个项目文件，该文件的扩展名为".Prj***"(***由所创建项目的类型决定)，然后在该项目文件下创建与该项目有关的各类文件，如原理图文件、PCB 文件、各种报表文件、仿真文件及库文件等，这些文件包含了有关电路设计的所有信息。若进行印制电路板的设计之前没有创建项目文件,此时所建立的各类文件(原理图文件、PCB 文件等)会放入设计时生成的"Free Documents"(自由文件)下。关于项目文件、自由文件，可在【Projects】面板中看到。此外，在进行文件存盘时，项目文件中的各类文件将以单个文件的形式存入，而不是以项目文件整体存盘，这就是存盘文件。

1.5.1　项目文件

　　Altium Designer 15 支持项目级别的文件管理，在一个项目文件中包括设计中生成的一切文件，且在项目文件中可以执行对文件的各种操作，如新建、打开、关闭、复制、删除等，但应注意项目文件仅起到管理文件的作用。

　　现举例说明。首先打开 Altium Designer 15，然后单击菜单命令【File】/【New】/【Design Workspace】创建一个工程组，接着单击菜单命令【File】/【New】/【Project】，出现如图 1-10 所示的对话框，选择文件存储路径，创建一个以"PCB_Project_1.PrjPcb"命名的项目文件。

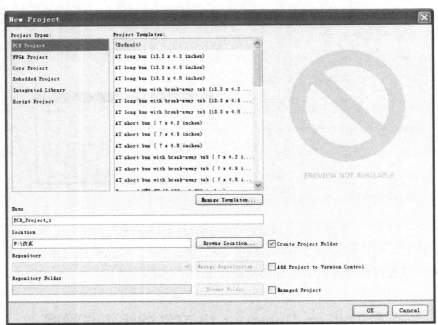

图 1-10　创建项目类型和路径

　　最后在此项目文件下创建两个原理图文件、一个 PCB 文件(还可包含设计过程中一系列生成文件)，这些文件都显示在【Projects】面板中，如图 1-11 所示。

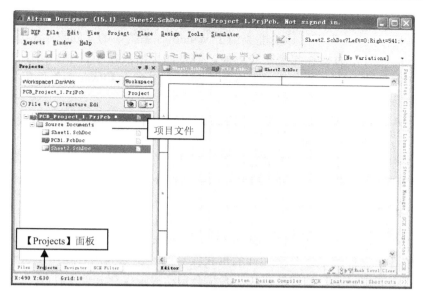

图 1-11　一个完整的项目文件

1.5.2　自由文件

自由文件是游离于项目文件之外的文件，有以下 3 个来源。

(1) 若用户在进行印制电路板的设计之前没有创建项目文件，而直接去建立各类文件 (如原理图文件、PCB 文件、原理图库文件、PCB 库文件等)，系统会自动地把所建的各类文件放入设计时生成的"Free Documents" (自由文件)下，以方便管理，如图 1-12(a)所示。

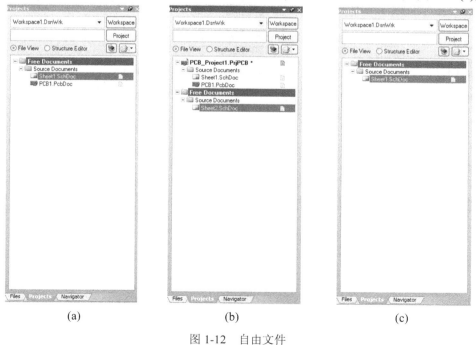

(a)　　　　　　　　　　　　(b)　　　　　　　　　　　　(c)

图 1-12　自由文件

(2) 当将某文件从已建项目文件中删除时，该文件并没有从【Projects】面板消失，而是出现在"Free Documents"下。该功能类似于 Windows 系统中的【回收站】，这样当需要将文件还原到项目文件中时操作起来比较方便。但是如果用户在项目中关闭了文件，然后对该文件进行"Remove From Project…"操作，则此文件将从【Projects】面板中彻底消失，如图 1-12(b)所示。

(3) 打开 Altium Designer 15 的一个存盘文件(非项目文件)时，该文件将出现在"Free Documents"下，如图 1-12(c)所示。

自由文件的存在方便了设计的进行，当将文件从自由文件中删除时文件将彻底消失，当需要对自由文件进行编辑时，用户可以将自由文件拖动到项目文件中。

1.5.3 存盘文件

存盘文件是将项目文件存盘时生成的文件。Altium Designer 15 保存文件时，项目文件以及项目中的各个文件都是以单个文件的形式保存的。比如当用户在对项目文件保存之前并没有将项目中的其他文件进行保存时，系统会自动提示保存其他文件(在保存的同时可进行文件名的修改)，只有对项目中各个文件的保存完成后才能进行项目文件的保存。

项目文件仅起到管理的作用，而且项目文件的这种保存方法有利于进行大型电路的设计，用户不用打开整个项目文件就可以调用项目中的任何一个单独文件。

以前面新建的项目文件为例，保存时用户在项目文件上单击鼠标右键，就会弹出如图 1-13(a)所示的快捷菜单项。选择"Save Project"菜单项对项目文件进行保存：首先会弹出如图 1-13(b)所示的对话框，对原理图文件进行名称的修改并保存；接着会弹出如图 1-13(c)所示的对话框，可对项目文件进行名称的修改并保存，至此完成了项目文件的保存。

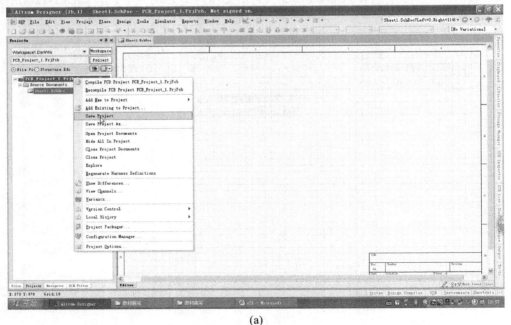

(a)

图 1-13　Altium Designer 15 项目文件存盘过程(1)

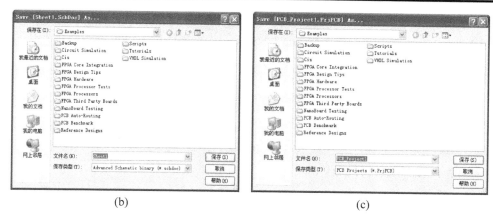

(b)　　　　　　　　　　　　　　　(c)

图 1-13　Altium Designer 15 项目文件存盘过程(2)

1.6　Altium Designer 15 的主窗口

1. Altium Designer 15 的启动

Altium Designer 15 的启动非常简单,在 Windows XP 操作系统下启动 Altium Designer 15 有以下 4 种方法:

(1) 单击菜单命令【开始】/【所有程序】/【Altium Designer】。

(2) 单击菜单命令【开始】/【Altium Designer】。

(3) 双击桌面上的 Altium Designer 快捷图标。

(4) 打开 Altium Designer 存盘文件中的项目文件或项目中的其他文件。

2. Altium Designer 15 的主窗口

Altium Designer 15 启动后便会进入如图 1-14 所示的主窗口。很明显,用户可以看到该窗口类似于 Windows 界面风格。

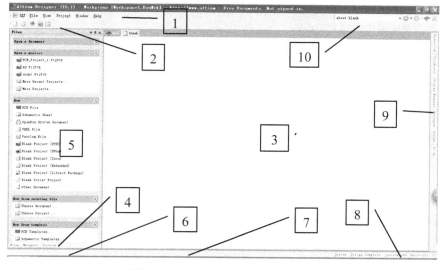

图 1-14　Altium Designer 15 主窗口

1) 菜单栏

图 1-14 中 1 号区为菜单栏，Altium Designer 15 的菜单栏可以根据用户正在执行的不同应用程序而发生相应变化，下面列举其中几个菜单栏，如图 1-15 所示。

- 没有打开任何项目工程的菜单栏。

  DXP File View Project Window Help

- 打开原理图编辑器的菜单栏：

  DXP File Edit View Project Place Design Tools Simulator Reports Window Help

- 打开 PCB 图编辑器的菜单栏：

  DXP File Edit View Project Place Design Tools Auto Route Reports Window Help

图 1-15　几种不同的菜单栏

如果要启动菜单下的命令，只要单击该菜单，就可出现下拉菜单，用户可以从中选取命令。下拉菜单中的命令有以下几种情况：

- 大部分命令属于直接操作命令。
- 如果在命令的右边有一个向右的三角形 ▸，表示该命令有子菜单。
- 如果在命令的右边有一个…，表示选取该命令后会出现一个对话框。

此外，在 View 菜单下还有选项式命令，单击该命令，则该命令左边出现一个 ☑，再单击该命令，☑ 消失。另外，菜单命令还可使用快捷键执行，直接单击菜单项中画有下划线的字母就可执行该命令，例如要执行 View 命令，单击 V 键即可。

2) 主工具栏

图 1-14 中 2 号区为主工具栏，与菜单栏相似，用户执行不同的应用程序就会在主工具栏中出现不同的工具按钮。下面列举其中几个主工具栏，如图 1-16 所示。

- 没有打开任何项目工程的主工具栏：

- 打开原理图编辑器的主工具栏：

- 打开 PCB 图编辑器的主工具栏：

   Altium Standard 2D

图 1-16　几种不同的主工具栏

3) 工作窗口

图 1-14 中 3 号区为工作窗口，用户设计电路原理图、PCB 图或编辑其他文件都在该区域内工作。

4) 控制面板标签

图 1-14 中 4 号区为各种控制面板标签，包括 Files(文件)控制面板、Projects(工程项目)控制面板、Navigator(导航)控制面板。可以单击各个按钮来显示或隐藏对应的控制面板状态。

5) 控制面板

图 1-14 中 5 号区为打开的 Files(文件)控制面板。对于每一种控制面板都有 3 种显示方式：自动隐藏显示、浮动显示和锁定显示。通过在不同的显示方式之间进行转换，可以有效地利用界面空间，以方便设计的顺利进行。关于控制面板的操作在后面介绍。

6) 鼠标操作状态栏

图 1-14 中 6 号区为鼠标操作状态栏，显示的是鼠标所在位置和网格大小。图 1-14 中无鼠标位置信息显示。

7) 命令状态栏

图 1-14 中 7 号区为命令状态栏，显示的是正在执行的命令及其含义。进入不同的编辑器，状态栏显示的内容不同，多注意状态栏的信息会对用户提供很大的帮助。图 1-14 中无状态信息显示。

8) 面板控制

图 1-14 中 8 号区为面板控制，它是编辑器特定的和通用的面板，可以从面板控制列表中选择。

9) 工作区面板

图 1-14 中 9 号区为工作区面板，这些面板可以移动、固定和隐藏来适应工作环境的需要。做法同 5 号区一样。

10) 导航栏

图 1-14 中 10 号区为导航栏，它提供文件信息。

1.7　Altium Designer 15 工作面板的操作与控制

面板在 Altium Designer 15 中被大量地使用，用户可以通过面板方便地实现打开、访问、浏览和编辑文件等各种功能。

1.7.1　激活面板

用鼠标左键单击 Altium Designer 15 主窗口下侧或左右两侧面板标签栏中的面板标签，相应的面板当即显示在窗口，该面板即被激活。

为了方便起见，Altium Designer 15 可以将多个面板激活，激活后的多个面板既可以分开摆放，也可以叠放，还可以用标签的形式隐藏在当前窗口，如图 1-17 所示。将鼠标放在面板的标签栏上，单击鼠标右键，会出现一快捷菜单项，在【Allow Dock】菜单项中，有两个选项 "Horizontally" 和 "Vertically"。只选中前者，该面板的自动隐藏和锁定显示方式将按水平方式显示窗口；只选中后者，该面板的自动隐藏和锁定显示方式将按垂直方式显示窗口；两者都选，该面板的自动隐藏和锁定显示方式既可按水平方式显示窗口，也可按垂直方式显示窗口。

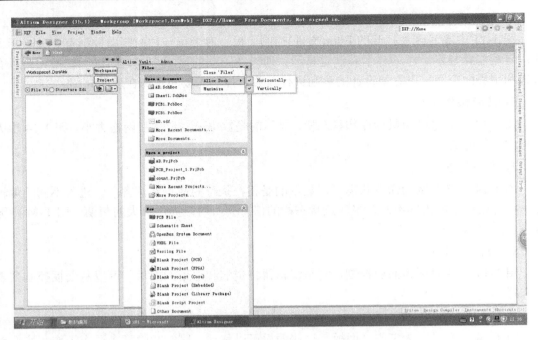

图 1-17   面板标签

1.7.2   面板的显示状态

每一种控制面板都有 3 种显示方式：自动隐藏显示、浮动显示和锁定显示。

(1) 自动隐藏显示。如图 1-18 所示，【Files】、【Navigator】、【Projects】面板处于自动隐藏状态。

(2) 浮动显示。如图 1-19 所示，【Projects】面板处于浮动状态。

(3) 锁定显示。如图 1-20 所示，【Libraries】面板处于锁定状态。

图 1-18   隐藏状态   图 1-19   浮动状态   图 1-20   锁定状态

1.7.3   面板不同显示方式之间的转换

仔细观察控制面板可以发现：每一个面板的右上角都有三个图标，它们有不同的含义：

▼ 图标：单击该图标可在已打开的各种面板之间进行切换。

图标：表明该面板处于锁定状态。单击该图标则会变成 图标，表明该面板处于自动隐藏状态。鼠标移开一段时间后，面板将自动地以面板标签的形式显示在工作窗口的左侧或右侧。

图标：单击该图标则可关闭当前的面板。

如果面板的状态为弹出/隐藏方式，则面板标题栏上有 图标出现；如果面板的状态为锁定方式，则面板标题栏上有 图标出现；如果面板的状态为浮动方式，则面板标题栏上有 图标出现。如果面板在锁定状态下，则单击 按钮，可以使该图标变成 按钮，从而使该面板由锁定状态变成弹出/隐藏状态；如果面板在弹出/隐藏状态，则单击 按钮，也可以使该图标变成 按钮，从而使该面板由弹出/隐藏状态变成锁定状态。

要使面板由弹出/隐藏状态或锁定状态变成浮动状态，只需用鼠标将面板拖到工作窗口中用户所希望放置的地方即可。而要使面板由浮动方式转变到弹出/隐藏方式或锁定方式，则要用鼠标将面板推入工作窗口的左侧或右侧，使其变为隐藏标签，再进行相应的操作即可。

1.8 各类设计文件的创建

Altium Designer 15 为用户提供了一套完整的设计工具。用户在进行 PCB 设计时，首先应建立一个工程组，然后在这个工程组中创建一个项目文件，用这个项目文件来管理当前设计所创建的所有文件。创建不同的文件会进入不同的编辑器，常用的编辑器主要有以下几种：

- Schematic 原理图编辑器，文件扩展名为 "*.SchDoc"。
- VHDL Document 编辑器，文件扩展名为 "*.Vhd"。
- PCB 编辑器，文件扩展名为 "*.PcbDoc"。
- Schematic Library 原理图库文件编辑器，文件扩展名为 "*.SchLib"。
- PCB Library PCB 库文件编辑器，文件扩展名为 "*.PcbLib"。
- Text Document 文本编辑器，文件扩展名为 "*.Txt"。
- CAM Document 编辑器，文件扩展名为 "*.Cam"。

1.8.1 工程组的创建

工程组是各类文件的最顶端管理，主要用来管理一些有关联的项目文件。打个比方，若把工程组理解为国家的话，项目文件便是省市，而原理图文件、PCB 文件及库文件等就可以理解为每一个家庭。

单击菜单命令【File】/【New】/【Design Workspace】创建一个工程组，这时的工作窗口如图 1-21 所示。

新建工程组后的工作窗口为空。单击左下角的【Projects】面板标签即可显示【Projects】控制面板，该面板左上角第一个列表框中显示的就是当前创建的工程组，其缺省名称为 "Workspace1. DsnWrk"。单击菜单命令【File】/【Save Design Workspace】，或单击【Projects】面板右上角的 Workspace 按钮，在弹出的菜单中选择【Save Design Workspace】菜单项，就可出现如图 1-22 所示的对话框。在文件名栏中输入新的名称，可完成对新建的工程组进行命名和保存操作。对于【Projects】控制面板来说，该面板左上角第一个下拉列表框中列出了许多不同的工程组，选择其中任何一个就可在【Projects】控制面板中列出该工程组所包含的所有项目文件及其下的各类文件。

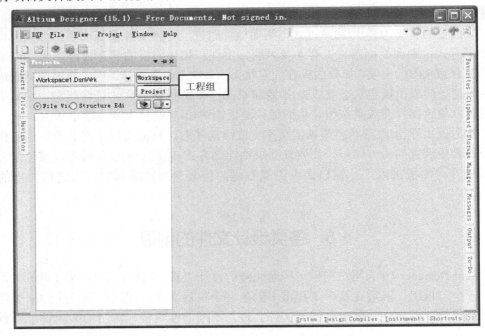

图 1-21　创建工程组

图 1-22　工程组保存对话框

1.8.2　项目文件的创建

用户创建好工程组后，便可进行项目文件的创建了。Altium Designer 15 提供了 6 种类型的项目文件，分别为：

- 【PCB Project】:PCB 项目文件。
- 【FPGA Project】：FPGA 项目文件。
- 【Core Project】：核心项目文件。

- 【Embedded Project】：嵌入项目文件。
- 【Integrated Library】：集成库项目文件。
- 【Script Project】：脚本项目文件。

不同的项目文件用于不同的设计项目中，在这 6 种项目文件中，用户通常创建的是 PCB 项目文件。单击菜单命令【File】/【New】/【Project】/【PCB Project】创建一个 PCB 项目文件，这时可以在【Projects】控制面板中看到新建的项目文件，如图 1-23 所示。

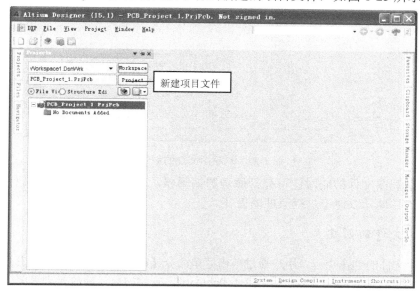

图 1-23　PCB 项目文件的创建

新建的 PCB 项目文件工作窗口为空。【Projects】控制面板左上角第二个列表框中显示的便是当前创建的 PCB 项目文件，其缺省名称为"PCB_Project_1.PrjPcb"。单击【File】/【Save Project】菜单项，或单击【Projects】面板右上角的 Project 按钮，在弹出的菜单中选择【Save Project As】菜单项，就可出现如图 1-24 所示的对话框，在文件名栏中输入新的名称，可完成对新建的项目文件命名和保存的操作。

图 1-24　PCB 项目文件保存对话框

1.8.3　原理图文件的创建

在创建好项目文件之后，用户通过单击菜单命令【File】/【New】/【Schematic】就可创建一个原理图文件。该文件的缺省名称为"Sheet1.SchDoc"，它将被自动地放入刚才所建立的缺省名称为"PCB_Project_1.PrjPcb"项目文件下的"Source Documents"文件夹中，如图 1-25 所示。若创建原理图文件之前并没有创建项目文件，系统将会自动地把原理图文件放入"Free Documents"下的"Source Documents"文件夹中(参见图 1-29)。

图 1-25　原理图文件的创建

在创建原理图文件的同时便可打开原理图编辑器，对应的菜单栏和工具栏中新增了一些菜单项和工具项，以便于进行原理图设计。

1.8.4　PCB 文件的创建

与原理图文件的创建类似，用户通过单击菜单命令【File】/【New】/【PCB】就可创建一个 PCB 文件。该文件的缺省名称为"PCB1. PcbDoc"，它将被自动地放入刚才所建立的缺省名称为"PCB_Project_1.PrjPcb"项目文件下的"Source Documents"文件夹中，如图 1-26 所示。

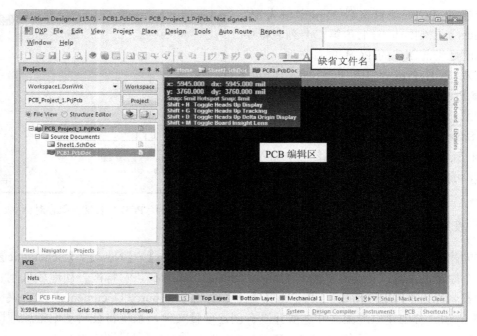

图 1-26　PCB 文件的创建

　　若创建 PCB 文件之前并没有创建项目文件，系统将会自动地把 PCB 文件放入"Free Documents"自由文件下的"Source Documents"文件夹中(参见图 1-29)。

　　在创建 PCB 文件的同时便可打开 PCB 编辑器，对应的菜单栏和工具栏中新增了一些菜单项和工具项，以方便进行 PCB 设计。

1.8.5　原理图库文件的创建

　　与原理图文件的创建类似，用户通过单击菜单命令【File】/【New】/【Library】/【Schematic Library】就可创建一个原理图库文件，该文件的缺省名称为"Schlib1.SchLib"，它将被自动地放入刚才所建立的项目文件下的"Libraries"文件夹下的"Schematic Library Documents"文件夹中，如图 1-27 所示。

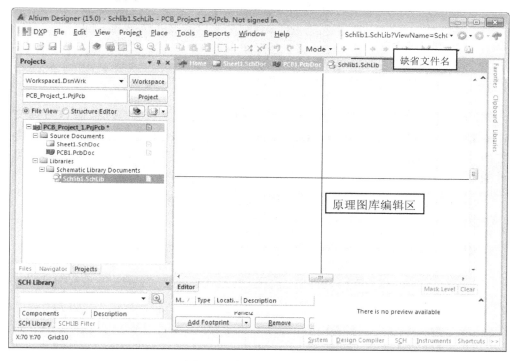

图 1-27　创建原理图库文件

　　若创建原理图库文件之前并没有创建项目文件，系统会自动地把原理图库文件放入"Free Documents"下的"Source Documents"文件夹中(参见图 1-29)。在创建原理图库文件的同时也将启动原理图库编辑器，其中相应地增加了一些菜单项和工具项，以方便原理图库文件的编辑操作。

1.8.6　PCB 库文件的创建

　　与 PCB 文件的创建类似，用户通过单击菜单命令【File】/【New】/【Library】/【PCB Library】就可创建一个 PCB 库文件，该文件的缺省名称为"PcbLib1.PcbLib"，它将被自动地放入刚才所建立的项目文件下的"Libraries"文件夹下的"PCB Library Documents"文件夹中，如图 1-28 所示。

图 1-28　PCB 库文件的创建

　　同样，如果创建 PCB 库文件之前并没有创建项目文件，系统会自动地把 PCB 库文件放入 "Free Documents" 下的 "Source Documents" 文件夹中，如图 1-29 所示。在创建 PCB 库文件的同时也将启动 PCB 库编辑器，其中相应地增加了一些菜单项和工具项，以方便 PCB 库文件的编辑操作。

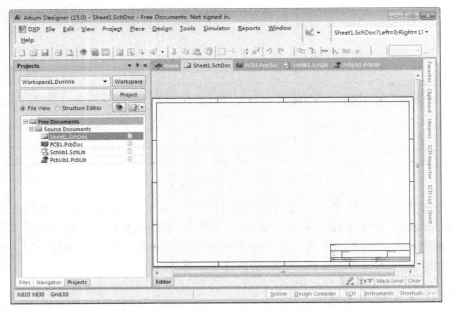

图 1-29　Free Documents 文件夹中的各文件

1.8.7　各类编辑器之间的切换

　　用户在进行 PCB 设计时，很多时候需要在各个编辑器之间进行切换，快速地进行这种切换可以加快设计速度。

　　用户每新建一个文件都会打开相应的编辑器，而且打开的文件都会以标签的形式显示在工作窗口的上方。用鼠标单击不同文件的标签就可在不同的编辑器之间进行切换，如图1-30 所示。

图 1-30　各类编辑器之间的切换

1.8.8　工作窗口的拆分与合并

　　Altium Designer 15 允许用户同时打开多个设计文件，其中每一个设计文件都有一个独立的工作窗口，当用户需要同时显示几个设计文件时，就要对窗口进行拆分，当不需要同时显示时，就需要对拆分后的窗口进行合并。完成这项工作需要将鼠标指向工作窗口上方的文件切换标签，单击鼠标右键，就会弹出如图 1-31 所示的菜单，下面给出常用菜单项的含义。

图 1-31　工作窗口拆分与合并菜单

- Close 项：关闭这个切换标签所指示的设计文件。
- Close All Documents 项：关闭工作窗口中所有打开的设计文件。
- Save 项：保存这个切换标签所指示的设计文件。
- Hide 项：隐藏这个切换标签所指示的设计文件。
- Hide All Documents 项：隐藏工作窗口中所有打开的设计文件。
- Split Vertical 项：垂直拆分工作窗口，使工作窗口显示为左右两部分。
- Split Horizontal 项：水平拆分工作窗口，使工作窗口显示为上下两部分。
- Tile All 项：把所有已打开的文件都分配一个区域，并且平铺显示。
- Merge All 项：把已拆分的窗口进行完全合并。
- Open In New Window 项：让当前窗口中该切换标签所指示的设计文件独立显示，并同时打开一个新的 Design Explorer 设计开发环境，在工作窗口显示该设计文件。

　　图 1-32 所示为一个工作窗口垂直拆分显示的情形。

　　图 1-33 所示为一个工作窗口中所有文件都打开并且平铺显示的情形。

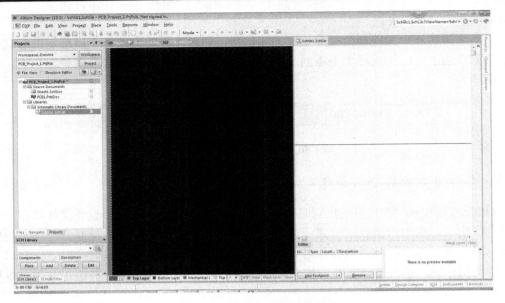

图 1-32　工作窗口垂直拆分显示

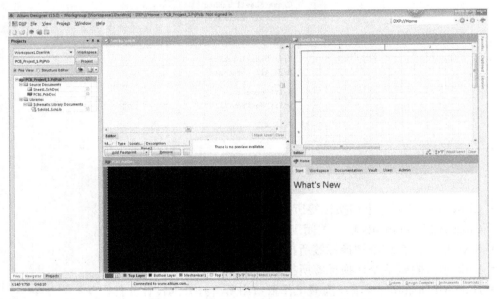

图 1-33　工作窗口 Tile All 选项显示

1.9　PCB 设计流程

对于简单的 PCB 设计,用户可以在 PCB 图上直接放置元件的封装,然后用导线将各个元件连接起来即可。而对于真正的电子设计工程师来说,一项复杂的设计工作需要有很长的规划与准备时间。本书通过介绍一般 PCB 系统的制作流程来充分体现 Altium Designer 15集各设计功能于一身的全板级设计思想。具体设计流程如下:

(1) 方案分析阶段。

(2) 原理图设计阶段。

(3) 原理图与 PCB 的同步更新。

(4) PCB 设计阶段。

(5) 各类文档的生成与整理阶段。

以上流程是大部分 PCB 设计所必需的步骤。除此之外，由于很多时候很多元件在 Altium Designer 15 自带的元件库中无法找到，这时用户还需要进行库文件的设计。

1. 方案分析阶段

方案分析是整个 PCB 设计的准备阶段。虽然它不属于 Altium Designer 15 软件操作的内容，但对整个设计的成功是至关重要的。对设计者的要求就是要完成整个设计的总体规划，这就要求设计者具备丰富的电子电路设计知识，对整个电路图的工作原理有一个详细的了解。同时设计者还应熟悉常用元器件的使用方法，这对元器件的选取是非常重要的，而且有可能会影响到整个电路的性能以及板的布通率等。

这一阶段需要完成的主要工作包括以下 4 个方面：

(1) 在纸上完成原理图的设计，并进行可行性分析。

(2) 确定所用元件的型号、数目及封装。

(3) 选择合适的输入输出端口。

(4) 购买元器件。

2. 原理图设计阶段

原理图设计是整个 PCB 设计的第一步，也是最基本的一步。原理图绘制的基本思想是将电路设计概念在计算机软件的设计过程中以图形的形式表示出来。从外观上看，原理图的绘制与传统的画图非常相近，即将电路元件的图形符号(如元件、导线)放置到图纸上，这样便可以形成设计的记录，而自动的绘图程序和轻松的编程界面则可为电路设计提供很大的方便。

在简单原理图的绘制过程中，用户只需将各种元件的符号放上去，然后用导线连接起来，再放上电源、地线以及一些输入输出端口并确保正确即可。但原理图非常复杂时就应当考虑采取层次原理图，这样可以简化设计，而且检查错误也比较容易。

对原理图设计的基本要求是"正确无误"。除此之外，如果设计者还需要将原理图打印出来，则还要满足原理图"美观大方"的要求。整洁、合理的原理图绘制可以极大地方便以后的 PCB 布局操作。

3. 原理图与 PCB 的同步更新

在同步器产生之前，原理图与 PCB 之间的同步更新是通过导入网络表来完成的，网络表是电路原理图设计与印制电路板设计之间的桥梁和纽带。在原理图中，连接在一起的元件标志管脚构成了一个网络，整个原理图的所有网络信息都包含在网络表中，因此导入正确的网络报表是整个 PCB 设计的关键。Protel 99SE、Protel DXP 以及 Altium Designer 15 都沿用了同步器，这使得原理图与 PCB 之间的同步更新可以更加快捷方便地完成。通过同步器完成的同步更新仍然是将原理图中电路的各种网络连接信息导入到 PCB 设计编辑器中，系统将自动地根据这些信息，把各种元件以封装的形式在 PCB 上表现出来，从而省略了用户手动放置各种元件封装这一步骤，而且系统可以根据这些网络连接信息对元件进行智能的布局以及布线操作，从而为 PCB 的设计提供了很大的方便。

4. PCB 设计阶段

PCB 设计阶段是整个电路板设计的关键，从本质上讲就是将电路设计的元件及电气特性信息(通常包含在对应的原理图中)应用到物理的印制电路板上。这一过程主要包括电路板形状及结构的定义、加强电路板必要的机械和电气特性的设计规则、电路板的布局以及布线操作。如果有必要，也可以进行 PCB 设计仿真试验及信号完整性分析等，以确保电路设计的正确性。

5. 各类文档的生成与整理阶段

文档的生成和整理在 PCB 设计中是非常有必要的，良好的文档可以为今后的维护和改进带来很大的方便，同时设计任务的多分工性也使得各种文件的生成成为必然。PCB 设计中所生成的文档主要包括不同格式的原理图文件、PCB 图文件、仿真文件、PCB 丝印层文件以及各种报表文件等。不同的文件包含了 PCB 设计的不同信息，有的文件是必需的，而有的文件则是某些特殊的设计才需要的，其中的各种文件将在以后的章节中详细介绍。

习　　题

1．Altium Designer 15 的控制面板主要有(　　　)、(　　　)、(　　　)3 种状态。

2．Altium Designer 15 常见的编辑器主要有哪几种？各有什么功能？

3．试用 4 种不同的方法启动 Altium Designer 15 设计环境。

4．如何进行项目文件、原理图文件、PCB 文件、原理图库文件和 PCB 库文件的创建？

5．如何进行各类文件编辑器之间的切换？

6．如何在【Projects】控制面板的 3 种状态之间进行切换？

第 2 章　电路原理图的设计

内容提要

- 📖 电路原理图设计的基本步骤
- 📖 电路原理图的创建、设计界面及设计环境的设置
- 📖 添加元器件库，放置/搜索/编辑元器件
- 📖 连线工具栏和绘图工具栏各按钮功能及操作步骤
- 📖 原理图对象排列方法和视图操作
- 📖 电气规则检查
- 📖 网络表、层次列表、交叉列表等各种报表的生成
- 📖 原理图的输出操作
- 📖 原理图绘制实例

电路原理图设计是电路设计的基础，它为印制电路板的设计提供元器件布置和连线的依据。

2.1　电路原理图的设计流程

2.1.1　印刷电路板的设计步骤

一般来说，印刷电路板的设计过程可分以下几个步骤：

(1) 前期准备。这是印刷电路板设计之前必须进行的工作，主要包括系统分析和电路仿真两部分。设计者首先分析系统的工作原理并画出电路，然后确定各部分电路形式及元器件。电路设计完成后，还需要通过仿真电路来验证元器件参数选择的正确性。

(2) 绘制电路原理图。这个步骤主要是利用 Altium Designer 的原理图设计系统来绘制完整的、正确的电路原理图。

(3) 生成网络表。从绘制好的原理图中获得网络表。网络表是电路原理图设计与印制电路板设计之间的一座桥梁。

(4) 设计印制电路板。利用 Altium Designer 提供的强大功能实现电路板的版面设计，完成高难度的布线工作，最终完成 PCB 设计。

(5) 生成印制电路板报表。设计完印制电路板后，需要生成印制电路板的有关报表，并交给 PCB 生产商完成 PCB 制作。

2.1.2 电路原理图设计的一般步骤

一般情况下，设计一个电路原理图的工作包括：设置图纸大小，规划电路总体布局，放置元器件，元器件布局和布线，调整元器件及布线，产生报表，保存并输出。其一般设计流程如图 2-1 所示。

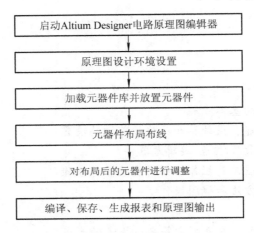

图 2-1　电路原理图设计的一般流程

(1) 启动 Altium Designer 电路原理图编辑器，进入电路原理图绘图界面。

(2) 原理图设计环境设置。绘制原理图前必须根据实际电路的大小来设置图纸的尺寸、方向、栅格大小、光标形状及标题栏等。

(3) 加载元器件库并放置元器件。用户根据实际电路的需要，在设计项目中添加原理图中元器件所在库。从元器件库中取出所需的元器件放置到工作平面上。根据元器件之间的走线关系对元器件在工作平面上的位置进行调整、修改，并对元器件的编号、封装形式等参数进行设置。

(4) 对所放置的元器件进行布局布线。利用 Altium Designer 提供的各种工具、命令进行布局布线，将工作平面上的元器件用具有电气意义的导线、网络标号连接起来，构成一个完整的电路原理图。

(5) 对布局布线后的元器件进行调整。对所绘制的原理图进行进一步的调整和修改，以保证原理图的美观和正确。

(6) 编译、保存、生成报表和原理图输出。设计完原理图后需进行电气规则检查、保存文件、产生相关报表等操作，必要时可打印输出。

2.2　电路原理图文件的创建

2.2.1 创建 PCB 工程

执行菜单命令【File】/【New】/【Project…】，系统出现如图 2-2 所示的新建工程对话框。

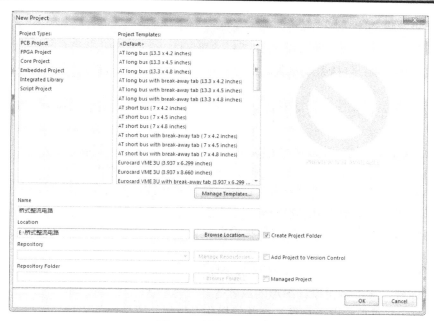

图 2-2　创建 PCB 工程

在【project Types】选项中选择"PCB Project"选项，在【Project Templates】选项中选择"Default"选项；并将工程名字命名为"桥式整流电路"，工程存放路径为 E 盘"桥式整流电路"文件夹。

2.2.2　创建电路原理图

图 2-3　【projects】面板

执行菜单命令【File】/【New】/【Schematic】，系统在 project 面板中创建一个命名为 sheet1.schDoc 的空白电路原理图，并且该电路原理图文件被自动放置到"桥式整流电路"工程下。

执行菜单命令【File】/【Save】，将新建的电路原理图重新命名为"原理图"，并自动保存在"桥式整流电路"工程所在的文件夹中。

至此电路原理图文件创建完成，工程面板如图 2-3 所示。

此时系统切换到电路原理图编辑器下，系统的菜单栏和主工具条都发生了变化。

2.3　原理图编辑器设计界面

Altium Designer 原理图编辑器设计界面主要由菜单栏、工具栏、各种面板和工作区组成。

2.3.1　主菜单栏

在 Altium Designer 中，原理图编辑器的主菜单栏如图 2-4 所示。

图 2-4　主菜单栏

(1)　DXP 菜单：包括系统参数、系统信息、用户自定义、许可证的管理等软件系统的设置。

(2)　File 菜单：用于文件的各种操作，包括文件的新建、打开、保存、关闭及输出打印等。

(3)　Edit 菜单：用于实现各种编辑操作，包括撤销/恢复、复制、粘贴、阵列粘贴、剪切、对象的选取/撤销选取、元器件的排列、搜索相似对象、增加子件序号等。

(4)　View 菜单：用于视图的各种操作，包括工作窗口的放大/缩小/刷新、工具栏和状态栏的显示/隐藏、可视栅格/电气栅格的设置等。

(5)　Project 菜单：用于项目的各种设置，包括项目文件的打开/关闭/编译、设计工作台、FPGA 工作台等。

(6)　Place 菜单：用于各种对象的放置操作，包括元器件、导线、总线、总线分支、节点、网络标号、文本字符串、图形的放置等。

(7)　Design 菜单：用于与设计有关的操作，包括元器件库的添加、网络表的生成、模板、仿真、图纸设置、层次原理图的相关操作等。

(8)　Tools 菜单：原理图的各种工具，包括元器件的搜索、层次电路图间的切换、元器件参数的管理、元器件的编号、原理图参数设置、信号完整性分析及 FPGA 工程管脚同步设计等。

(9)　Reports 菜单：用于生成各种报表文件，包括元器件引脚、层次列表、元器件清单等。

(10)　Window 菜单：用于对窗口的操作，如平铺、水平/垂直、关闭等。

(11)　Help 菜单：帮助菜单，提供相关帮助信息。

2.3.2　工具栏

在 Altium Designer 中，原理图编辑器的工具栏如图 2-5 所示。

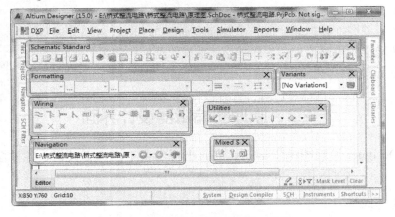

图 2-5　原理图编辑器所有的工具栏

打开/关闭工具栏的方法是：单击【View】/【Toolbars】下各工具选项。菜单命令具有开关特性，每执行一次，命令对象的状态就会变化一次。

1) Schematic Standard 标准工具栏

Altium Designer 标准工具栏(Schematic Standard)为用户绘制电路原理图提供了常用命令的按钮，如打开、保存、打印文件、复制、贴切、查找等命令。

2) Wiring 连线工具栏

Wiring 工具栏提供了绘制原理图所需的基本连线和端口，如 Wire(连线)、Bus(总线)、Label(标号)以及 Port(I/O 端口)等。

3) Mixed Sim 工具栏

Mixed Sim 工具栏提供混合信号仿真工具。

4) Formatting 工具栏

Formatting 工具栏为格式化工具。选中某个文本对象后，该工具将处于激活状态，通过改动不同下拉列表框中的值，可对文本的格式进行修改。

5) Utilities 工具栏

Utilities 工具栏提供原理图各种对象的放置工具，从左到右依次是【Utility Tools】、【Alignment Tool】、【Power Sources】、【Digital Devices】、【Simulation Sources】和【Gird】。

6) Navigation 工具栏

Navigation 工具栏为导航工具，在最左侧输入文件的一个路径即可进入该文件，用户可以从中查看当前打开文件的路径，也可以在此栏中输入一个网址，然后回车，即可在工作窗口中打开该网页。

2.3.3　状态显示栏

Status Bar 可向用户提供设计工作所处的状态，分为位置状态提示和操作提示。位置状态提示告诉用户鼠标箭头所处的位置坐标，操作提示是向用户顺序提示每个命令所需采取的具体操作。

打开 Status Bar 后，在原理图编辑器左下方出现图 2-6 所示的状态显示栏。左边显示位置状态及栅格大小，中间显示能对当前对象进行的操作命令，右边是面板导航栏。

图 2-6　状态显示栏

2.3.4　命令状态栏

Command Status 位于状态栏下方，向用户提示正在操作命令的作用，打开 Command Status 后，设计平面下方会出现命令状态显示。

『注意』：Command Status 与 Status Bar 两者的操作提示不同，Command Status 显示的是所选命令的功能，而 Status Bar 显示的是所选命令需要进行的相关操作。

2.4　原理图编辑器环境设置

进入电路原理图编辑器后，必须根据实际电路情况对绘制环境做一些设置，以便更好地绘制原理图。

2.4.1 原理图图纸设置

1. Document Option(文档选项设置)

(1) 执行菜单命令【Design】/【Document Options…】，打开 Document Option 对话框。如图 2-7 所示。

(2) "Document Option"对话框包括 Sheet Options(图样选项)、Parameters(文件信息)、Units(单位选项)、Template(模板选项)四部分。

2. Sheet Option(图样选项)

当选择页面"Sheet Options"时，可对图幅尺寸、方向等参数进行设置。

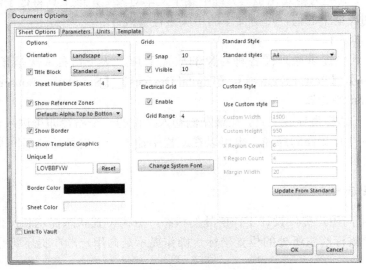

图 2-7　Document Option 对话框

1) Standard Style(标准图样尺寸)

通常，我们设计时采用标准图样，此时可直接应用标准图样尺寸设置版面。

点击 Standard Styles 项后的 ▼ 按钮，出现各种标准图样号的选项。用户可根据所设计的电路原理图的大小选择合适的标准图样号。

为了方便设计者，系统提供了多种标准图样尺寸选项：

公制：A0、A1、A2、A3、A4。

英制：A、B、C、D、E。

Orcad 图样：Orcad A、Orcad B、Orcad C、Orcad D、Orcad E。

其他：Letter、Legal、Tabloid。

2) Custom Style(自定义图样尺寸)

如果用户需要根据自己的特殊要求设定非标准的图样格式，系统提供了 Custom Style 选项用以选择。

用鼠标左键单击 Use Custom style 后的复选框，使它后面的方框出现"√"符号，即表示选中 Custom Style，如图 2-8 所示。

在 Custom Style 栏中有五个选项，分别可以设置图纸的宽度、高度，水平及垂直参考边框等分线个数，边框的宽度。

3）Options(选项栏)

在这一选项中可以进行图样方向、标题栏和边框等参数的设置。

图 2-8 自定义图样尺寸

• Orientation(图样方向)：用鼠标左键单击 Options 选项栏中 Orientation 窗口的 ✓ 按钮，出现两个选项：Landscape(图样水平放置)和 Portrait(图样垂直放置)。

• Title Block(标题栏类型)：用鼠标左键选中 Title Block 前的复选框，其前面的方框出现"√"符号，则可使标题栏出现在图样上。

用鼠标左键单击 Options 选项栏中 Title Block 窗口的 ✓ 按钮，也将出现两个选项：Standard(标准型标题栏)和 ANSI(美国国家标准协会模式标题栏)。

• Show Reference Zones(参考边框显示)：用户可用鼠标左键选中 Show Reference Zones 前的复选框，当它前面的方框出现"√"符号，此时在图样上将显示参考边框。

• Show Border(图样边框显示)：用户可用鼠标左键选中 Show Border 前的复选框，当它前面的方框出现"√"表明选中此项，显示图样边框；否则，不显示边框。

• Show Template Graphics(模板图形显示)：当选中 Show Template Graphics 前的复选框使其出现"√"时，图样设置可显示模板图形，否则不显示模板图形。

• Border Color(边框颜色)：用鼠标左键点中 Border Color 右边的颜色方框，则出现 Choose Color 窗口，用户可选择边框颜色。系统缺省的图样边框颜色为黑色。

• Sheet Color(工作区颜色)：用鼠标左键点中 Sheet Color 右边的颜色方框，可设置工作区颜色。系统缺省工作区颜色的缺省值为白色。

4）Grids(图样栅格)

该选项是用来设置图纸网格属性的。Grids 设定栏包括两个选项：Snap 的设定和 Visible 的设定。

• Snap(锁定栅格)：Snap 设定光标位移的步长，即光标在移动过程中，以锁定栅格的设定值为单位做跳移。如当设定 Snap ＝ 10 时，十字光标在移动时，步长均以 10 mil 个长度单位为基础。此项设置目的是使用户在画图过程中更加方便地对准目标和引脚。

• Visible(可视栅格)：原理图编辑器图纸区域中由纵、横交错而成的点的距离，系统默认值为 10 mil。可视栅格的设定只决定图样上实际显示栅格的大小，不影响光标的移动。

5）Electrical Grids(电气栅格)

如果用鼠标左键选中 Electrical Grids 设置栏中 Enable 左面的复选框，如图 2-7 所示，使复选框中出现"√"，表明选中此项，则此时系统在连接导线时，将以箭头光标为圆心以 Grids 栏中的设置值为半径，自动向四周搜索电气节点。当找到最近的节点时，就会把十字光标自动移动到此点上，并在该节点上显示出一个×。如果没有选中此功能，则系统不会自动寻找电气节点。

6) Change System Font(改变系统字型)

用鼠标左键单击图 2-7 所示的 Sheet Option 设置栏中的 Change System Font，将出现字体设置窗口。用户可设置元器件引脚的字型、字体和字号大小等。

3．Parameters 选项

单击图 2-7 所示对话框中的 Parameters 选项卡，切换到 Parameters 对话框，如图 2-9 所示。

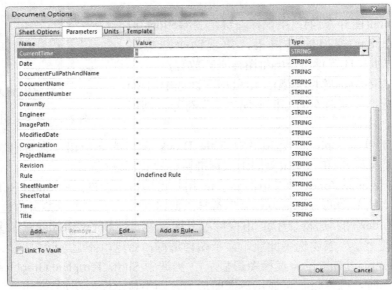

图 2-9　Parameters 对话框

Parameters 记录了电路原理图的信息和更新记录，这项功能可以使用户更系统、更有效地对电路图纸进行管理。图纸信息设置的具体内容如下：

【Address1】、【Address2】、【Address3】、【Address4】：设置设计者的通信地址。

【ApprovedBy】：项目负责人。

【Author】：设置图纸设计者姓名。

【ChechdeBy】：设置图纸检验者姓名。

【CompanyName】：设计公司名称。

【CurrentDate】：设置当前日期。

【CurrentTime】：设置当前时间。

【Date】：设置日期。

【DocumentFullPathAndName】：设置项目文件名和完整路径。

【DocumentName】：设置文件名。

【DocumentNumber】：设置文件编号。

【DrawnBy】：设置图纸绘制者姓名。

【Engineer】：设置设计工程师。

【ImagePath】：设置影像路径。

【ModifiedDate】：设置修改日期。

【Orgnization】：设置设计机构名称。

【Revision】：设置设计图纸版本号。

【Rule】：设置设计规则。

【SheetNumber】：设置电路原理图编号。

【SheetTotal】：设置整个项目中原理图总数。

【Time】：设置时间。

【Title】：设置原理图标题。

双击某项待设置的设计信息或者选中某项待设置的设计信息后单击对话中的【Edit…】按钮，会打开相应的【Parameter Properties】对话框，如图 2-10 所示，可在【Value】文本编辑栏内输入具体信息值。当设置完成后，单击【OK】按钮即可关闭【Parameter Properties】对话框界面。

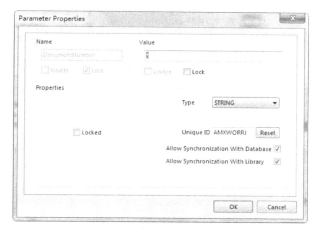

图 2-10　Parameter Properties 对话框

4．Units 选项

在绘制原理图的过程中有时需要对单位进行转换，可以选择英制单位或者公制单位，如图 2-11 所示。其中左边是英制，单位是 mil；右边是公制，单位是 mm。

图 2-11　Units 对话框

2.4.2　Schematic Preferences 选项卡设置

单击菜单命令【Tool】/【Schematic Preferences】即可打开 "Preferences" 对话框，在弹出的对话中，选择 Schematic 选项，如图 2-12 所示。用户根据自己的设计习惯，对原理图的环境参数作相应设置，将会大大提高设计的效率。

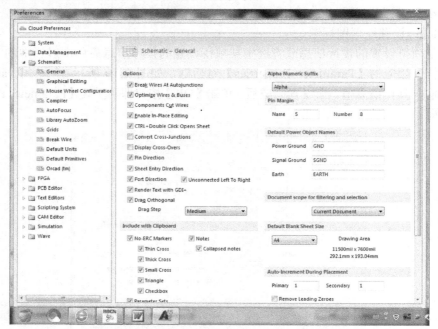

图 2-12　Preferences 对话框

1. General 选项卡设置

1) Options 栏

• Break Wires At Autojunctions 复选框：选中该复选框，则在节点处自动断线。

• Optimize Wires & Buses 复选框：选中该复选框，则在导线、总线彼此叠加时，系统将自动移除多余的导线或总线。

• Components Cut Wires 复选框：只有当 Optimize Wires & Buses 被选中时，才能选中该复选框。选中时，当在一根导线上放置元器件时系统自动将导线分成两段，分别接在该元器件的两个管脚上。

• Enable In-Place Editing 复选框：选中该复选框，则可在原理图界面直接编辑文本对象，而不需要打开对象的属性编辑对话框。

• CTRL+Double Click Open Sheet 复选框：该项用于层次电路图的设计，选中该项，双击原理图子图符号即可打开原理图子图。

• Convert Cross-Junctions 复选框：选中此项，两个互相交叉的导线在交叉点存在电气连接。

• Display Cross-Overs 复选框：选中此项，导线交叉处将出现一个弧形桥显示效果，即交叉导线间不存在电气连接。

- Pin Direction 复选框：选中此项，将在原理图上显示元器件管脚的方向标志。
- Sheet Entry Direction 复选框：选中此项，Sheet Entries(方块电路端口)的 I/O type 属性可决定其外观类型属性，即系统自动忽略用户所设置的方块电路端口外观类型。
- Port Direction 复选框：选中此项，Port(端口)的 I/O type 属性可决定其外观类型属性，即系统自动忽略用户所设置的方块电路端口外观类型。
- Unconnected Left To Right 复选框：选中 Port Direction 复选框后才可选中此项。若选中，原理图文件中未连接端口的外形将保持 Right 类型，而不随用户的类型修改而改变。
- Drag Orthogonal 复选框：选中该复选框，若进行 Drag 操作，则与元器件相连的导线将保持 90°的走线；否则拖动元器件时与元器件相连的导线可以为任意的角度。

2) Include with Clipboard and Prints 栏

- No-ERC Markers 复选框：选中时，可打印或复制 No-ERC Markers 设计对象到剪贴板中。
- Parameter Set 复选框：选中此项，可打印或复制 Parameter Set 设计对象到剪贴板中。

3) Auto-Increment During Placement 栏

- Primary 文本框：放置元器件管脚时，该文本框填写的值为管脚标号的自动增量，通常为正值。
- Secondary 文本框：放置元器件管脚时，该文本框填写的值为管脚标号的自动增量，通常为负值。

4) Alpha Numberic Suffix 栏

- Alpha 单选按钮：选中此项，多子件元器件将使用 Alpha(字母)子件标志后缀。该项为全局设置，将用于所有打开的文件。
- Numeric 单选按钮：选中此项，多子件元器件将使用 Numeric(数字)子件标志后缀。该项也为全局设置，将用于所有打开的文件。

5) Pin Margin 栏

- Name 文本框：在该文本框中，用户可定义管脚名称与元器件边框的距离(单位为 1/100 英寸)。
- Number 文本框：在此处用户可定义管脚号与元器件边框的距离(单位为 1/100 英寸)。

6) Default Power Object Names 栏

- Power Ground 文本框：在原理图中放置一个属性为 Power Ground 的电源端口时，缺省放置的名称将取决于此处的设置，此处 Power Ground 缺省的设置为 GND。
- Signal Ground 文本框：在原理图中放置一个属性为 Signal Ground 的电源端口时，缺省放置的名称将取决于此处的设置，此处 Signal Ground 缺省的设置为 SGND。
- Earth 文本框：在原理图中放置一个属性为 Earth 的电源端口时，缺省放置的名称将取决于此处的设置，此处 Earth 缺省的设置为 EARTH。

7) Document scope for filtering and selection 栏

在该下拉列表中选择掩膜与选中效果应用的文件，有两种选择——Current Document(当前文件)和 Open Document(所有打开文件)。

8) Default Blank Sheet Size 栏

在该下拉列表中选择缺省的空原理图图纸大小，该大小将在右侧的 Drawing Area 中详细地显示出来。

2. Graphical Editing 选项卡设置

Graphical Editing 选项卡的设置如图 2-13 所示。

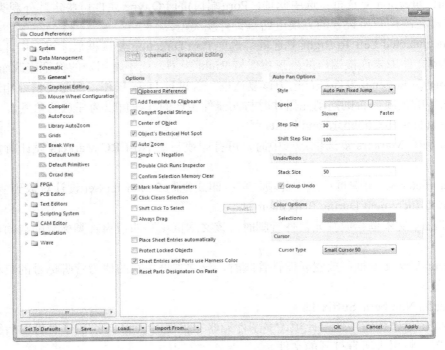

图 2-13　Graphical Editing 选项卡设置

1) Options 栏

• Clipboard Reference 复选框：选中此项，用户单击菜单命令【Edit】/【Copy】或【Edit】/【Cut】时，鼠标将变成十字状，提示用户选择一个参考点。

• Add Template to Clipboard 复选框：选中此项，在进行原理图对象的复制/剪切的同时，将复制/剪切当前的原理图图纸模板；否则只将对象自身进行复制/剪切操作。

• Convert Special Strings 复选框：选中此项，在进行原理图打印时，特殊字符表示的内容可被打印出来。

• Center of Object 复选框：选中此项，进行单个对象的移动或拖动时鼠标将移到对象的参考点。如果为矩形框等不具有电气特性的对象，则进行移动或拖动操作时，鼠标将移到对象的中心处。

• Object's Electrical Hot Spot 复选框：选中此项，进行对象的移动或拖动时，鼠标将移到对象最近的一个电气节点处。

• Auto Zoom 复选框：选中此项，当跳到某一个元器件上时原理图将自动地进行视图显示比例的调整。不选时，放大操作则按照 Zoom Level 标签中的设置进行。

• Single '\' Negation 复选框：选中此项，在网络名称前键入"\"，可以表示该网络名称的"非"，主要用于端口、网络标号以及方块电路端口上。

• Double Click Runs Inspector 复选框：选中此项，双击对象将弹出 Inspector 对话框。

- Confirm Selection Memory Clear 复选框：在 Selection Memories 中存储了一系列对象的选择状态。若用户想防止无意中覆盖了某一个 Selection Memories 的话，可选中此项。
- Mark Manual Parameters 复选框：带点的参数表示该参数与其母体是联系在一起的，不能单独地对该参数进行移位或者旋转。选中此项，可隐藏 "." 标志。
- Click Clears Selection 复选框：选中此项，通过单击原理图工作区域的任意处可取消对当前所有对象的选中状态。
- Shift Click To Select 复选框：选中此项，用户可单击 [Primitives...] 按钮进行某些对象的设置，用户只有通过按 Shift 快捷键且同时单击鼠标才能完成这些对象的选中操作。不选时，单击鼠标左键即可完成对象的选中任务。

2) Auto Pan Options 栏

该栏主要用于设置系统的自动边移功能，即当光标移到编辑区域边缘时，系统将自动回移。

- Style 下拉列表框：设置自动移动的模式。(Auto Pan Off：取消自动边移功能；Auto Pan Fixed Jump：以 Step Size 或 Shift Step Sizes 所设置的值进行自动边移，在移动的过程中鼠标始终位于图纸区域的边缘；Auto Pan Re-center：重新定位编辑区的中心位置，即以光标所指的边为新的编辑区中心，Auto Pan 仍以 Step Size 或 Shift Step Sizes 所设置的值为参考。)
- Speed 滚动条：拖动滑轮可设置自动边移的速度，设置在左侧速度较小，越往右速度越快。
- Step Size 文本框：设置自动边移的步长，通常为每次边移的像素数，像素数越小，自动边移越慢。
- Shift Step Size 文本框：设置按住 Shift 键时自动边移的步长，通常为每次边移的像素数，像素数越小，自动边移越慢。

3) Cursor Grid Options 栏

- Cursor Type 下拉列表框：在该下拉列表框中可设置光标的形状，有 3 种选择：Large Cursor 90、Small Cursor 90 和 Small Cursor 45，用户可自行选择。
- Visible Grid 下拉列表框：设置可视栅格的类型，有两种：Line Grid(线状)和 Dot Grid 点状)。

4) Undo/Redo 栏

Stack Size 文本框：设置撤销/恢复操作的缓存空间大小，此处所设置的值没有大小的限制。空间越大，存储的可执行撤销/恢复的信息越多，其占用的系统内存也越大。

5) Color Options 栏

- Selections：单击该项右侧的颜色块可设置对象选中时虚线框的颜色。
- Grid Color：单击该项右侧的颜色块可设置栅格的颜色。

3. Compiler 选项卡设置

Compiler 选项卡的设置如图 2-14 所示。

1) Errors & Warnings 栏

该栏用于错误等级的一些设置。在原理图设计完成并进行文件的编译后，Messages 面板中将列出一系列不同等级的错误，并以不同的颜色在原理图上显示出错误的对象。此处可设置各种等级错误的显示状态以及显示颜色。

2) Auto-Junctions 栏

• Display On Wires 复选框：选中此项，屏幕将显示导线相交处(具有电气连接特性)系统自动生成的节点。在 Size 下拉列表框中设置节点的大小，有 4 种：Smallest、Small、Medium 和 Large。单击 Color 颜色块可进行节点颜色的设置。

• Display On Buses 复选框：选中此项时，屏幕将显示总线处系统自动生成的节点。

3) Manual Junctions Connection Status 栏

选中此栏中的 Display 项，系统将显示用户自己添加的节点。

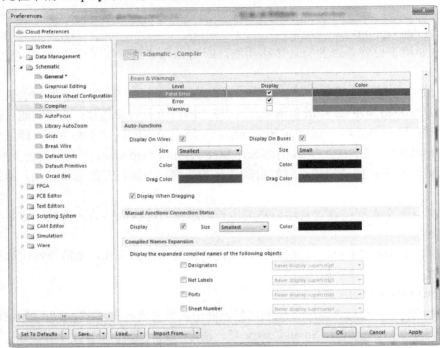

图 2-14　Compiler 选项卡设置

4．AutoFocus 选项卡设置

AutoFocus 选项卡的设置如图 2-15 所示。

1) Dim Unconnected Objects 栏

该栏设置未连接对象的掩膜显示方式。

• On Place 复选框：选中此项，用户放置一个新的对象时，系统将掩膜显示当前原理图中所有未连接的对象。

• On Move 复选框：选中此项，当用户移动一个对象(该对象具有完整的电气特性连接)时，系统将自动掩膜显示所有未与该对象有连接关系的对象。

• On Edit Graphically 复选框：选中此项，当用户对原理图中的某一个已具有电气连接的对象重新进行大小的设置时，系统将自动掩膜显示原理图中所有未连接的对象。

• On Edit In Place 复选框：选中此项，当用户对原理图中的某一个已具有电气连接的对象重新编辑时，系统将自动掩膜显示原理图中所有未连接的对象。

● Dim Level 滚动条：设置掩膜的程度，滑块向左滑动时掩膜程度低，向右滑动时掩膜程度高，最右侧将完全不显示被掩膜的对象。

● 　All On　按钮：选中上面所有的复选框。

● 　All Off　按钮：取消上面所有的复选框。

2）Thicken Connected Objects 栏

该栏中各项与 Dim Unconnected Objects 栏中各项含义基本一致。

3）Zoom Connected Objects 栏

该栏中各项与 Dim Unconnected Objects 栏中各项含义基本一致。

其他选项卡的设置方法本书暂不介绍。

图 2-15　AutoFocus 选项卡设置

2.5　装载元件库

电路原理图是由大量的元器件构成的。在原理图编辑平面上放置元器件前，必须先装载要放置的元器件所在的元器件库，然后放置元器件、调整元器件位置及设置元器件的属性。但如果一次载入过多的元器件库，将会占用较多的系统资源，影响计算机的运行速度。所以，一般的做法是只载入必要而常用的元器件库，其他特殊的元器件库在需要时再载入。

Altium Designer 提供了数量庞大、分类明确的元器件库，一般采用两级分类的方法来存放：

一级分类是以元器件制造厂家的名称分类。

二级分类是在一级分类下面以元器件种类进行分类。

如果在系统使用时元器件库不够丰富，用户可以在 Altium 网站下载。

在 Altium Designer 中，元器件库的默认路径为：C：\Users\Public\Documents\Altium\AD15\Library。

2.5.1　打开元器件库面板

(1) 利用原理图编辑器状态栏右下角的【System】按钮选择【Libraries】，弹出如图 2-16 所示的元器件库面板对话框。

(2) 利用菜单命令完成对元器件库的设置：选择【Design】/【Browse Library】选项或者依次按下 D 键、B 键，弹出如图 2-16 所示的元器件库面板对话框。

(3) 利用工具栏。单击工具栏中的 按钮，也可打开图 2-16 所示的元器件库面板对话框。

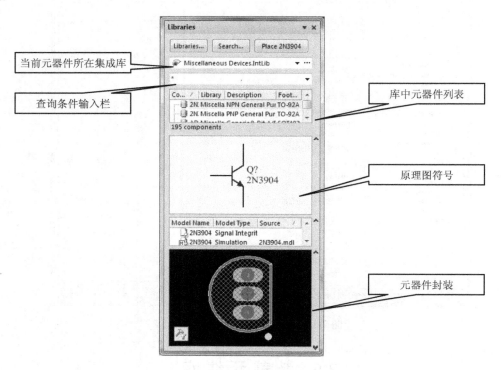

图 2-16　Libraries 面板

2.5.2　认识库面板

库面板是 Altium Designer 系统中最重要的应用面板之一，它不仅是为原理图编辑器服务，而且在印制电路板编辑器中也同样离不开它，库面板由下面几部分组成。

当前加载的元器件所对应的集成库：该文本栏中列出了当前项目加载的所有库文件。单击右边的下拉按钮，可以进行选择并改变激活的库文件。

查询条件输入栏：用于输入与要查询的元器件相关的内容，帮助用户快速查找。

元器件列表：用来列出满足查询条件的所有元器件或用来列出被激活的元器件库所包含的所有元器件。

原理图符号预览：用来预览当前元器件在原理图中的外形符号。

模型预览：用来预览当前元器件的各种模型，包括 PCB 封装形式、信号完整性分析及数据模型等。

2.5.3　添加和删除元器件库

(1) 单击图 2-16 中的 Libraries... 按钮，或执行菜单命令【Design】/【Add/Remove Library】，系统将弹出如图 2-17 所示的"Available Libraries"对话框，其中包括 Project、Installed、Search Path 3 个选项卡。

- Project 选项卡：项目元器件库。添加到该选项卡中的库文件，同时也被添加到 Project 面板当前的项目文件中，它只对当前项目文件起作用。在存盘时，可将各种设计文件与库文件一起保存，为后面的查看和编辑提供方便。
- Installed 选项卡：添加到该选项卡的库文件支持设计中的所有工程项目。
- Search Path 选项卡：此选项卡中的库文件通过路径的形式记录下来，单击路径即可找到库文件。

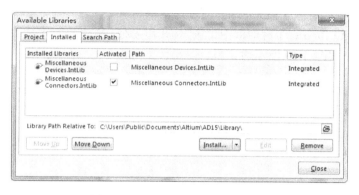

图 2-17　Available Libraries 对话框

(2) 选中 Project 选项卡，单击 Add Library... 按钮，系统将弹出打开库文件的对话框，在对话框中定位原理图库文件所在硬盘目录，如图 2-18 所示。其缺省路径为 ad 系统安装目录 C:\Users\Public\Documents\Altium\AD15\Library 文件夹下。若用户从"Available Libraries"对话框选中不再需要的库文件，然后用鼠标单击 Remove 按钮，即可关闭此库文件。

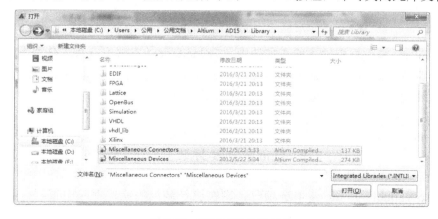

图 2-18　打开库文件对话框

在 Installed 选项卡中添加库时，可以单击 Install... 按钮来实现元器件库的添加。在 Search Path 选项卡中添加元器件库，可通过单击 Paths... 按钮来完成。

(3) 在打开库文件的对话框中选中需要添加的库文件后，单击 打开⑩ 按钮，即可将库文件添加到 "Available Libraries" 对话框。若想删除某个元器件库，则可选中此库文件，然后单击 Remove 按钮，即可删除库文件。

(4) 确认所选元器件库正确后，单击 Close 按钮就可以将上述库文件装入元器件库管理器，完成对元器件库的添加。

2.5.4　搜索元器件库

Altium Designer 包含了几十个公司的数千个元器件，如果对元器件库不熟悉，则很难快速找到需要的元器件所在的元器件库。Altium Designer 提供了友好的元器件搜索功能，可以帮助用户快速定位元器件及其所在的库。

下面以运放 Ne5532 为例介绍搜索元器件库的具体步骤。

(1) 单击工作窗口右侧【Libraries】面板对话框。

(2) 在弹出的【Libraries】对话框中单击 Search... 按钮，或者执行菜单命令【Tool】/【Find Component】，弹出如图 2-19 所示对话框。

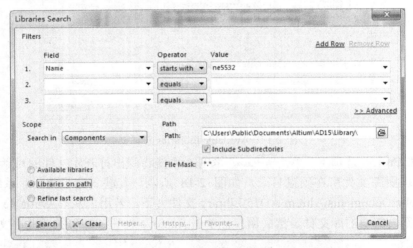

图 2-19　搜索元器件设置对话框

(3) 在 Filters 操作框中输入要查找的内容，Operator 的方式有 4 种，分别为 equals(精确知道查找元器件的名字)、contains(只知道元器件中关键的几个字)、startswith(知道元器件以哪一个字符开始)、endswith(知道元器件以哪个字符结束)。由于查找的元器件 ne5532 名称不全，只能用 contains 或 startswith 两个选项。

(4) Scope 操作框是用来设置查找的范围。Search in 搜索选项包括 4 个选项：Components(搜索元器件)、Footprints(搜索封装)、3D Models(搜索 3D 模式)、DatabaseComponents(元器件数据库搜索)。

当选中 Available libraries 单选项时，则在已经装载的元器件库中查找，并且在 Path 操作框中选择搜索库的正确路径；当选中 Libraries on path 单选项时，则在选定的目录中查找。

　　(5) Path 操作框是用来设定查找的元器件库路径，该操作框的设置只有在选中 Libraries on path 单选项时有效。Path 可以设置查找的目录，如果选中 Include Subdirectories 复选框，则指定目录下的子目录也在搜索范围。File Mask 可以设定查找元器件所在的文件匹配域，"*"可以代表任意多个字符。

　　(6) 单击左下角 Search... 按钮开始搜索，找到所需的元器件后，点击位于最上方的 Stop 按钮停止搜索。完成后的对话框如图 2-20 所示。

　　(7) 从搜索结果中可以看到相关元器件及其所在的元器件库。将元器件所在的元器件库直接装载到元器件库管理器中以便继续使用；也可以直接使用该元器件而不装载其所在的元器件库。

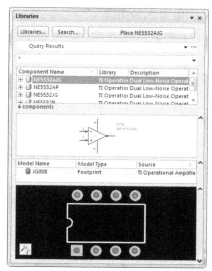

图 2-20　ne5532 搜索结果

2.6　元器件放置的编辑操作

　　在原理图绘制的过程中，将各种元器件的原理图符号放置到原理图纸中是很重要的操作。用户可以根据零件之间的走线等关系，对元器件工作平面上的位置进行调整、修改，并对元器件的编号、封装进行定义和设定。

2.6.1　放置元器件的方法

1. 利用库面板放置元器件

利用库面板放置元器件的操作步骤如下：

　　(1) 打开【Libraries】面板，如图 2-21 所示。

　　(2) 单击库文件名列表的 ∨ 按钮，在下拉列表中选择元器件所在的元器件库，如 Miscellaneous Devices.IntLib。

　　(3) 在此元器件库中查找所需元器件。如需要放置型号为 1N4007 的二极管，可在图 2-21 中的查找栏中输入"*Diode 1N4007"后回车，则在【Libraries】面板中会出现 1N4007 的二极管，双击 Diode 1n4007(或单击左键选定元器件，再单击 Place Diode 1N4007)，进入放置元器件命令状态。

　　(4) 将光标移动到工作平面上，此时光标为十字形，元器件 Diode 1N4007 将随着光标移动，如图 2-22(a)所示。在工作平面上选择合适的位置，单击鼠标左键即可将该元器件定位到工作平

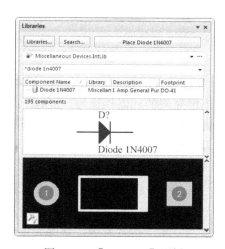

图 2-21　【Libraries】面板

面上，如图 2-22(b)所示。

(5) 重复第(4)步操作，可将多个 1N4007 的二极管都放置到合适的位置。此时系统仍处于放置元器件的命令状态。按下 Esc 键或单击鼠标右键，即可回到闲置状态，等待执行其他命令。

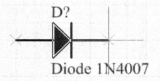 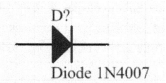

(a) 元器件放置中的状态　　　　　　　　　　　(b) 元器件放置后的状态

图 2-22　元器件放置过程中的状态变化

2．利用菜单命令放置元器件

利用菜单命令放置元器件的操作步骤如下：

(1) 单击【Place】/【Part】菜单命令(或依次按下 P 键、P 键)，出现如图 2-23 所示的对话框。

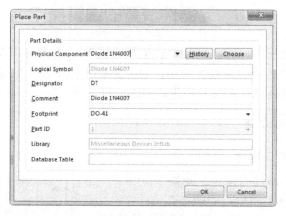

图 2-23　放置元器件对话框

(2) 在 Physical Component 框中输入二极管元器件名称 Diode 1N4007，Designator 框中会出现对应的元器件标号，如 D？；在 Comment 框中出现元器件型号；在 Footprint 框中出现元器件的封装，如 DO-41。

(3) 单击【OK】按钮开始放置元器件。

3．利用【Utilities】工具栏放置元器件

Altium Designer 提供了绘图工具，包括常用的元器件、电源、仿真源等，这些元器件放置不需加载元器件库。图 2-24 所示为【Utilities】工具栏，可方便用户的使用。

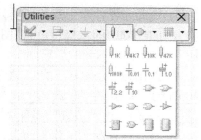

图 2-24　【Utilities】工具栏

2.6.2　编辑元器件的属性

在原理图上放置的所有元器件都具有自身的特定属性，如标识符、注释、位置和所在的库文件名等。在放置元器件时，都应对其属性进行正确的编辑和设置，以免为后面生成网络表和印制电路板的制作带来错误。元器件属性的编辑也可在元器件放置后完成。

1. 元器件放置好后编辑元器件属性

(1) 选择【Edit】/【Change】选项(或依次按下 E、H 键)；或双击元器件；或者用鼠标单击需要编辑属性的元器件，按住鼠标左键不放，同时按下【Tab】键。

(2) 弹出如图 2-25 所示的元器件属性对话框，系统进入编辑元器件属性工作状态。

图 2-25　Component Properties 对话框

(3) 对话框内几个主要选项定义：

Component Properties 对话框包括 Properties(属性)、 Link to Library Component(元器件库链接)、Graphical (元器件位置)、Parameters(参数)、Models(数据模型)等定义项。

Properties 区域包括 Designator 和 Comment 等文档编辑栏。Designator 文档编辑栏是用来对原理图中的元器件进行标识的，其后面的 Visible 复选框应选中，以对元器件进行区分，方便印制电路板的制作。Comment 文档编辑栏是用来对元器件进行注释、说明的，其后面的 Visible 复选框一般不选中。该区域中其他属性均采用系统的默认设置。

Link to Library Component 区域，主要显示该元器件所在的库名称和元器件的名称。

Graphical 区域，用来显示元器件的坐标位置及设置元器件的颜色。选中该区域下部的 Local Colors 复选框，其右边就会给出 3 个颜色设置按钮，它们分别对元器件填充色、元器件边框色、元器件管脚色进行设置。

Parameters 区域主要对元器件的标称值进行设置。

Models 区域可更改或增加元器件的封装、信号模型等。

(4) 设置结束后，用鼠标左键单击【OK】按钮，完成元器件属性的编辑操作。图 2-26 所示为编辑前后二极管属性的变化。

　　(a) 二极管属性编辑前　　　　　　　　　　　　(b) 二极管属性编辑后

图 2-26　编辑前后电阻属性的变化

2. 在放置元器件过程中编辑元器件属性

在元器件放置之前，按【Tab】键打开图 2-25 所示的元器件属性对话框，后面操作同前所述。

2.6.3　元器件的自动编号

当电路中元器件数目较多时，手工编号效率低且容易重复、遗漏或跳号，为了避免上述错误的发生，可以使用系统提供的自动标注功能来轻松完成对元器件的标注编辑。下面以图 2-27 所示的桥式整流滤波电路为例，介绍其操作步骤。

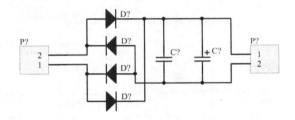

图 2-27　未编号的桥式整流电路

(1) 单击菜单命令【Tool】/【Annotate Schematic…】，系统弹出如图 2-28 所示的对话框。

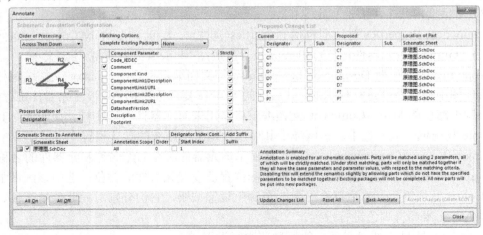

图 2-28　Annotate 对话框

可以看到，该对话框包含 4 个部分，分别是 Order of Processing(处理顺序)、Matching Options(匹配选项)、Schematic Sheets To Annotate(原理图注释)、 Proposed Change List(已提交变化列表)。

Order of Processing 用于设置元器件标注的处理顺序，单击其列表框的下拉按钮，系统给出了 4 种方案。

【Up Then Across】：按照元器件在原理图中的排列位置，先按从下到上、再按从左到右的顺序自动标注。

【Down Then Across】：按照元器件在原理图中的排列位置，先按从上到下、再按从左到右的顺序自动标注。

【Across Then Up】：按照元器件在原理图中的排列位置，先按从左到右、再按从下到上的顺序自动标注。

【Across Then Down】：按照元器件在原理图中的排列位置，先按从左到右、再按从上到下的顺序自动标注。

Matching Options 用于选择元器件的匹配参数，在下面的列表框中列出了多种元器件参数供用户选择。

Schematic Sheets To Annotate 用来选择要标注的原理图文件，并确定注释范围、起始索引值及后缀字符等。

Proposed Change List 用来显示元器件的标志在改变前后的变化，并指明元器件所在原理图中的名称。

(2) 在本例中，选择 Order of Processing 为 Across Then Down，其余参数保留系统的默认值。单击 Update Changes List 按钮，系统弹出如图 2-29 所示的提示框，提醒用户元器件状态要发生变化。

图 2-29 确认信息对话框

(3) 单击更新列表【OK】按钮，元器件标号列表立刻更新，如图 2-30 所示。

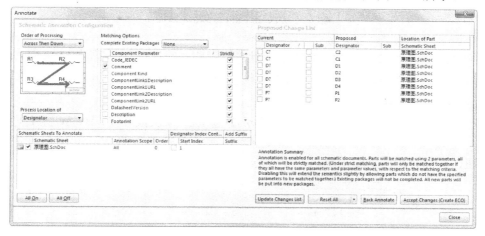

图 2-30 更新后的元器件标号

(4) 单击 Accept Changes (Create ECO) 按钮，显示如图 2-31 所示的"Engineering Change Orde"对话框。

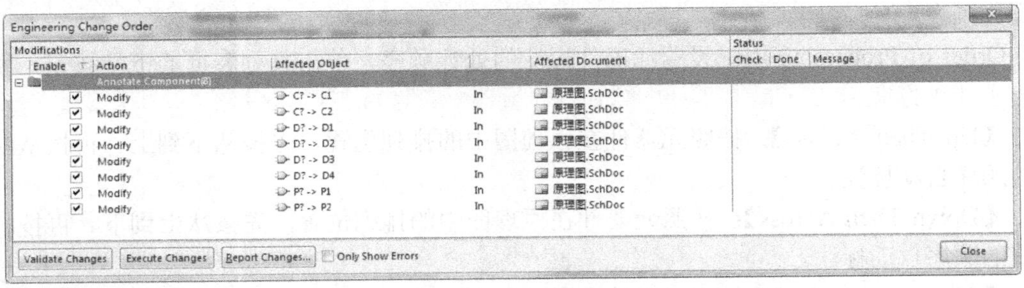

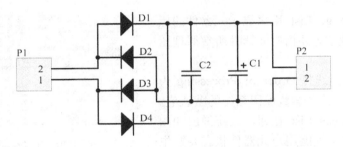

图 2-31　Engineering Change Order 对话框

(5) 单击图 2-31 对话框中的 Validate Changes 按钮使改变生效，或直接单击 Execute Changes 按钮，改变生效并同时执行。

(6) 单击"Engineering Change Order"对话框中的 Close 按钮，返回到"Annotate"对话框。

(7) 最后单击"Annotate"对话框中的 Close 按钮，完成元器件自动编号操作，如图 2-32 所示。

图 2-32　完成自动编号后的桥式整流电路

2.7　原理图布线工具

Altium Designer 15 设计系统提供了 3 种对原理图元器件进行布线的方法，即利用菜单命令、利用 Wiring Tools 工具栏和采用快捷键。

1．利用 Wiring Tools 工具栏

选择【View】/【Toolbars】/【Wiring Tools】选项(或依次按下 V、B、W 键)，即可打开或关闭 Wiring Tools 工具栏。打开后，用鼠标单击如图 2-33 所示的 Wiring Tools 工具栏中的各个按钮，选择合适的连线工具。各按钮功能见表 2-1。

图 2-33　Wiring Tools 工具栏

表 2-1   连线工具栏中各个按钮的功能

按钮	功　　能	"Place" 菜单中的对应选项
〰	画导线工具	Wire
⅂	画总线工具	Bus
⌇	画信号线束	Signal Harness
⅄	画总线分支工具	Bus Entry
Net	设置网络标号	Net Label
Vcc	电源符号	Power Port
⏚	接地符号	Power Port
⊸	取用元器件	Part
⊞	制作方块电路符号	Sheet Symbol
⊡	制作方块电路盘输入/输出端口	Add Sheet Entry
⊳	制作电路盘输入/输出端口	Port
⊐	用来把不同的信号集合成一个信号线束	Harness Connector
⊸	要连接到信号线束的网络、总线或子线束	Harness Entry
⊤	放置线路节点	Manual Junction
✕	忽略电器法则测试	Directives/No ERC

2．执行菜单命令

选择【Place】菜单，然后在弹出的下拉菜单中选择相应选项，各选项功能参见表 2-1。

3．采用快捷键

用户可利用菜单项中的快捷键来选取相应的命令以实现相应的操作。例如：画导线，可依次按下 P 键、W 键。

2.7.1 绘制导线

电路中一个元器件引脚要与另一个元器件引脚用导线连接起来，如将电容 C1 和电阻 R1 连接起来，其操作步骤如下：

(1) 选择【Place】/【Wire】选项，或依次按下 P 键、W 键，或者用鼠标左键单击 Wiring Tools 工具栏中的 〰 按钮。

(2) 此时光标变成十字状，系统进入画导线命令状态，将光标移动到电容 C1 需要连接的引脚上，会出现一个红色 "米" 字标志，单击鼠标左键，确定导线的起点，如图 2-34(a) 所示。

(3) 移动光标拖动导线，在转折点处单击鼠标左键，如图 2-34(b)所示。

(4) 当到达导线的末端时，同样会出现一个红色 "米" 字标志，再次单击鼠标左键确定导线的终点，如图 2-34(c)所示。一条导线绘制完成后，整条导线的颜色将变为蓝色，如图 2-34(d)所示。

(5) 画完一条导线后，系统仍然处于画导线命令状态。将光标移动到新的位置后，重复前面 4 步继续绘制其他导线。

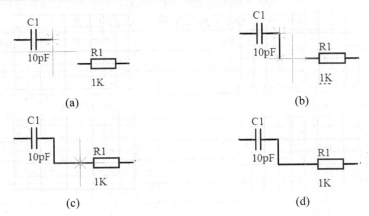

图 2-34　导线连接

(6) 如果对某条导线(如导线宽度、颜色等)不满意，用户可用鼠标双击该条导线，此时将出现"Wire"对话框，如图 2-35 所示，用户可以在此对话框中重新设置导线的线宽和颜色。

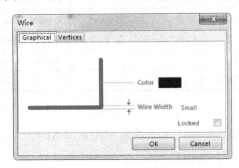

图 2-35　Wire 属性对话框

2.7.2　绘制总线

总线是一组具有相同性质的并行信号线的组合，如数据总线、地址总线和控制总线等。在原理图绘制过程中，用一根较粗的线条来清晰方便地表示总线。总线在原理图绘制中没有任何电气连接的意义，仅仅是为了绘制原理图和查看原理图方便而采用的一种简化连线的表现形式。绘制总线的步骤如下：

(1) 执行绘制总线的命令。选择【Place】/【Bus】选项(或者依次按下 P 键、B 键)，或者用鼠标左键单击 Wiring Tools 工具栏中的 按钮。

(2) 光标变成十字状，系统进入画总线命令状态。

(3) 移动光标拖动总线线头，在转折位置单击鼠标左键确定总线转折点的位置。当导线的末端到达目标点后，再次单击鼠标左键确定导线的终点。

(4) 单击鼠标右键或按【Esc】键，结束这条导线的绘制过程。双击总线弹出其属性对话框，如图 2-36 所示，可对总线的粗细和颜色进行设置。

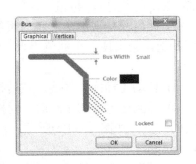

图 2-36　Bus 属性对话框

(5) 画完一条总线后，系统仍然处于画总线命令状态。此时单击鼠标右键或按【Esc】键，光标从十字状还原为箭头形。

2.7.3　绘制总线进口

总线进口是单一导线与总线的连接线。与总线一样，总线进口也不具有任何电气连接意义。使用总线进口，可以使电路原理图美观和清晰。绘制总线进口的步骤如下：

(1) 执行绘制总线进口命令。选择【Place】/【Bus Entry】选项。

(2) 此时，工作平面上出现带着"/"或"\"等形状总线进口的十字光标，按"空格"键可以改变总线进口的方向。

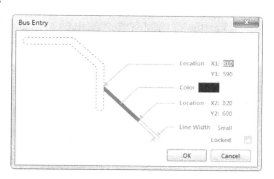

(3) 移动十字光标，将分支线带到总线位置后，单击鼠标左键将它们粘贴上去。

(4) 重复上述操作，完成所有总线分支的绘制，单击鼠标右键或按【Esc】键，取消总线进口放置命令。

(5) 放置后，双击总线分支，弹出如图 2-37 所示的属性对话框，设置其颜色、坐标和线宽。

图 2-37　"Bus Entry"属性对话框

2.7.4　放置网络标号

在绘制原理图过程中，元器件之间的连接除了可以使用导线外，还可以通过网络标号的方法来实现。

具有相同网络标号名的导线或元器件引脚，无论在图上是否有导线连接，其电气关系都是连接在一起的。使用网络标号代替实际的导线连接可以大大地简化原理图的复杂度。比如，在连接两个距离较远的电气节点时，使用网络标号就不必考虑走线的困难。

设置网络标签的具体步骤如下：

(1) 选择【Place】/【Net Label】选项(或依次按下 P 键、N 键)，或左键单击 Wiring Tools 工具栏中的 [Net] 按钮。

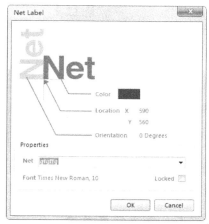

(2) 光标变成十字状，且粘着一个网络标号在工作区内移动，此标号就是最近一次使用过的网络标签。接着按下 Tab 键，工作区内将出现如图 2-38 所示的 Net Label 对话框以定义网络标号的属性，在【Net】框内可以重新定义网络标号。

网络标号名没有大小写字母区分；如果网络标签的最后一个字符是数字，接下来放置的网络标号会自动加1；网络名可以用上画线表示一个低电平有效信号，在字符后加"\"即可。比如，R\ESET 将会在字母 R 上面一条横线。如果希望 RESET 字符串上都有上画线，只要在"参数选择"对话框中的"Schematic-Graphical Editing"页面上选择"□否定信号"\"(s)"即可。

图 2-38　Net Label 对话框

(3) 设定结束后，单击【OK】按钮加以确认。

(4) 如果网络标号的角度不满足要求，可在网络标号的命令状态下，按空格键使标号作 90° 旋转。

(5) 放置完后，单击鼠标右键或【Esc】键，退出"放置网络标号"命令状态，回到待命状态。

『注意』：总线、总线分支和网络标号三者通常配合使用。

2.7.5　放置电源端口

工程中具有相同网络名的电源端口都会连接在一起。连接电源端口时，要保证有一段导线连接到电源端口的引脚上。

利用 Wiring Tools 工具栏中的 $\frac{Ucc}{T}$、$\downvdash$ 按钮可完成电源和接地符号的绘制；或者利用 Utilities 工具栏，可方便电源和接地符号的绘制。

1. 利用 Wiring Tools 工具栏绘制电源及接地符号

利用 Wiring Tools 工具栏绘制电源及接地符号的步骤如下：

(1) 选择【Place】/【Power Port】选项(或依次按 P 键、O 键)，或者用鼠标左键单击 Wiring Tools 工具栏中的 $\frac{Ucc}{T}$、$\downvdash$ 按钮。

(2) 光标变成十字状，且带着电源或接地符号出现在工作区内。将光标移动到合适的位置，单击左键放置。

(3) 双击电源或接地符号，在弹出的如图 2-39 所示的属性对话框中可对其进行设置。需要放置多个电源和接地符号时，重复(1)、(2)、(3)步操作。

2. 利用 Utilities 工具栏

Altium Designer 提供了"Utilities"工具栏以方便使用。用户可直接用鼠标单击图 2-40 所示的 Utilities 工具栏中放置的电源与地的各个按钮，选择合适的电源及接地符号。

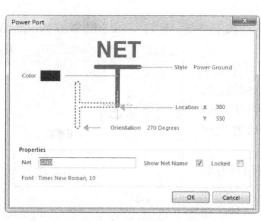

图 2-39　Power Port 工具栏

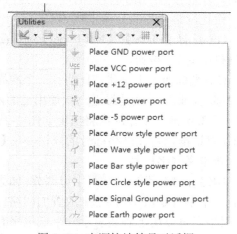

图 2-40　电源接地符号对话框

2.7.6　放置线路节点

线路节点就是指当两条导线交叉时相连接的状况。软件会在有效的连节点上自动添加节点，包括 T 型连接、导线穿过引脚端等。对电路原理图的两条相交的导线，若没有节点存在，则认为该两条导线在电气上不相通；若存在节点，则表明二者在电气上相互连接。

放置节点的操作步骤如下：

(1) 选择【Place】/【Manual Junction】选项(或依次按 P 键、J 键)，或者用鼠标左键单击 Wiring Tools 工具栏中的 按钮。

(2) 光标变成十字状，且带着节点。将光标移动到两导线相交处，单击左键放置。双击节点，在弹出的如图 2-41 所示的属性对话框中可对其进行设置，可改变节点的大小、颜色等。

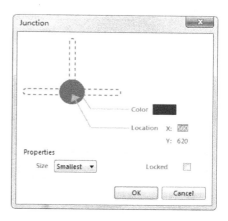

图 2-41　Junction 属性对话框

2.7.7　放置电路端口

端口提供了从一张原理图页表到另一张页表之间的连接，I/O 端口具有相同的名称，从而使它们被视为同一网络，在电气关系上相互连接。端口的 I/O 类型用于 ERC 检查连接错误，I/O 类型仅会改变端口所显示的外形而不会改变其电气特性。放置端口的操作如下：

(1) 执行制作电路的 I/O 端口命令。选择【Place】/【Port】选项(或按下 P 键、R 键)，或者用鼠标左键单击 Wiring Tools 工具栏中的 按钮。

(2) 工作区域出现十字光标且带着一个 I/O 端口移动，此时按下【Tab】键，出现如图 2-42 所示的 "Port Properties" 对话框，可在对话框内的 Graphical 页面定义端口的属性。各对话栏的简要意义参见表 2-2

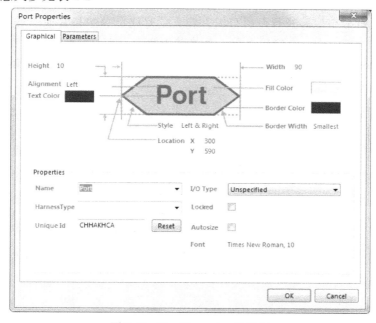

图 2-42　Port Properties 对话框

表 2-2　Port 对话框各项的意义

栏 名 称	意 义
Name	I/O 端口的名称
Style	I/O 端口的外形
I/O Type	端口的电气特性
Alignment	端口的形式
Length	端口长度
Location X	I/O 端口的横坐标位置
Location Y	I/O 端口的纵坐标位置
Border Color	边线的颜色
Fill Color	填充的颜色
Text Color	文字标注的颜色

(3) 设定结束后，单击【OK】按钮加以确认。

【说明】：

• Style(端口外形的设定)：I/O 端口的外形是指 I/O 端口的箭头方向。

• I/O Type(端口的类型)：I/O 端口的类型是指 I/O 端口的电气特性，其目的是为电气法则测试(ERC)提供依据。

• Alignment(端口表示的对准方式)：　I/O 端口表示的对准方式主要指 I/O 端口的名称在端口符号中的位置，与电气特性无关。Center、Left、Right 分别表示 I/O 端口标号与 I/O 端口的中间、左边或右边对准。

2.7.8　放置信号束系统

信号束可以对多个信号进行逻辑分组，包含信号线、总线和其他信号束。它可以作为单一实体适用到工程中。一个信号束有 4 个关键的要素：信号线束(Signal Harness)、束连接器(Harness Connector)、束入口(Harness Eenry)、束定义文件(Harness Definition File)。

1. 信号线束

导线用来表示两点之间的电气连接，总线用来表示具有命名约束的一组相关信号。选择图 2-43(a)所示的工具栏中的放置信号线束按钮，或从菜单中选择【放置】/【线束】/【信号线束】来放置线束。信号线束允许把多种信号放到一个逻辑组中，包括导线、总线和线束本身，如图 2-43(b)所示。这个组可以看作应用于整个工程的一个独立实体。

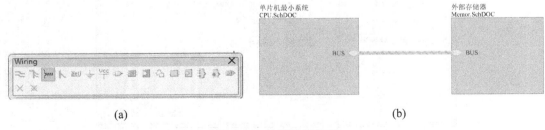

(a)　　　　　　　　　　　　　　　　　　(b)

图 2-43　放置信号线束

2. 线束连接器

线束连接器用来把不同的信号集合成一个信号线束，如图 2-44(a)所示。它为每个网络提供一个线束入口，一个子线束也可以连接到信号线束中。

选择图 2-44(b)所示的工具栏中的放置信号线束连接器按钮，或从菜单中选择【放置】/【线束】/【线束连接器】来放置线束连接器。

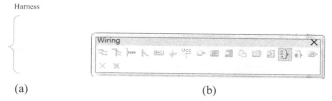

图 2-44　放置信号线束连接器

3. 线束入口

要连接信号线束的网络、总线或子线束，必须通过线束入口连接，如图 2-45(a)所示。

选择图 2-45(b)所示的工具栏中的放置信号线束入口按钮，或从菜单中选择【放置】/【线束】/【线束入口】来放置线束入口。

图 2-45　放置信号线束入口

4. 线束定义

使用信号束原理图都有一个对应的线束定义文件，每种线束定义包括一线束类型(图2-45(a)中是"BUS")和相关的线束入口(图 2-45(a)是"GND"、"+5V"，"DOUT"、"DIN"、"CLK")。

2.7.9　放置 No ERC 标记

绘制完原理图之后，我们通常会使用软件自带的编译功能对所绘的原理图进行检测，检测后常会遇到这样的现象：画的图是正确的，但检测结果显示有错误或警告，这是由系统的一些默认设置所引起的。ERC 对原理图的检测比较全面，但有些检测是不必要的，编译时如果出现了不必要的错误报告将会影响到网络表的导入，从而影响 PCB 图的设计。因此设计者可采用放置 No ERC 检查来忽略对某些网络的电气检查。操作方法如下：

(1) 单击连线工具栏中的 ╳ 按钮，或执行菜单命令【Place】/【Directive】/【No ERC】(或依次按下快捷键 P、I、N)。

(2) 执行放置命令后，光标变成十字状并带有一个 ╳ 标记，将光标移到需要放置 No ERC 标记的节点上，单击左键完成一次放置。如需多个，可继续放置。

（3）在放置 No ERC 标记之前按【Tab】键或放置后双击 No ERC 标记，可打开 No ERC 标记属性对话框，如图 2-46 所示，可对其颜色、坐标进行设置。

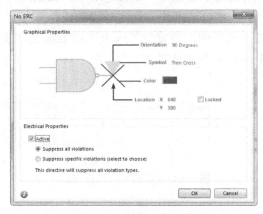

图 2-46　No ERC 标记属性对话框

2.7.10　放置 PCB 布线指示

用户在绘制原理图的时候，可以在电路的某些位置放置印制电路板布局标志，一旦预先规划指定该处的印刷电路板布线规则，在原理图印制电路板设计的过程中，系统就会自动引入这些特殊的设计规则。

下面以导线设置拐角为例讲述 PCB 布线指示的用法。

（1）执行菜单命令【Place】/【Directive】/【PCB Layout】(或依次按下快捷键 P、I、P)。

（2）执行放置 PCB 布线指示后，光标变成十字状并带有一个 PCB 标记，将光标移到需要放置 PCB 布线指示的网络上，单击左键完成一次放置，如图 2-47 所示。

（3）在放置 PCB 布线指示之前按【Tab】键，或放置后双击 PCB 布线指示标记，可打开 PCB 布线指示属性对话框，如图 2-48 所示。

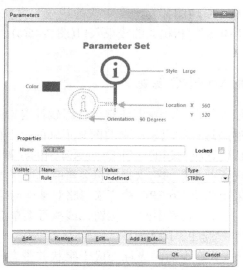

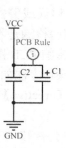

图 2-47　放置 PCB Rule　　　　　　　　图 2-48　PCB 布线指示属性对话框

(4) 单击对话框中【Edit…】按钮，打开参数特性对话框，如图 2-49 所示

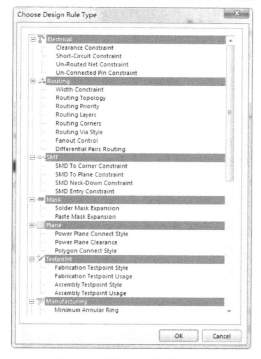

图 2-49　参数特性对话框

(5) 单击对话框中的【Edit Rule Values】按钮，打开选择设计规则类型对话框，如图 2-50 所示。

(6) 选中【Routing】规则下的【Routing Corners】选项，单击【OK】按钮后，打开【Edit PCB Rule】对话框，如图 2-51 所示，设置导线拐角为直角。

图 2-50　设计规则类型对话框　　　图 2-51　参数特性对话框

(7) 设置完毕，单击【OK】按钮，返回到参数特性对话框，此时【Value】参数设置栏中显示的是已经设置的数值，如图 2-52 所示。选中【Visible】复选框，单击【OK】按钮，关闭参数特性对话框，此时在 PCB 布局标志的附近显示所设置的具体规则，如图 2-53 所示。

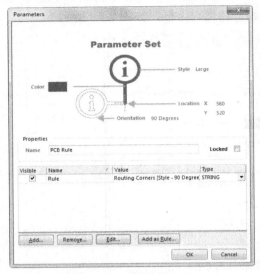

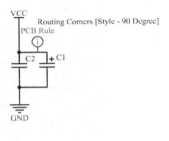

图 2-52　设置好的布线参数　　　　　　　　　图 2-53　该布线点的布线规则

2.8　图 形 工 具 操 作

在绘制电路图的过程中，除了有电气连接的导线和器件外，还有许多非电气元器件的图形符号，它们给原理图提供了各种标注信息，使电路原理图更清晰，可读性更强。

Altium Designer 系统提供的画图工具"Drawing Tools"可以方便地完成这些功能。

2.8.1　Drawing Tools 工具栏

1．打开 Drawing Tools 工具栏

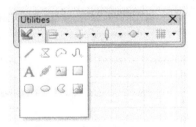

选择【View】/【Toolbars】/【Utilities】选项，在调出的 Utilities 工具栏中单击 按钮，可展开 Drawing Tools 工具栏，如图 2-54 所示。

2．Drawing Tools 工具栏中的各按钮功能

图 2-54　Drawing Tools 工具栏

Drawing Tools 工具栏可帮助用户在电路图上绘制一些不具有电气含义的图形，如直线、圆弧、曲线、矩形等。图 2-54 中各个按钮的功能参见表 2-3。

表 2-3　Drawing Tools 工具栏

按　钮	功能意义	按　钮	功能意义
／	绘制直线		设置文本框
	绘制多边形		绘制矩形
	绘制椭圆弧线		绘制圆饼
	绘制贝塞尔曲线		绘制椭圆
A	放置文本字符串		绘制扇形
	放置超链接		插入视图

2.8.2　利用 Drawing Tools 工具栏画图

1. 绘制直线

绘制直线的步骤如下：

(1) 鼠标左键单击 Drawing Tools 工具栏中的 ╱ 按钮，光标变成十字形。

(2) 将光标移动到合适的位置，单击鼠标左键对直线的起始点加以确认。

(3) 将鼠标移动拖拽直线的线头，在每个转折点单击鼠标左键加以确认。

(4) 重复上述操作，直到折线的终点，单击鼠标左键确认折线的终点，之后单击鼠标右键完成此折线的绘制。

(5) 绘制完所有的直线后，单击鼠标右键或按【Esc】键退出绘制直线的命令状态。

2. 绘制椭圆弧线

绘制椭圆弧线分为以下几个步骤：确定椭圆弧的圆心位置；横向和纵向的半径；弧线的两个端点的位置。具体操作如下：

(1) 用鼠标左键单击 Drawing Tools 工具栏中的 ⌒ 按钮，此时十字形光标拖动一个椭圆弧线状的图形在工作平面上移动，此椭圆弧线的形状和前一次画的椭圆弧线形状相同。

将光标移动到合适的位置，单击鼠标左键，确定椭圆弧线的圆心。

(2) 此时光标自动跳到椭圆横向半径的端点，在工作平面上移动光标，选择合适的横向半径长度，单击鼠标左键确认；之后，光标将再次逆时钟方向跳到纵向半径的端点在工作平面上移动光标，选择适当的纵向半径长度，单击鼠标左键确认。

(3) 此后光标会跳到椭圆弧线的一端，可将这一段拖动到适当的位置，单击鼠标左键确认。然后光标会跳到弧线的另一端，用户可在确认其位置后单击鼠标左键完成椭圆弧线的绘制。此时系统仍然处于绘制椭圆弧线的命令状态，可继续重复以上操作，也可单击鼠标右键或按 Esc 键退出。图 2-55 所示为绘制椭圆曲线的过程。

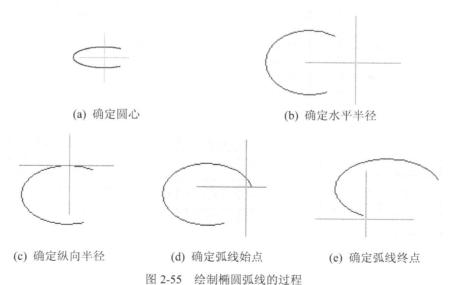

(a) 确定圆心　　　　　　　　　　(b) 确定水平半径

(c) 确定纵向半径　　　　(d) 确定弧线始点　　　　(e) 确定弧线终点

图 2-55　绘制椭圆弧线的过程

3. 绘制贝塞尔曲线

贝塞尔曲线可以把鼠标点出的若干点拟合成最佳曲线。画贝塞尔曲线需要以下步骤：

(1) 选择工具栏中的放置贝塞尔曲线按钮 ⌐。

(2) 单击一处作为曲线的起始控制点。

(3) 单击，确定第二个控制点。

(4) 单击，确定第三个控制点和第四个控制点。

(5) 继续单击放置更多的控制点。

(6) 单击右键结束命令。

(7) 可以拖拽控制点来调整曲线，若要增加一个新的控制点，在曲线的一端单击鼠标左键并按住不放，再按下【Insert】键即可。可以用【Delete】键删除控制点。

4. 绘制多边形

(1) 用鼠标左键单击 Drawing Tools 工具栏中的 ⊠ 按钮后，光标变为十字状。将光标拖动到合适的位置，单击鼠标左键，确定多边形的一个顶点。

(2) 将鼠标拖动到下一个顶点处，单击鼠标左键确定。

(3) 继续拖动鼠标到多边形的第三个顶点处，重复以上步骤，此时在图样上将有浅灰色的示意图形出现。直到一个完整的多边形绘制完毕，用户单击鼠标右键退出此多边形的绘制，此时绘制的多边形变为实心的灰色图形。图 2-56 所示为多边形的绘制过程。

『注意』：在绘制多边形的过程中，每确定一个顶点，系统都将在已绘制完成的多边形上加一个三角形。新添加的三角形与前面完成的部分有重复时，系统自动将重复部分挖空。如果用户不希望发生这种情形，则在绘制多边形的过程中一定要注意绘制图形的顺序。一般而言，沿顶点的顺时针方向或逆时针方向都可以避免这种情形的发生。

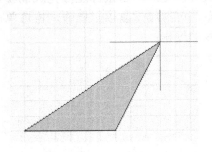
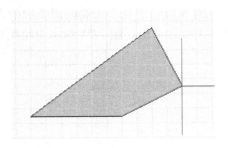

(a) 确定第三个顶点　　　　　　　(b) 确定第四个顶点并完成绘制

图 2-56　绘制多边形

5. 绘制矩形

用鼠标左键单击 Drawing Tools 工具栏中的 ▢ 按钮后，光标变为十字状，且十字状光标上带着一个与前次绘制相同的矩形，其余操作同绘制多边形。

6. 绘制圆饼

(1) 用鼠标左键单击 Drawing Tools 工具栏中的 ◖ 按钮后，光标变为十字状，十字状光标上挂着一个上次画过的圆饼形状。

(2) 将光标移动到适当的位置，单击鼠标左键确定与圆饼相切的矩形的左上角。

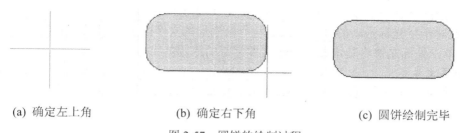

(a) 确定左上角　　　　　　　(b) 确定右下角　　　　　　　(c) 圆饼绘制完毕

图 2-57　圆饼的绘制过程

(3) 此时光标跳到与圆饼相切的矩形的右下角，移动光标可以改变圆饼的大小，大小调整合适后，单击左键完成圆饼的绘制。图 2-57 所示为绘制圆饼的过程。

7．绘制椭圆

用鼠标左键单击 Drawing Tools 工具栏中的 ⬬ 按钮，可以进入绘制椭圆的工作状态。将带着椭圆图形的十字形光标移动到工作平面上合适的位置，单击鼠标左键确定椭圆圆心的位置。其余操作同绘制圆饼。

8．绘制扇形

扇形的绘制需确定扇形的圆心位置、半径大小以及两端点位置。操作如下：

(1) 单击 Drawing Tools 工具栏中的 ◔ 按钮，进入绘制扇形的工作状态，此时光标变成十字状，且挂着一个上次画的扇形。

(2) 在合适的位置单击鼠标左键，确定扇形圆心的位置。

(3) 将十字光标移到圆周上某一点，再单击左键确认合理的扇形半径。

(4) 将光标移到扇形一个端点位置，移动光标调整位置，单击鼠标左键加以确定。

(5) 将光标移到扇形的另一端点位置，调整扇形边的位置，单击鼠标左键加以确定扇形的另一个边的位置，从而完成一个扇形的绘制。

9．添加文本字符串和放置文本框

为了对设计电路原理图方便理解和记忆，用户可在适当的位置附以说明文字。对少量的文字可直接用添加文本字符串的方法实现；如果说明文字比较长，需要分成几行来放置，则可以通过放置文本框实现。

1) 添加文本字符串

(1) 用鼠标左键单击 Drawing Tools 工具栏中的 **A** 按钮，执行添加文本字符串命令，此时十字光标上带着一个文本框。

(2) 按键盘上的【Tab】键，工作平面上弹出"Annotation"对话框，如图 2-58 所示，用户可在此设置文本的颜色、位置和旋转角度。

(3) 在 Properties 区域用户可以设置所加文本的内容，单击"Font"选项可以进入字体设置窗口，用户可以在此对话框里对字体的大小、颜色、字形等进行设定。

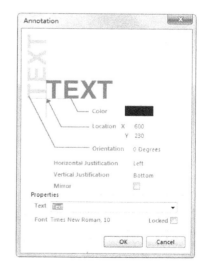

图 2-58　Annotation 对话框

（4）完成文本的设置后，用鼠标左键单击【OK】按钮加以确认。

（5）此时十字光标拖动的虚框的大小与所要添加的文字的大小相同。将光标移动到相应的位置，单击鼠标左键将其定位，一串文本字符的放置就完成了。

2）放置文本框

（1）用鼠标左键单击 Drawing Tools 工具栏中的 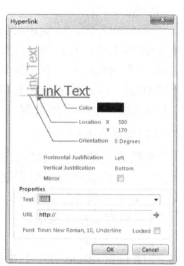 按钮，此时光标变成十字状。

（2）按键盘上的【Tab】键，工作平面上弹出"Text Frame"对话框。用户可以在此设置文本框的边框线宽度/颜色、文本框是否要填充色、文本框两个相对顶点的位置、是否显示边框线、文本的对齐方式、是否自动换行、是否自动裁剪多余的文本等。

（3）在 Properties 区域用户可以设置文本内容、颜色等项目。单击 Text 选项 Change... 按钮则可进入 Edit Textframe Text 窗口，单击框下面的【OK】按钮，即可开始编辑，编辑过程与 Word 相同。

（4）编辑完成后，用光标拖动文本框将其放在合适位置。

10. 放置超链接

（1）单击 Drawing Tools 工具栏中的 ✎ 按钮，如图 2-59 所示，可以在原理图上形成一个超链接。

（2）用鼠标双击超链接，进入超链接对话框，可以在此对话框中设置超链接的文本和链接目的地址。

图 2-59　放置超链接

11. 放置图像

能够放置到原理图中的图像格式有：.bmp，.rle，.dib，.jpg，.tip，.wm，f.pcx，.dcx，.tga。

图像文件可以被嵌入到或者链接到原理图中，如果是被链接到原理图的，当原理图更换位置时图像链接也要随之更新。放置图像的步骤如下：

（1）单击 Drawing Tools 工具栏中的 🖼 按钮，出现了图像大小区域框。

（2）单击一处作为图像的左上角，单击另一处作为图像的右下角。

（3）从弹出的对话框中选择需要放置的图像文件，单击"打开"按钮，图像被放入到原理图中，随后可以改变图像的位置和大小。

2.8.3　使用其他方式画图

除了可以使用画图工具栏画图外，也可采用其他方式完成图形的绘制。

1. 利用菜单命令

如图 2-60 所示，用户可以选择【Place】/【Drawing Tools】选项，之后在弹出的第二层下拉菜单中选择相应的选项，这些选项与画图工具栏中的各按钮相互对应。

图 2-60　画图菜单命令

2. 利用快捷键

菜单中的每个命令名称下都有一个带下划线的字母，如 Line 命令中，字母 L 下面有一条下划线，此字母就是此操作所对应的快捷键。用户依次按下 P 键、D 键、L 键即可实现 Line 命令。

2.9　原理图对象的编辑

2.9.1　对象的选取

在 Altium Designer 原理图编辑器中，对象的选取方法较多，常用的有利用菜单命令选取、鼠标选取和鼠标加键盘选取 3 种选取方法。

图件选取有记忆和标记的功能，可选取单个图件，也可同时选取多个图件，选中的图件周围出现淡蓝色控点。图件选中后可对其进行复制、粘贴、删除和移动等操作。

1. 选取图件参数的设置

执行菜单命令【Tools】/【Schematic Preferences】，在弹出的系统参数对话框中，单击【Graphical Eidting】标签，如图 2-61 所示。

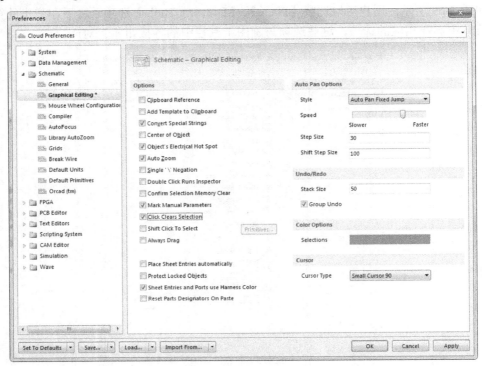

图 2-61 【Graphical Editing】标签

在此对话框中，Options 栏中的 Click Clears Selection 是单击清除选取状态选项。若选中此项，则在工作窗口中的任何地方单击左键都可以取消已选中的图件；若不选中此项，则在选取部分图件后，可继续选取其他图件，不会取消前一次已选中的图件。系统默认此项处于选中状态。

2. 利用菜单命令或热键选取

1) 逐次选取多个元器件

逐次选取多个元器件可选择【Edit】/【Select】/【Toggle Selection】选项，或者依次按下 E 键、N 键。执行操作后，光标变为十字形，将光标移动到目标元器件，单击鼠标左键，则目标元器件周围出现控点外框，即表示被选中。选取完成后，按鼠标右键或【Esc】键结束选择。

2) 同时选中多个元器件

用户需要同时选中一个区域内的多个元器件时，可选择【Edit】/【Select】/【Inside Area】选项(或者依次按下 E 键、S 键、I 键)。

用户需要同时选中一个区域外的多个元器件时,可选择【Edit】/【Select】/【Outside Area】选项(或者依次按下 E 键、S 键、O 键)。

『注意』:在执行【Edit】/【Select】/【Inside Area】和【Edit】/【Select】/【Outside Area】选项选定图形范围的过程中,不能松开鼠标左键。

3) 选中整个工作区的元器件

选择【Edit】/【Select】/【All】选项(或者依次按下 E 键、S 键、A 键),可将图样上所有的元器件都选中。

3. 鼠标选取

鼠标选取对象包括两种方式:点选和选取。点选就是单击某一对象,其周围出现控点即表明对象处于选中状态。选取是拖动鼠标选取对象,其操作方法是:将鼠标移动到待选对象的左上方,按住左键并拖动鼠标至右下方后松开鼠标,即可选取对象。

4. 鼠标+键盘

在【Tool】/【Preferences】/【Graphical】/【Click Clears Selection】选项处于选中状态时,可通过 Shift 键和鼠标配合选取对象。

对于点选,Shift ＋ 鼠标左键单击对象,可实现逐个选取或取消。

对于选取,Shift ＋ 鼠标选取对象,可在选取一些对象后,再选取另外的一些对象并能保持前次对象的选中状态。

用 Ctrl+A 可实现工作区域中所有对象的选取。

2.9.2　对象的移动

1. 单个元器件的移动

假设需要将图 2-62(a)中的电容 C2 水平放置到电阻 R1 的正上方,操作如下:

(1) 用鼠标左键单击电容 C2,此时电容中间出现十字光标,周围出现虚框,表明选定了该目标。

(2) 用鼠标左键再次点中此目标,且按住左键不放,将其拖到合适的位置后释放左键,即可完成移动操作,如图 2-62(c)所示。

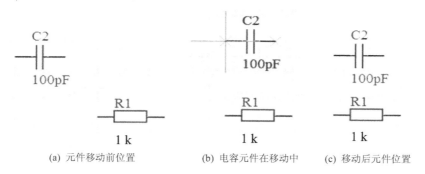

(a) 元件移动前位置　　　　(b) 电容元件在移动中　　　　(c) 移动后元件位置

图 2-62　单个元器件的移动

2. 多个元器件同时移动

用户选中多个元器件后,可用以下方法同时移动所选中的元器件组。

(1) 用鼠标左键点中被选中的元器件组中的任意一个元器件不放,将其移动至合适的位置,松开鼠标左键。

(2) 选择【Edit】/【Move】/【Move Selection】选项(或依次按 E、M、S 键),用十字光标单击被选中的元器件组中的任意一个元器件,即可将选中的元器件组粘贴在光标上(不必按住鼠标左键不放),并将其移动到适当位置后,再次单击鼠标左键把元器件组放置好。

(3) 选择【Edit】/【Move】/【Drag Selection】选项(或依次按 E、M、R 键),此后的操作与第二种方法的后续操作相同。

『注意』:用第一种方法移动元器件组时,在元器件组移动的过程中,不可松开鼠标左键。而用后两种方法移动元器件组时,由于所选的元器件组已粘贴到光标处,因此不必按住鼠标左键不放。"Move Selection"操作时,元器件动但连接线不动;"Drag Selection"操作时,元器件动的同时连接线也跟着移动。

2.9.3　对象的删除

1) 每次删除一个元器件

(1) 选择【Edit】/【Delete】选项(或者依次按下 E 键、D 键)。

(2) 系统进入"删除元器件"工作状态,光标变成十字形。移动光标到要删除的元器件上单击鼠标左键,即可从工作平面上将此元器件删除。

2) 同时删除多个元器件

(1) 用"同时选中多个元器件"的方法将要删除的所有元器件同时选中。

(2) 选择【Edit】/【Clear】选项(或依次按下 E 键、C 键,或单击 Del 键,或同时按下快捷键 Ctrl + Del),所有选中的元器件将同时被删除。

2.9.4　元器件选择的取消

要撤销元器件的选中状态,可根据用户的具体情况,选择通过菜单命令取消选中框内的元器件、选中框外的元器件或所有元器件的选中状态,或是单击工具栏中的 按钮取消所有选中状态,或是在工作区空白处单击鼠标左键也可取消对象的选中状态。

通过菜单命令操作的方法有以下 3 种:

1) 撤销某一区域内的元器件的选中状态

操作如下:

(1) 选择【Edit】/【Deselect】/【Inside Area】选项(或依次按 E、E、I 键)。

(2) 将十字光标移动到需要撤销选中状态的图形区域的左上角,按住鼠标左键加以确认;将光标拖动到要求撤销选中状态的图形区域的右下角,松开鼠标左键,即可将选中状态撤销。

2) 撤销某一区域外元器件的选中状态

操作如下:

(1) 选择【Edit】/【Deselect】/【Outside Area】选项(或依次按下 E、E、O 键)。

(2) 其余操作同方法 1)。

3) 撤销所有元器件的选中状态

选择【Edit】/【Deselect】/【All On Current Document】选项(或依次按下 E、E、A 键),

此时图样上所有的淡蓝色控点消失，表明选中状态被撤销。

2.9.5　对象的复制/剪切与粘贴

Altium Designer 的复制/剪切与粘贴操作完全和 Windows 操作相同，在原理图中对象的复制/剪切与粘贴除了菜单命令操作之外，快捷键 Ctrl+C、Ctrl+X、Ctrl+V 同样适用。

1．对象的复制/剪切与粘贴

(1) 利用对象的选取方法，将要复制的对象选中。

(2) 执行菜单命令【Edit】　/　【Copy】(【Cut】)(或依次按热键 E、C(E、T)，或按 Ctrl+C(Ctrl+X))。

(3) 执行复制/剪切命令后，光标变成十字状，将光标移动到所选对象上单击左键或按 Enter 键确定复制/剪切的参考点，完成复制/剪切。

(4) 执行菜单命令【Edit】/【Paste】(或依次按热键 E、P，或按 Ctrl ＋ V 键)。执行粘贴命令后，十字光标上带着复制的对象虚影出现在工作区，将其移动到合适位置后单击左键或按 Enter 键，即可完成粘贴操作。

2．对象的阵列粘贴

Altium Designer 中的阵列粘贴不仅可以一次粘贴多个对象，而且可以自动修改元器件的编号，在涉及到总线、总线分支、网络标号的电路中应用特别广泛。具体操作如下：

(1) 选中要进行阵列粘贴的二极管对象。

(2) 执行复制命令，将选中的对象复制到粘贴板上。

(3) 执行阵列粘贴命令。执行菜单命令【Edit】/【Smart Paste…】，或同时按下 Shift+Ctrl+V 键，系统弹出如图 2-63 所示的设置阵列参数对话框。

对话框中有多个选项，具体操作如图 2-63 所示。当前画面是设置阵列粘贴二极管，数量是 16 个：水平方向放置两个二极管，两个二极管间距为 70；垂直方向放置 8 排二极管，上下两个二极管的间距为 30，元器件的编号自动加"1"。

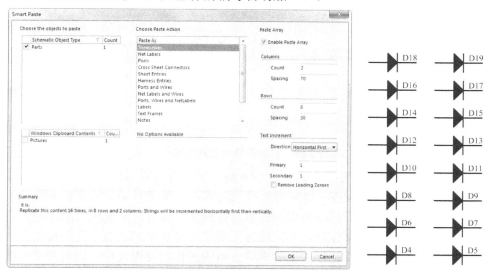

图 2-63　Setup Paste Array 对话框

（4）阵列粘贴属性设置完成后单击【OK】按钮，然后将十字光标移动到工作区选定位置单击左键，二极管阵列即可放置到鼠标单击处。

2.9.6 对象的旋转

为方便布线，有时需对元器件进行旋转。如需将某元器件作 90°旋转，可进行以下操作：

（1）选中该元器件。

（2）在英文输入法下，按住鼠标左键不放，每按一下空格键，元器件旋转 90°。

（3）当元器件调整到位后，松开鼠标左键即可。

2.9.7 元器件的镜像

如需将某元器件作水平或垂直翻转，可进行以下操作：

（1）选中元器件。

（2）在英文输入法下，按住鼠标左键不放，按下 X 键，元器件水平翻转，按下 Y 键，元器件垂直翻转。

（3）当元器件调整到位后，松开鼠标左键即可实现元器件的水平或垂直镜像。

2.9.8 对象的排列对齐

Altium Designer 提供了多种图形和元器件排列的功能，如左、右对齐和上、下对齐等功能。合理利用这些功能，可以方便快捷地实现图形和元器件的有序排列。操作步骤如下。

（1）选择【Edit】/【Select】/【Inside Area】，将所需排列的元器件全部选中，或用其他操作方式选中元器件。

（2）执行对齐命令，选择【Edit】/【Align】，出现了第三级菜单，如图 2-64 所示。

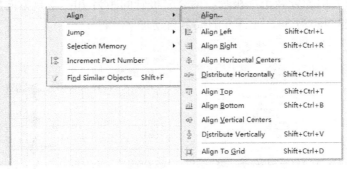

图 2-64　元器件排列对齐菜单

（3）选中【Align…】，出现图 2-65 所示的元器件对象对齐对话框。

在此对话框中可以分别设置元器件对象排列方式，水平排列的方式有：不变化，左对齐，水平居中，右对齐、水平等距离排列；垂直排列的方式有：不变化，顶端对齐、垂直居中，底端对齐、垂直等距离排列。一次性将元器件对象水平和垂直方向的排列方式设置完成。如果只是对选中的对象进行水平或垂直方向的操作，可以选择三级对齐菜单的其他命令。

图 2-65　元器件对象水平、垂直对齐方式对话框

下面以桥式整流电路中，整流电路元器件排列方式为例，体会多个元器件自动排列的功能。

(1) 选中需自动排列的多个元器件对象，如图 2-66(a)所示。

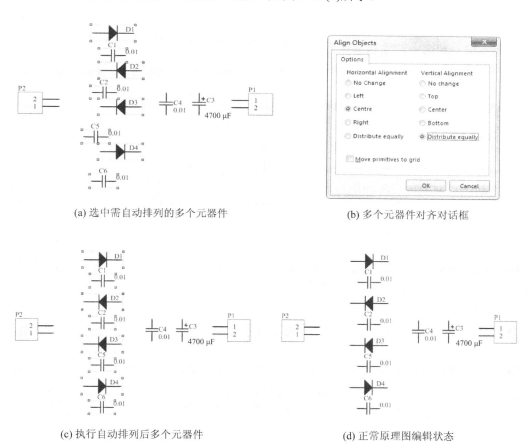

(a) 选中需自动排列的多个元器件　　　　　　　　(b) 多个元器件对齐对话框

(c) 执行自动排列后多个元器件　　　　　　　　　(d) 正常原理图编辑状态

图 2-66　元器件自动排列

(2) 选择【Edit】/【Align】/【Align…】，出现图 2-66(b)所示的元器件对齐对话框，设置参数为所有元器件水平居中排列，垂直方向等间距排列，单击【OK】按钮。选中的元器件按要求自动排列。如图 2-66(c)所示。在原理图上单击鼠标左键，取消所有元器件选择，

如图 2-66(d)所示。

2.10　原理图整体编辑

前面讲述了如何对一个元器件对象进行属性编辑，但 Altium Designer 的整体编辑功能在这方面功能更强大，它不仅支持单个对象的属性编辑，而且可以对当前所有打开原理图中的多个对象进行属性编辑。

单击【Edit】/【Find Similar Objects】，或单击鼠标右键在其弹出的快捷菜单中选择 Find Similar Objects，光标变成十字状，将光标移到需要编辑的对象上单击左键，弹出如图 2-67 所示的对话框。

● Graphical 区域：在此区域可设置对象的坐标、旋转角度、镜像、显示模式、显示隐藏引脚、显示编号和选中对象状态作为搜索条件，按照对象参数相同(Same)、不同(Different)或任意(Any)方式查找对象。

● Object Specific 区域：在此区域可对搜索的条件做进一步的设定，对象描述(Description)、是否锁定元器件标识(Lock Designator)、是否锁定引脚(Pins Locked)、文件名(File Name)、对象外形(Configuration)、元器件所在库(Library)、元器件在库中的名称(Library Reference)、元器件编号(Component Designator)、当前元器件(Current Part)、组件注释(Part Comment)、当前封装形式(Current Footprint)、元器件类型(Component Type)等。同样可设置为相同(Same)、不同(Different)或任意(Any)查找方式。

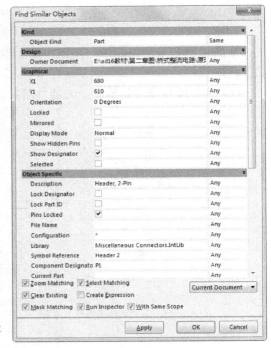

图 2-67　"Find Similar Objects"属性对话框

● Zoom Matching 复选框：设定是否将条件匹配的对象以最大显示模式居中显示在原理图窗口中。

● Select Matching 复选框：设定是否将符合匹配条件的对象选中。

● Clear Existing 复选框：设置是否清除已存在的过滤条件，系统默认为自动清除。

● Create Expression 复选框：设定是否创建一个表达式以备后用，系统默认为不创建。

● Mask Matching 复选框：设定是否在显示条件匹配对象的同时屏蔽其他对象。

● Run Inspector 复选框：设定是否自动打开 Inspector 对话框。

设置好匹配条件和整体编辑的内容后，单击【OK】按键完成对象的整体编辑。

例如：利用整体编辑功能将元器件 "comment" 参数全部隐藏。

图 2-68 所示桥式的整流电路中，每个元器件都显示 "comment" 参数，原理图看起很零乱，下面利用元器件整体编辑功能将所有元器件 "comment" 参数同时隐藏。

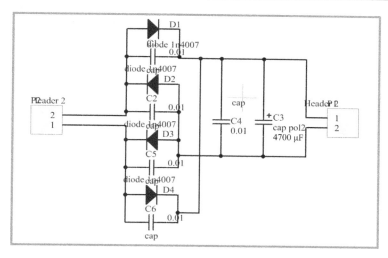

图 2-68　选择电容 c4 元器件 comment 参数 "cap"

第一步：执行菜单命令【Edit】/【Find Similar Objects】，鼠标变成十字状，将光标移到工作窗口中标号为 C4 电容的 "comment" 参数 "cap" 上，如图 2-68 所示。

第二步：单击鼠标左键，弹出如图 2-69 所示的【Find Similar Objects】(查找参数)对话框。

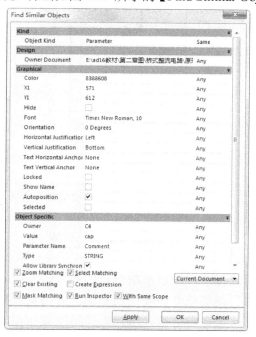

图 2-69　Find Similar Objects 对话框

第三步：将对话框中【Parameter】选项后的匹配参数设定为 "Same"，选中【Select Matching】选项，即可将所有属性为 "Parameter" 的图件选中。

第四步：设置完查找参数对话框后，单击【OK】按钮，系统即可按照查找参数对话框中的设定，对当前原理图文件中的图件进行查找。查找结果如图 2-70 所示，同时弹出如图 2-71 所示的【Inspector】面板。

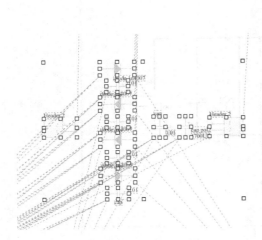

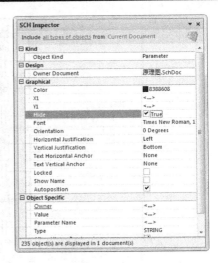

图 2-70　选中的元器件　　　　　　　图 2-71　选中多个图件的【Inspector】面板

第五步：选中图 2-71 所示的【SCH Inspector】面板中的【Hide】选项，然后按 Enter 键，关闭【Sch Inspector】面板，即可完成如图 2-72 所示的所有元器件"comment"参数的隐藏。

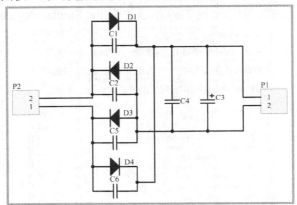

图 2-72　隐藏元器件 Comment 参数后的结果

2.11　原理图的视图操作

在绘制电路原理图的过程中，用户根据自己的需要，有时需查看整张原理图，以了解原理图的全貌，来改动和调整整个原理图的布局；有时需观察原理图的局部，以检查或改动原理图的细节。因此，在设计时，用户要经常改变画面的显示状态，使编辑区放大或缩小，或移动显示区的位置，以适应工作要求。改变画面的显示状态的方法有很多，也很灵活。

1. Zoom In(放大)

为了更仔细地观察图样的某一区域，需要对图样局部放大。操作的方法有 4 种：

(1) 选择【View】菜单项，然后在弹出的下拉菜单中选择 Zoom In 选项。

(2) 用鼠标左键点击 Schematic Standard 工具栏中的 🔍 按钮。

(3) 依次按下 V 键、I 键。

(4) 直接使用键盘上的【Page Up】功能键。

　　『注意』：前两种方法只适用于闲置状态下，即系统未执行任何命令时；当处于其他命令状态下，无法将鼠标移出工作区来执行命令时，若需要放大图形，则必须使用后两种方式。

2．Zoom Out(缩小)

在设计过程中，用户需要对局部或全局进行调整，在由细部向较大局部或全局调整的过程中，"缩小"是经常使用的命令。操作方法有 4 种：

(1) 选择【View】/【Zoom Out】选项。

(2) 用鼠标点击 Schematic Tools 工具栏中的 🔍 按钮。

(3) 依次按下 V 键、O 键。

(4) 直接使用键盘上的 Page Down 功能键。

　　『注意』：注意事项与 Zoom In 命令的一样。

3．Pan(显示位置的移动)

要改变图形的显示位置，可以先将光标移动到目标点，然后选择【View】/【Pan】选项，或者依次按下 V 键、N 键，或者直接使用键盘上的 Home 功能键。

4．Refresh(更新画面)

在滚动画面、移动图形或者删除元器件等过程中，有时会在画面上留下一些残留的斑点，或者图形扭曲。这样会影响图形的美观，甚至会误导设计者，造成不必要的麻烦。此时用户可以执行更新画面的操作来消除这些残留的斑点，恢复正确的显示图形。操作有如下 3 种方法：

(1) 选择【View】/【Refresh】选项。

(2) 依次按下 V 键、R 键。

(3) 直接按键盘上的【End】键。

5．不同比列显示

系统提供了 50%、100%、200%和 400%等 4 种比例显示模式，用户可根据自身需要进行选择。以 50%现实模式为例，使用比例显示操作有以下 3 种方法：

(1) 选择【View】/【50%】选项。

(2) 依次按下 V 键、5 数字键。

(3) 直接按键盘上的 Ctrl+5 键。

其余几种显示模式的方法与此类似，只需根据需要将数字键 5 换成 1、2、4 即可。

6．Fit Document(绘图区添满工作区)

操作方法有如下两种：

(1) 选择【View】/【Fit Document】选项。

(2) 依次按下 V 键、D 键。

7．Fit All Objects(元器件填满工作区)

为了让用户更方便地察看图形的整体，Fit All Objects 命令可使绘图区内的元器件添满工作区。此功能在元器件数量较少时使用。

8. 显示用户设定选框区域

如果用户希望对某一特定区域仔细察看，Altium Designer 提供了 Area 方式和 Around Point 方式显示用户设定的选框区域。Area 方式是通过确定所需查看区域对角线的两角的位置来确定选框区域；Around Point 方式是通过确定所需察看区域中心位置和一个角的位置来确定用户选框区域。

『注意』：用户在设定了第一个位置点后，如果将光标放在工作区的边界上，图样将根据用户指定的方向移动，因此，最终设定的选框区域可以比原来的工作区域大，也可以比原有的工作区域小，用户可根据自己的需要进行选择。

如果用户选择的区域的比例与工作平面的比例不相符合，系统将自动调整显示图形的范围，故工作平面上显示的图形范围与用户选择的范围有差异。

2.12　ERC 设置及原理图文件的编译

电气规则检测(ERC，Electronic Rules Checking)主要是对电路原理图的电学法则进行测试，通常是按照用户指定的物理、逻辑特性进行的。

通常在电路原理图设计完成之后、网络表文件生成之前，设计者需要进行电气法则测试。其任务是利用软件测试用户设计的电路，以便找出人为的疏忽，测试完成之后，系统还将自动生成各种有可能是错误的报告，同时在电路原理图的相应位置上做记号，以便进行修正。

2.12.1　电气规则检测(ERC)的设置

打开需要检查的原理图，执行菜单命令【Project】/【Project Option】，系统弹出如图 2-73 所示的"Options for PCB Project　桥式整流电路　.PrjPCB"对话框。在此对话框中可对 Error Reporting(错误报告)、Connection Matrix(线路连接矩阵)、Comparator(比较仪)、ECO Generation(工程变化顺序)、Options、Multi-Channel(多通道设计)、Default Prints(打印输出设置)、Search Paths(搜索路径)、Parameters(变量)等多项进行设置。

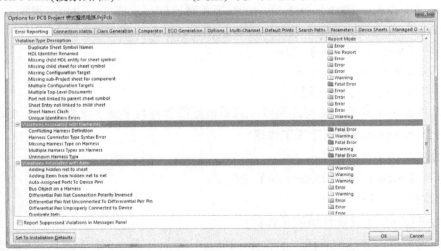

图 2-73　Options for PCB Project 桥式整流电路.PrjPCB 对话框

1. Error Reporting(错误报告)

该选项卡用于设置电路电气规则检测,包括总线、网络、文档等方面的检测,并将错误信息在【Messages】面板中列出。

- Violation Associated with Buses(总线指示错误):此栏主要是关于涉及到总线的一些错误,如总线分支超出范围、总线的语法错误、非法的总线定义、非法总线排列值、总线宽度不匹配、总线指示的错误排序、总线范围值的首末位错误、总线名称的错误等。

- Violation Associated with Components(元器件电气连接错误):此栏是与元器件相关的错误,如元器件引脚重复编号、出现非法元器件封装管脚、元器件丢失管脚、重复子件、重复管脚、模型参数错误、隐藏管脚连接错误、元器件模型丢失、方块电路出现重复端口、未标号元器件等错误。

- Violation Associated with Documents(文档的关联错误记录):此栏是与文档有关的错误,如重复的图纸编号、层次电路出现重复方块电路图、缺少配置任务、元器件丢失子项目、多重任务配置、多重一级文档、子图端口与主图方块电路端口连接错误、电路端口与子图连接错误等信息。

- Violation Associated with Nets(网络电气连接错误类型):此栏是与网络有关的错误,如出现隐藏网络、重复网络、悬空网络标号/电源符号、未命名网络参数、网络属性缺少赋值、网络包含悬空输入管脚、存在多种网络命名、网络连接错误、包含重复端口、信号存在多个驱动源或没有驱动源、信号缺少负载、出现未连接项目等内容。

- Violation Associated with Others(其他电气连接错误):此栏是关于其他的一些电气连接错误,如无连接错误、对象超出原理图范围、对象未处在栅格上等错误信息。

- Violation Associated with Parameters(参数错误类型):此栏为设置出现的错误,如相同参数设置了不同类型、相同参数设置了不同的值。

每一个规则的右侧都有 Report Mode 项,单击后会出现 4 种选择:No Report(不显示错误)、Warning(警告)、Error(错误)和 Fatal Error(严重的错误),设计者可对这些规则自行设置。编译时,所有错误出现在 Messages 面板中。当错误等级为 Error(错误)和 Fatal Error(严重的错误)时,Messages 面板会自动弹出,此时设计者必须修改这些错误;当只有 Warning(警告)时,设计者需手动打开 Messages 面板进行修改。错误等级为 Warning 时对网络表的导入影响不大。

2. Connection Matrix(线路连接矩阵)

单击图 2-73 所示对话框的 Connection Matrix 标签,打开线路连接矩阵对话框,如图 2-74 所示。

在矩阵的横、纵坐标中罗列了电路原理图中各种电气特性的管脚、方块电路的 I/O 端口和电路的 I/O 端口。矩阵中每一个方块的颜色表示此方块对应的横、纵坐标对应的管脚/端口的连接关系在电气测试中的定义。

绿色图标(No Report):如 "Input Pin" 与 "Output Pin" 交点处的方块,表示这种电气连接关系是正确的。

橙色图标(Error):如 "Power" 与 "Output Pin" 交点处的方块,表示了这种电学连接关系是错误的。

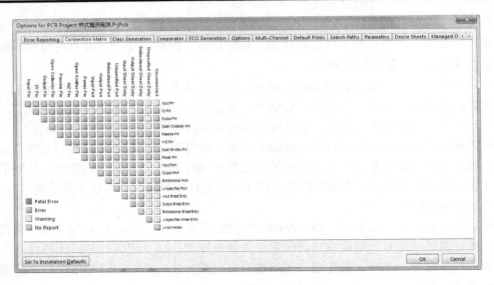

图 2-74　线路连接矩阵对话框

黄色图标(Warning)：如"Bidirectional"与"Unspecified Port"交点处的方块，表示这种电学连接关系在有些时候是正确的，而在有些时候是错误的，以提醒设计者检查确认。编译后，所有违反该规则的连接将以不同的错误等级在 Messages 面板中显示出来。电气法则测试矩阵的具体内容，可以根据自己的需要进行设置，光标指向某个方块，每单击一次颜色发生一次变化，也可用左键单击此页面的"Set Defaults"按钮，则"ERC"检测将按照系统设置的默认的管脚/端口的连接规则进行检测。

2.12.2　原理图文件编译

电气检测规则设置好后，就可以对原理图进行编译了，原理图编译后才能生成电路的各种信息。原理图文件编译操作的步骤很简单，只需执行菜单命令【Project】/【Compile…】即可完成对原理图文件或整个项目的编译。文件编译后，系统自动将错误结果放在 Messages 面板中。若存在 Error(错误)和 Fatal Error(严重的错误)时，Messages 面板会自动打开。

为了方便检查，设计者可设置是否在原理图上显示各种等级的错误。执行菜单命令【Tool】/【Schematic Preferences…】，在打开的对话框中切换到 Compiler 选项卡，如图 2-75 所示。

• Error & Warnings 栏：在此栏中可设置各等级错误的状态，包括是否在线显示以及显示的颜色。选中 Display 复选框将会把对应的错误在原理图中显示出来，单击右侧的颜色块可改变该错误在原理图中的显示颜色。

• Auto-Junctions 栏：选中 Display When Dragging 复选框，当鼠标移到出现错误的某个对象时，该处错误的详细信息将悬浮在鼠标上。

例如：对图 2-72 所示桥式整流电路进行编译。

第一步：打开桥式整流电路。

第二步：执行菜单命令【Project】/【Compile Document 原理图.SCHDOC】，由于没有严重错误和错误信息，只有警告信息，所示 Messages 面板没有自动弹出。编译结果如图 2-76 所示。

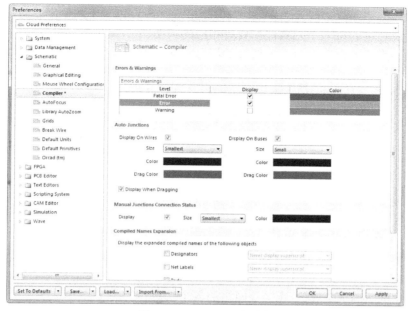

图 2-75　Compiler 选项卡

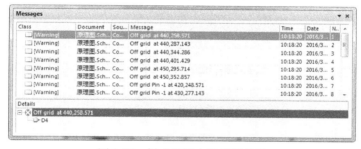

图 2-76　桥式整流电路编译结果

2.13　原理图报表文件生成

原理图绘制完成后，可将原理图的图形文件转换为文本格式的报表文件，以便于检查、保存和为绘制印制电路板图做好准备。

2.13.1　网络表

1. 网络表的作用

网络表是电路原理图或者印制电路板元器件连接关系的文本文件。它是原理图设计软件 Schematic 和印制电路板设计软件 PCB 的接口。

网络表可直接从电路原理图转化得到，也可从已布线的印制电路板得到。

2. 网络表的格式

1) 元器件的声明格式

其主要的特点如下：

(1) 元器件的声明以"["开始，以"]"结束，其内容包含于两个方括号之间。

(2) 网络表经过的每一个元器件都要有相应的声明。

(3) 元器件声明的内容主要有元器件的标号、元器件的封装名称和元器件的注释文字 3 部分。

下面是一个元器件声明的例子：

[	元器件声明开始
C3	元器件的标号
RAD-0.3	元器件的封装名称
Cap	元器件的注释
]	元器件声明结束

2) 网络表的定义格式

网络的定义有以下几个要求：

(1) 网络表定义以"("开始，以")"结束，将内容包含在两个圆括号之间。

(2) 网络定义中，定义该网络的名称。

(3) 网络名称定义后，列出连接该网络的各个端点。

下面是一个网络定义的例子：

(	网络定义开始
+5	网络名称
C2-2	该网络的端点
C6-8	该网络的端点
U3-16	该网络的端点
)	网络定义结束

3. 设置网络表选项

(1) 执行菜单命令【Project】/【Project Options】，打开 Options for PCB Projects for 桥式整流电路 .project 项目对话框，如图 2-77 所示。

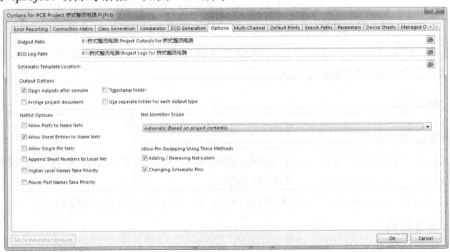

图 2-77　Options 标签网络表相关设置

(2) 单击图 2-77 对话框中的 Options 标签，进行网络表相关设置。

- Output Path 区域：设定报表的输出路径。默认路径为系统当前项目文档所在文件夹。
- Netlist Options 区域：设置创建网络表的条件。

Allow Ports Name Nets 项表示允许用系统产生的网络名代替与 I/O 端口相关联的网络名；Allow Sheet Enries to Name Nets 项表示允许用系统产生的网络名代替与子图入口相关联的网络名；Append Sheet Numbers to Local Nets 项表示在产生网络表时，系统自动将图纸号添加到各网络名称上，以识别网络位置。

- Net Identifier Scope 区域：设置网络识别范围。

Automatic(Based on project contents)项表示系统自动设定网络标识；Flat(Only ports global)项表示项目中各图纸间 I/O 端口全局有效；Hierarchical(Sheet entry<-> Port connections)项表示在层次电路中，子图入口与子图 I/O 端口全局有效以建立连接。

(3) 设置完成，单击【OK】按钮。

4. 网络表的生成

(1) 打开原理图文档。

(2) 执行菜单命令【Design】/【Netlist For Document】/【Pcad】，产生与源文件同名(原理图.net)的网络表。单击 Project 面板标签可看到创建的网络表文档。

(3) 双击文档图标，可打开如图 2-78 所示的网络表文档。

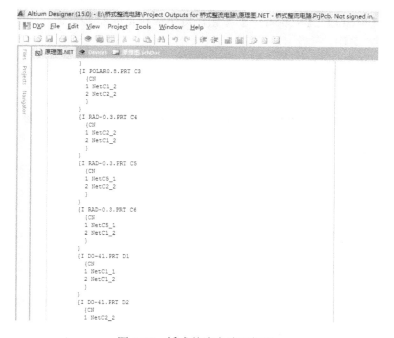

图 2-78 桥式整流电路网络表

2.13.2 元器件清单报表

元器件材料表主要用于整理一个电路或一个项目文件中所有的元器件，它主要包括元器件名称、标号、封装等内容。以桥式整流电路.PrjPCB 项目为例，其具体操作如下：

（1）执行菜单命令【File】/【Open】，打开需要生成元器件材料表的原理图文件。

（2）执行菜单命令【Reports】 /【Bill of Material】，系统弹出如图 2-79 所示的 Bill of Materials For Project 窗口，通过选项设置，可以显示原理图中元器件的各类信息，如标号、名称、封装、参数、描述、类型等。

图 2-79　桥式整流电路.PrjPCB 项目元器件清单

（3）若单击【Menu】/【Report…】按钮，可生成预览元器件报告，如图 2-80 所示，并可以保存各类文本文件。

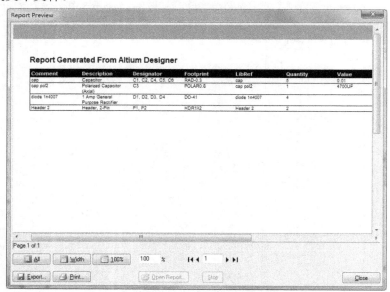

图 2-80　桥式整流电路.PrjPCB 项目清单报告

（4）若单击 Export... 按钮，可导出元器件报表，系统弹出导出项目的元器件列表对话框，选择导出类型为*.xsl。

（5）若单击 Excel... 按钮，系统打开 Excel 应用程序，并生成如图 2-81 所示的以 ".xsl"

为扩展名的元器件报表文件。

	A	B	C	D	E	F	G	H
1	Comment	Description	Designator	Footprint	LibRef	Quantity	Value	
2	cap	Capacitor	C1, C2, C4, C5, C6	RAD-0.3	cap	5	0.01	
3	cap pol2	Polarized Capacitor (	C3	POLAR0.8	cap pol2	1	4700UF	
4	diode 1n4007	1 Amp General Purp	D1, D2, D3, D4	DO-41	diode 1n4007	4		
5	Header 2	Header, 2-Pin	P1, P2	HDR1X2	Header 2	2		
6								
7								

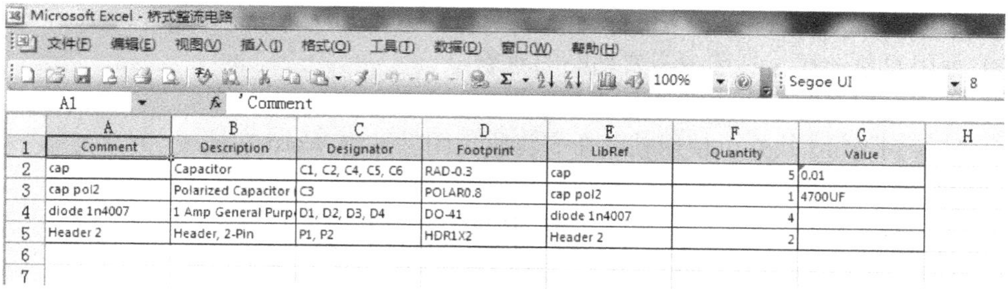

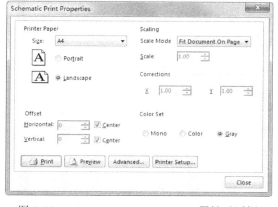

图 2-81　桥式整流电路.xsl 报表

2.14　原理图输出

原理图绘制完后，通过打印输出原理图，以供设计人员参考、存档。除此之外，我们有时候需要将绘制的原理图输出到 Word 文档中。

1. 打印输出

1) 设置页面

执行菜单命令【File】/【Page Setup】，系统弹出如图 2-82 所示的 Schematic Print Properties 属性对话框。在此可设置打印纸的大小、缩放比例、页边距、输出颜色等，方法同 Windows 操作。

2) 设置打印机

设置打印机包括设置打印机类型、纸张大小、原理图样等。

执行菜单命令【File】/【Print】，或单击图 2-82 中的 Printer Setup 按钮，打开如图 2-83 所示的打印机设置对话框，在此可设置打印的页码、份数等，操作同 Windows。

也可对需打印的原理图进行预览，方法同 Windows。所有设置完成后，可按图 2-82 中的 Print 按钮或主工具栏中的按钮，执行打印操作。

图 2-82　Schematic Print Properties 属性对话框

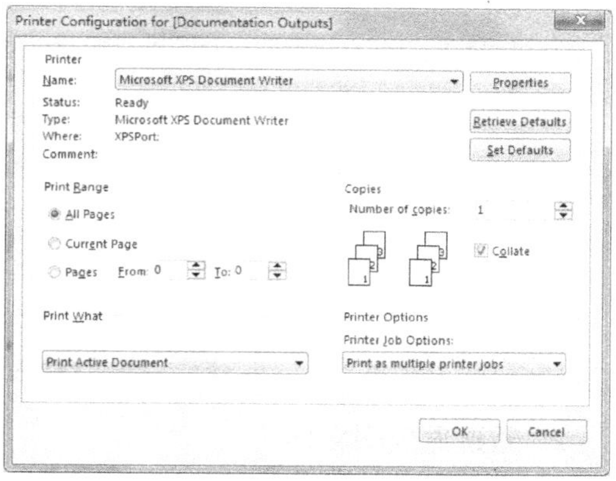

图 2-83　打印设置对话框

2. 将原理图粘贴到 Word

(1) 执行菜单命令【Tool】/【Schematic Perferences】，在弹出的对话框中的 Graphical

Editing 选项卡中取消 Add Template To Clipboard 的选中状态，目的是原理图模板不要粘到 Word 中。

(2) 使用对象选择工具选中需要粘贴的对象。

(3) 执行复制命令单击需要粘贴的对象。

(4) 切换到 Word 软件，使用粘贴命令将原理图粘贴到 Word 文档中。

2.15 原理图绘制实例

2.15.1 绘制电源电路

1. 新建项目

执行菜单命令【File】/【New】/【Project…】，对弹出如图 2-84 所示的"New Project"对话框进行设置。在【Project Type】选项中选择"PCB Project"，不用项目模板，项目命名为"电源电路"，项目保存在 E 盘根目录下的"电源电路"子目录中； 选中"Create Project Folder"复选框，系统会自动创建项目文件夹，并将项目文件保存在此文件夹下。

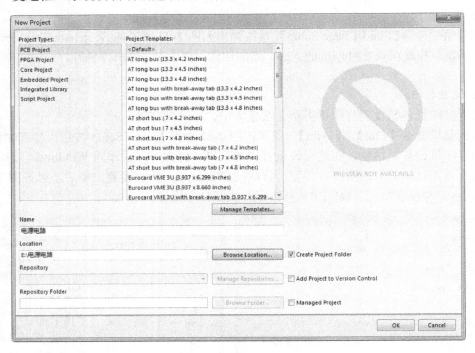

图 2-84　New Project 对话框

2. 新建原理图文件

执行菜单命令【File】/【New】/【Schematic】，新建一个原理图文件，单击【File】/【Save】，保存原理图文件在 E 盘"电源电路"目录下，文件名为原理图。原理图内容如图 2-85 所示，此时项目结构如图 2-86 所示。

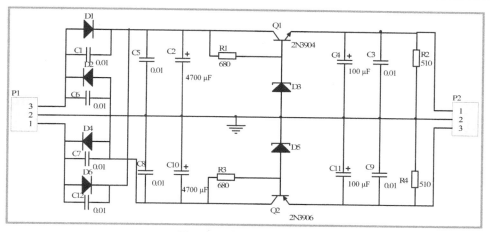

图 2-85　电源电路原理图

图 2-86　PCB Project 项目结构

3. 设置图样参数

由图 2-85 可见，所要绘制的电路原理图所包含的元器件不多，选择 A4 号图纸即可。选择方法是：在原理图设计窗口中单击右键，出现如图 2-87 所示的快捷菜单，单击"Document Options..."，或者通过菜单栏中的【Design】/【Document Options】命令进行选择，出现图 2-88 所示的 Document Options 对话框。在 Standard 栏选择右边的 ∨ 选项，将默认的图样幅面改为 A4，其余选项保持不变，然后单击对话框下部的【OK】按钮，图样幅面设置完毕。

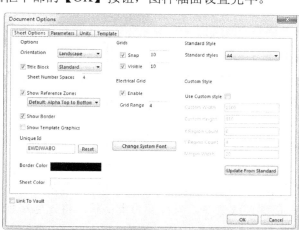

图 2-87　设置图纸快捷菜单命令　　　　　　图 2-88　Document Options 对话框

4. 添加元器件库

从电源电路的原理图可以看出，原理图中的插头在 Miscellaneous Connectors.Intlib 库中，而其余元器件在 Miscellaneous Devices. Intlib 库中。这两个库一般都处于加载状态，如果没有加载，执行菜单命令【Design】/【Add/Remove Library】，弹出如图 2-89 所示 Available Libraries 对话框，单击【Install…】/【Install from file…】，从系统默认的集成库所在路径中选中这两个集成库，元器件库添加完成。

图 2-89　Available Libraries 对话框

5. 放置元器件

放置元器件的方法很多，如在菜单栏单击【Place】/【Part...】，利用元器件名称将元器件放入原理图编辑平面。对元器件名称不清楚的情况下，可以从库面板上找到元器件，然后对放置的元器件用移动的方式进行位置调整并编辑其属性，编辑完成后如图 2-90 所示。

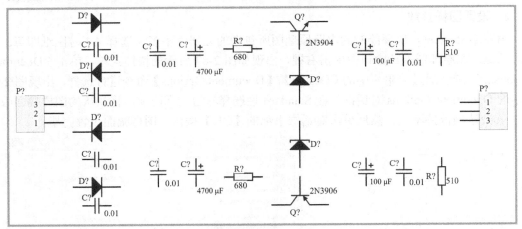

图 2-90　完成元器件放置与属性编辑

6. 放置连线和节点

所有元器件放置编辑完毕后，可利用移动和旋转功能对元器件位置做进一步调整。

开始连线，在编辑平面上单击右键出现一个快捷菜单。从快捷菜单中选择单击 Place Wire 放置连线命令，光标变为十字状，将光标移到所画连线的起点。如果连线附近有元器件引脚，则在光标和引脚处出现一个"×"，此时单击左键确定连线的起始点，接着按所画连线的方向将鼠标指针移动到连线的另一端，若连线中间有转折，则在转折位置单击左键，然后按所画连线的转折方向继续移动鼠标指针，到连线的终点处时，先单击左键，再单击右键，结束本条连线。这时光标仍处于十字状，可以开始下一条线的连接，直至完成所有连线的连接。最后按右键取消光标的十字形状，结束连线操作，回到等待状态。

需要指出的是，在连线过程中线路中的节点在连线的 T 型口交叉处自动加入，而在连线的十字交叉处不会自动加入。要想在连线的丁字口交叉处去掉节点，只要用鼠标左键单击该节点(节点周围会出现虚框)，然后按 Delete 键即可；如果要在连线的十字交叉处加入节点，单击菜单栏中的【Place】/【Junction】，光标变为十字状，十字中间有一个小圆点，将鼠标十字移动到合适交点处，单击左键即可。另外，应注意连线过程中不要与元器件引脚交叉，否则会生成多余的节点。连线以后的原理图如图 2-91 所示。

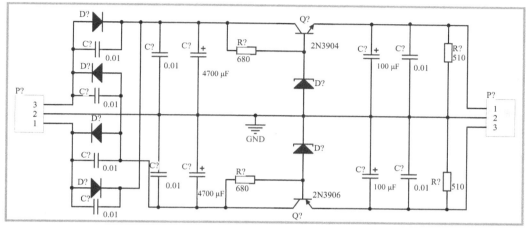

图 2-91　连线以后电源电路

7. 给元器件统一编号

执行菜单命令【Tool】/【Annotate Schematics…】，完成元器件统一编号。

至此原理图绘制完毕，单击保存按钮保存文件，所绘的电路原理图如图 2-85 所示。

8. 编译电源电路

执行菜单命令【Project】/【Compile Document 电源电路.SCHDOC】，对原理图进行查错处理。

9. 创建网络表

执行菜单命令【Design】/【Netlist For Project】/【PCAD】，产生的网络表如图 2-92 所示。

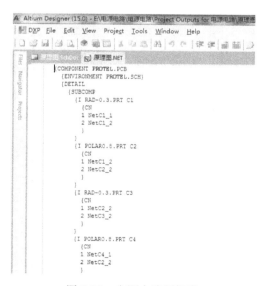

图 2-92　电源电路网络表

10. 生成材料清单

执行菜单命令【Report】/【Bill of Material】，产生如图 2-93 所示的材料清单。

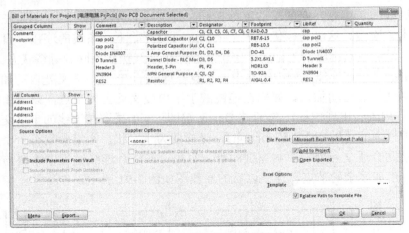

图 2-93　电源电路元器件清单

2.15.2　绘制光立方电路

光立方电路如图 2-94 所示，下面讲述它的绘制过程。

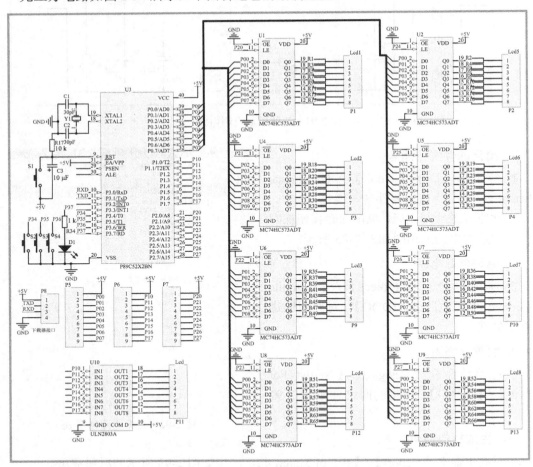

图 2-94　光立方电路原理图

1. 新建项目

执行菜单命令【File】/【New】/【Project…】，对弹出图 2-84 所示的"New Project"对话框进行设置，项目命名为"光立方"，项目保存在 E 盘根目录下的"光立方"子目录中，选中"Create Project Folder"复选框，系统会自动创建项目文件夹，并将项目文件保存在此目录下。

2. 新建文件

执行菜单命令【File】/【New】/【Schematic】，新建一个原理图文件，单击【File】/【Save】，文件保存在 E 盘光立方子目录，文件名为光立方原理图。

3. 设置图样参数

光立方电路原理图中包含的元器件较多，选择 A3 纸才能够满足要求，选择方法与电源电路相同。

4. 添加元器件库

光立方原理图中除单片机芯片 P89C52、锁存器 74HC573、驱动器 ULN2803A 3 个元器件外，其余元器件都在 Miscellaneous Devices.Intlib 和 Miscellaneous Connectors.Intlib 两个集成库中。而这两个库前面已添加，下面用查找库的方法加载单片机芯片 P89C52 所对应的集成库。

打开【Library】面板，点击 Search… 按钮，出现库查找对话框，如图 2-95 所示。按图示输入查找参数，按 Search 按钮进行查找，就可找到 P89C52 单片机芯片所对应的集成库，并加载此集成库。以同样的方法加载锁存器 74HC573 及驱动芯片 ULN2803A 元器件对应的集成库。

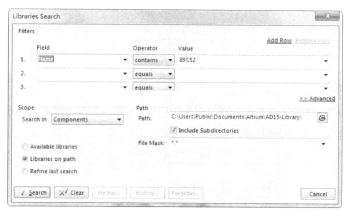

图 2-95　元器件库查找

5. 绘制单片机最小系统电路部分电路图

(1) 首先放置单片机最小系统部分所有元器件。

(2) 将单片机芯片要用到的端口放一段导线，这个步骤可以采用【Edit】/【Smart Paste…】命令快速完成，并放置网络标号。

(3) 放置电源符号。

(4) 布局并连线。

单片机最小部分电路如图 2-96 所示，此电路图的特点是，连线大部分用网络标号代替，原理图看起来简单。

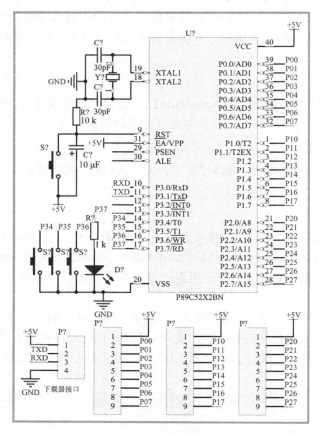

图 2-96　完成元器件放置与属性编辑

6. 绘制信号锁存驱动部分电路图

信号锁存驱动部分电路由 8 个完全相同的电路组成，首先绘制一个 8 位信号锁存电路，然后用复制、粘贴等功能完成其余原理图的绘制。

和前面的操作一样，完成一个 8 位信号锁存驱动电路如图 2-97 所示。

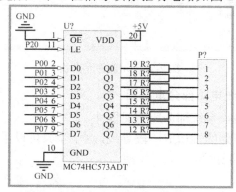

图 2-97　一个 8 位信号锁存驱动电路

选中如图 2-97 所示的 8 位信号锁存驱动电路，复制电路，然后利用粘贴或者阵列粘贴命令完成其余电路的绘制，结果如图 2-98 所示。

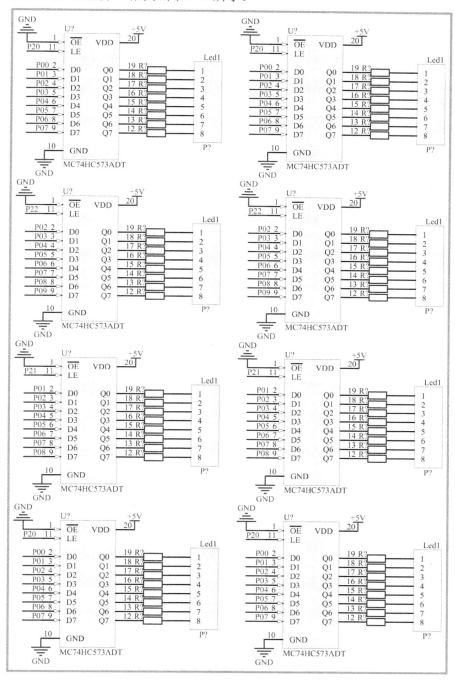

图 2-98 64 位信号锁存电路

7. 完成整个光立方电路原理图绘制

(1) 完成驱动芯片 ULN2803A 电路的绘制。

(2) 给 P0 口网络增加总线和总线端口，使电路更加直观。

(3) 执行菜单命令【Tool】/【Annotate Schematics…】，完成元器件统一编号。

最后完成的光立方原理图如图 2-94 所示。

8. 编译光立方原理图

执行菜单命令【Project】/【Compile Document 光立方原理图.SCHDOC】，如果光立方原理图绘制正确，【Message】面板不会弹出，否则(光立方原理图中有错误时)，【Message】面板会自动弹出，指出原理图中的错误。

9. 创建网络表

执行菜单命令【Design】/【Netlist For Project】/【PCAD】，产生光立方项目网络表，为 PCB 板设计做好准备。

10. 生成材料清单

执行菜单命令【Report】/【Bill of Material】，产生如图 2-99 所示的材料清单，材料清单的 Excel 格式文件如图 2-100 所示。

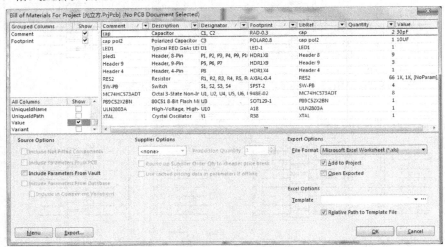

图 2-99　显示电路元器件清单

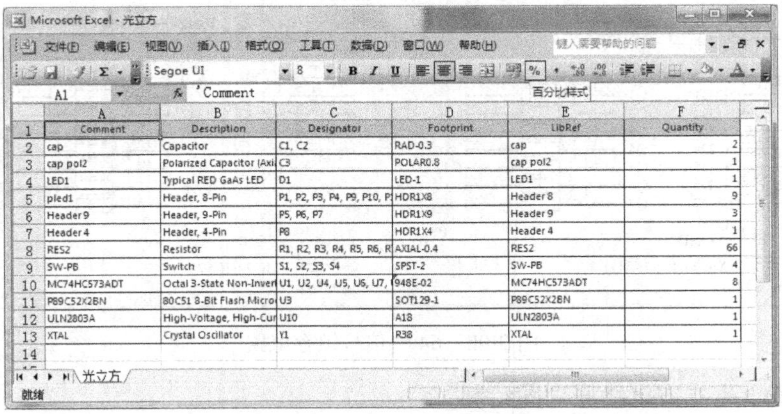

图 2-100　光立方.xsl 材料清单文件

习　题

1. 新建一张电路原理图，设置图纸尺寸为 1800 mil × 1300 mil，图纸纵向放置，标题栏采用 ANSI 标准。

2. 在题 1 新建的原理图中，放置一个 3.2 kΩ 的电阻、10 μF 的电容、1N4001 的二极管、NPN 的三极管、4 脚连接器。

3. 放置 A0～A10 11 个网络标号，更改字体与字号。

4. 在电路图中输入文字"计算机辅助设计 Altium Designer"，并将字体改为仿宋，字号为二号。

5. 在题 2 的基础上，练习: (1) 选择 1N4001 的二极管，复制并粘贴，然后取消选择; (2) 删除电阻，再恢复; (3) 利用阵列粘贴复制 5 个 NPN 的三极管; (4) 对元器件进行各种对齐操作; (5) 保存。

6. 选取电源和地，试更改其形状和标记。

7. 绘制如图 2-101 所示的单级放大电路，要求:

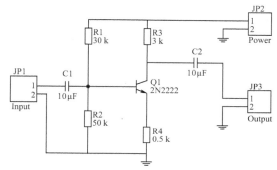

图 2-101　单级放大电路

(1) 图纸尺寸 A4，去掉标题栏，关闭显示栅格，能捕捉栅格和电气栅格，能自动放置连接点。

(2) 绘制完后，重新自动编号并保存。

(3) 电气规则检查。

(4) 产生网络表和元器件清单列表。

8. 绘制如图 2-102 所示的存储器电路，注意阵列粘贴的应用。

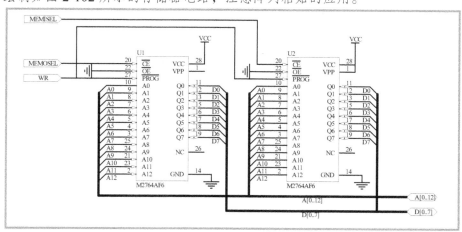

图 2-102　存储器电路

9. 时钟电路如图 2-103 所示，试画出它的原理图，并练习产生相关报表。

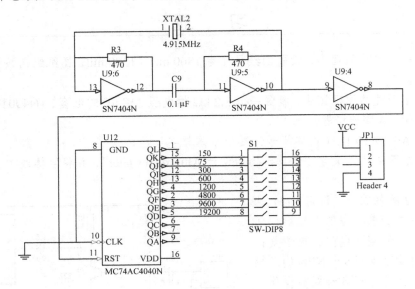

图 2-103　时钟电路

10. 功率放大电路如图 2-104 所示，试画出它的原理图并进行编译，练习产生相关报表。

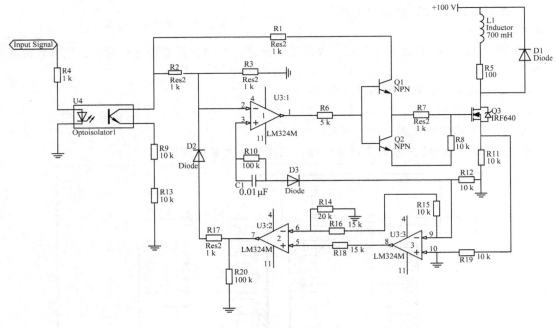

图 2-104　功率放大电路

第 3 章　层次电路原理图的设计

内容提要

- 层次原理图的概念及优点
- 层次原理图设计方法
- 层次原理图的切换

3.1　层次原理图设计的概念

当电路比较复杂、电路原理图用一张图纸画不下时，可画在多张图纸上共同表达，其中的一张图用来表示多张图之间的连接关系，此图就称为上层图或母图，而其余图就称为下层图或子图，这就组成了二层图。如果电路十分复杂，还可以再分层，称此为多层次原理图。

所谓层次原理图设计，简单的说就是将一个非常复杂的电路图分成多个功能模块，每一个模块完成相应的电路功能，用户可通过绘制各个模块的电路图来完成整个电路的设计。若有必要对每个功能模块再建立下一级的模块，就这样一层一层下去，形成树状结构。

层次原理图的优点主要体现在以下 3 个方面：

(1) 降低了电路绘制的复杂度：将一个复杂的电路图划分成多个功能模块，可以使各部分的设计更加清晰明了。

(2) 缩短了项目开发周期：多个不同的设计者可以同时致力于一个项目的设计，每个人开发不同的模块，良好的分工可以更快更好地完成整个项目的设计。

(3) 方便了文件的打印：缩小了原理图图纸的大小，使整个图纸的界面更加美观大方。

3.2　层次原理图的设计方法

Altium Designer 为设计者提供了两种层次电路原理图设计方法，分别为自上而下和自下而上。

所谓自上而下的设计，是将整个的电路设计分成多个功能模块，确定各个模块要完成的功能，然后对每一个模块进行详细的设计。按照这种设计方法，用户首先应该绘制出层次原理图母图，然后按照单张原理图的绘制方法完成各个层次原理图子图的设计。这种方法要求用户对设计有一个整体的把握，能够合理正确地将一个大的电路分成多个小的功能模块。

　　所谓自下而上的设计，就是用户先绘制电路原理图子图，根据原理图子图生成方块电路图，进而生成上层原理图，最后生成整个设计。这种方法比较适用于对整体设计不是非常熟悉的用户，这也是初学者一个不错的选择。

3.2.1　自上而下方式设计层次电路

　　下面以单片机系统电路设计为例，体会自上而下的层次原理图的绘制。一个单片机系统从功能上可分为 4 个电路模块：单片机最小系统电路、LCD1602 显示电路、串口通信电路和电源电路等。

1．创建 PCB 工程和主原理图文件

　　新建一个 PCB 工程，并命名为"单片机系统工程.PrjPcb"。

　　在新建的工程下面创建主原理图文件，命名为"单片机系统总图.SchDoc"，并完成图纸的相关设置。

2．绘制"单片机系统总图.SchDoc"方块电路符号

　　方块电路符号是层次原理图设计中必不可少的组件之一。方块电路符号代表了电路中的一个功能模块，它必须与层次原理图子图相连才能完成自身所要完成的电路功能。

　　执行菜单命令【Place】/【Sheet Symbol】(或者依次按下 P、S 键)，或单击 Wiring Tools 工具栏中的 ▨ 按钮。执行绘制方块电路命令后，光标变为十字状，移动光标的位置，方块电路随之移动。此时按下键盘上的 Tab 键，弹出如图 3-1 所示的 Sheet Symbol 对话框。

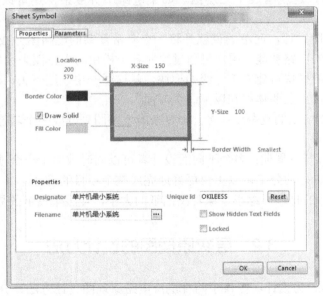

图 3-1　Sheet Symbol 对话框

　　在该对话框中可进行方块电路基本属性的设置。位置、大小、边框线宽度、边框线颜色等属性与其他对象对应的属性的设置完全相同，这里主要介绍一下【Properties】栏中各项属性的设置。

- 【Designator】文本框：填写方块电路符号的标号。

- 【Filename】文本框：填写方块电路符号所代表的某一个原理图子图的名称，这是方块电路符号最重要的属性，它要完成层次原理图之间的电气特性连接。
- 【Show Hidden Text Fields】文本框：选中该复选框，与该方块电路符号有关的所有文本对象将被显示出来，例如方块电路符号【Designator】和【Filename】属性等。撤销该复选框，隐藏的文本内容将无法在原理图中显示出来。
- 【Unique Id】文本框：该属性在联系项目中原理图和 PCB 文档某一文件的同一性方面起着重要的作用。

设置完成后单击 OK 按钮，将光标移至合适位置后，单击左键，确定左上角位置；拖动鼠标到合适的位置，再次单击左键，确定其右下角位置。完成一个方块电路的绘制后，系统仍然处于放置方块电路状态，可重复操作或按右键或按 Esc 键便可退出该操作。

按照上面的步骤，将一个方块图的 Designator 和 Filename 文本框设置成相同的名字，也可以不同，这 4 个方块图的 Filename 文本框命名分别为：单片机最小系统电路.SchDoc、LCD1602 显示电路.SchDoc、串口通信电路.SchDoc、电源电路.SchDoc，如图 3-2 所示。

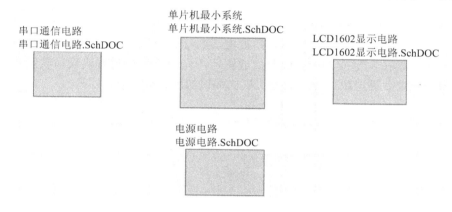

图 3-2　设置好的方框图

3. 放置方块电路端口

方块电路端口也是层次原理图设计中必不可少的组件之一，它位于方块电路符号的内部，主要负责完成层次原理图母图与子图之间的信号传递。有了方块电路端口的存在，才能完成层次原理图之间的电气特性的连接。

选择【Place】/【Add Sheet Entry】(或依次按下 P 键、A 键)，或单击 Wiring Tools 工具栏中的 按钮；将十字光标移动到方块电路边缘的附近，单击左键，方块电路边缘产生一个待定属性的方块电路端口，并随着光标移动；按下键盘上的 Tab 键进入方块电路端口的属性设置对话框，如图 3-3 所示。可以修改端口的大小等属性，其中最主要的选项功能如下：

- 【Style】：进行方块电路端口形状的设置，有 8 种选择：【None(Horizontal)】、【Left】、【Right】、【Left&Right】、【None(Vertical)】、【Top】、【Bottom】和【Top& Bottom】。
- 【I/O type】：进行方块电路端口输入输出特性的设置，有 4 种端口类型：【Unspecified】(未指明或不确定)、【Output】(端用于输出)、【Input】(端用于输入)和【Bidirectional】(端口既可用于输入，也可用于输出)。
- 【Name】文本框：方块电路端口的名称应与层次原理图子图中的端口名称对应。

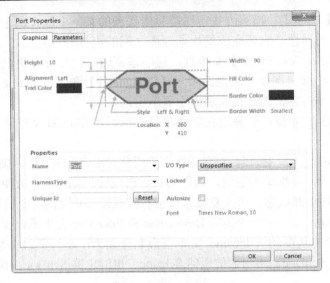

图 3-3　方波模块端口

　　综上，放置方块电路端口的步骤是：设定其名称、类型、颜色和位置等；将鼠标拖动到合适的位置并单击左键放置；完成一次放置后，光标仍处放置方块端口状态，可继续放置或按右键或按 Esc 键退出。完成的方块模块端口如图 3-4 所示。

图 3-4　方块模块端口定义完成后的电路图

按上述方法完成其余方块电路端口的放置。

4．连接各方块电路

　　当电路原理图上所有的方块电路及其端口的定义都完成后，需要将其用具有电气意义的 Wire 和 Bus 导线连接成图 3-5 所示的电路。

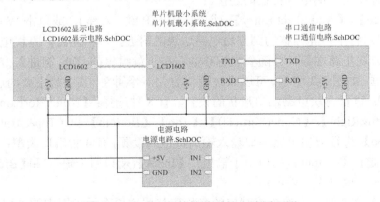

图 3-5　完成电气连接关系的电路原理图

5．由方块电路符号产生新的原理图文件

执行菜单命令【Design】/【Create Sheet From Symbol】(或依次按下 D、S 键)；将十字光标移动到需要产生电路原理图的方块电路上，单击左键，就可产生方块电路符号对应的原理图文件，并带有端口。生成的单片机系统工程文件结构如图 3-6 所示。

6．模块具体化

生成的电路原理图已经有了现成的 I/O 端口，按照该模块电路原理图放置元器件并连线，绘制出具体的电路原理图，并对工程下所有元器件进行统一编号。

具体电路如图 3-7～3-10 所示。

图 3-6　单片机系统工程.PrjPcb

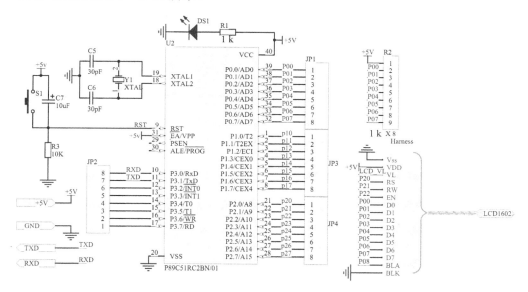

图 3-7　单片机最小系统电路

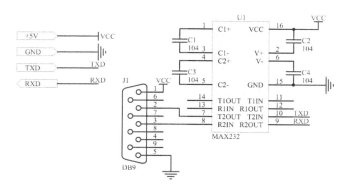

图 3-8　串口通信电路

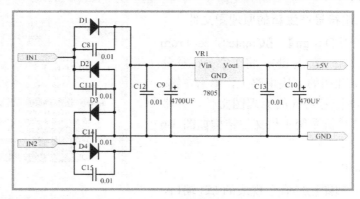

图 3-9　电源电路

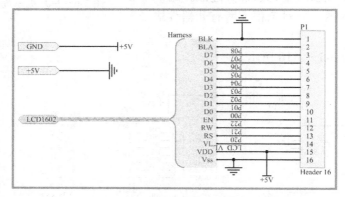

图 3-10　LCD1602 显示电路

3.2.2　自下而上方式设计层次电路

由原理图文件产生方块电路符号，是一种自下而上的层次电路设计方法，即先设计好各模块的原理图文件，然后产生电路符号图，步骤如下：

(1) 新建一个 PCB 工程，并命名为"AMPMOD.PrjPcb"。

(2) 执行菜单命令【File】/【New】/【Schematic】，为新项目添加原理图，保存为"modulator.SchDoc"(调制电路)并绘制电路原理图，如图 3-11 所示；再新建原理图文件，保存为"amplifier. SchDoc"(放大电路)并绘制电路原理图，如图 3-12 所示。

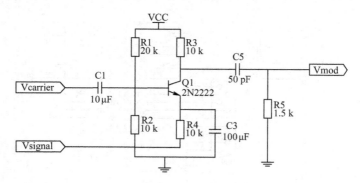

图 3-11　modulator.sch(调制电路)

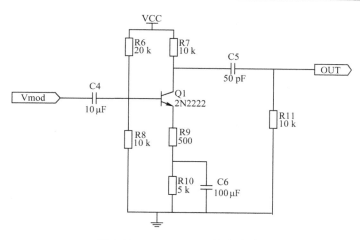

图 3-12　amplifier.sch(放大电路)

(3) 新建原理图文件，保存为"AMPMOD.SchDoc"。

(4) 执行菜单命令【Design】/【Create Sheet Symbol From Sheet or HDL】，或依次按下 D、Y 键。

(5) 系统自动弹出 Choose Document to Place 对话框，如图 3-13 所示。用户可将光标移动到需要产生方块电路符号的文件，双击之，即可产生相应电路原理图的方块电路图符号；将方块电路符号移动到合适的位置后，单击鼠标左键，确定方块电路符号的位置，则一个与电路原理图同名的方块电路符号便生成了。

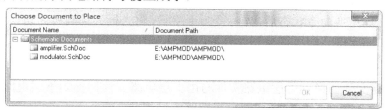

图 3-13　"Choose Document to Place"对话框

(6) 当方块电路图符号和图中的端口调整好后，即可进行各方块电路符号之间的连线了，完成连线后电路如图 3-14 所示。

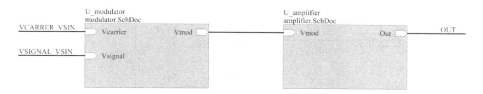

图 3-14　AMPMOD. SchDoc 原理图

3.3　层次原理图的切换

在 Altium Designer 中，利用不同层次的电路原理图文件之间的切换可以方便地查看并编辑层次电路的多张原理图。

不同层次电路原理图文件之间的切换方法有以下几种：直接用设计管理器切换原理图文件，由上层电路原理图文件切换到下层电路原理力文件，由下层电路原理图文件切换到上层电路原理图文件。

1. 直接用 Project 面板切换文件

用 Project 面板切换文件的步骤如下：

(1) 单击 Project 面板中有层次模块的电路原理图图标前的"+"，使其变为"–"，表明树状结构已经打开，如图 3-15 所示。

(2) 不同文件之间相互切换，只需用鼠标左键单击设计管理器窗口的层次结构中所要编辑的文件名即可，系统将会自动调出相应的编辑器，并在工作平面上显示此原理图文件。

图 3-15　打开后的树状结构图

2. 由上层电路文件切换到下层电路文件

从上层电路文件切换到下层电路文件的步骤如下：

(1) 选择【Tools】/【Up/Down Hierarchy】选项(或者依次按下 T 键、P/H 键)，或左键单击 Schematic Tools 工具栏中的 按钮。

(2) 进入文件切换命令状态后，光标变为十字状，将光标移动到所需切换的方块电路上，单击左键或按 Enter 键，即可切换到此方块电路对应的下层电路的电路原理图。

3. 由下层电路切换到上层电路文件

由下层电路文件切换到上层电路文件与由上层电路文件切换到下层电路文件的方法类似。图 3-16 所示为由下层电路切换到上层电路的过程。

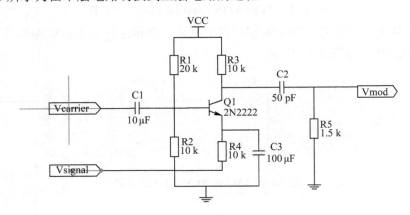

(a) 选择下层电路的端口

图 3-16　由下层电路切换到上层电路操作(1)

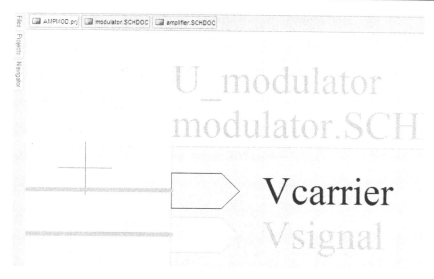

(b) 切换到上层电路

图 3-16　由下层电路切换到上层电路操作(2)

习　　题

1. 什么是层次电路图？层次电路图的设计方法有哪些？
2. 层次原理图设计主要有哪些优点？
3. 层次电路图中，上、下层图如何切换？
4. 绘制如图 3-17 所示的单片机最小系统电路并进行电气规则检查，产生网络表。

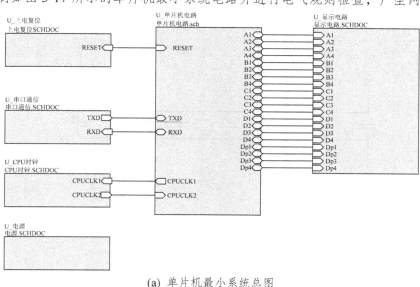

(a) 单片机最小系统总图

图 3-17　单片机最小系统电路(1)

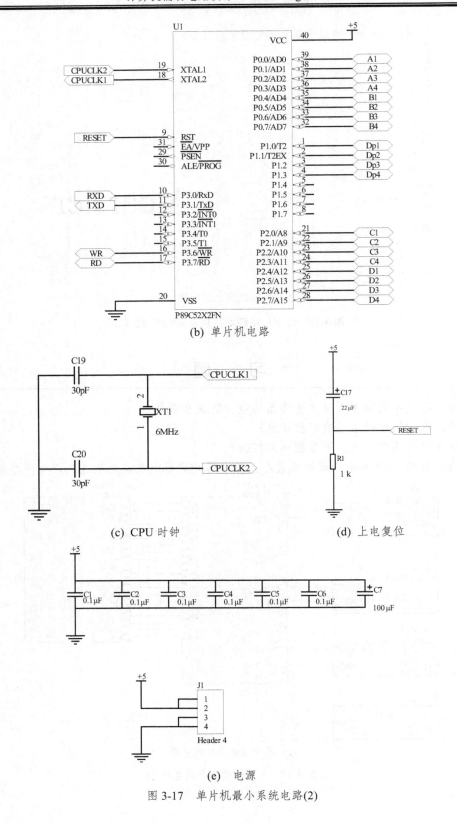

(b) 单片机电路

(c) CPU 时钟

(d) 上电复位

(e) 电源

图 3-17　单片机最小系统电路(2)

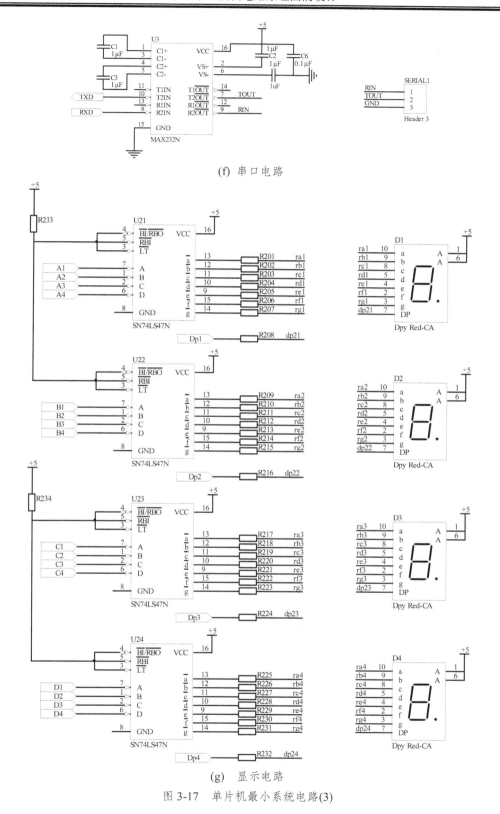

(f) 串口电路

(g) 显示电路

图 3-17 单片机最小系统电路(3)

第 4 章　印制电路板的设计基础

内容提要

　　📖 印制电路板的基本概念
　　📖 创建 PCB 印制电路板
　　📖 PCB 印制电路板编辑器的画面管理
　　📖 使用放置工具栏放置各种图元

4.1　印制电路板的基本概念

　　印制电路板(简称 PCB)是在绝缘度很高的基材表面覆盖一层良好的导电材料(通常为铜膜)为基础，然后根据电路的具体设计要求，去掉敷铜板上不需要的部分形成导线，并加工有焊盘和过孔而制成的。电子产品的 PCB 不但提供了搭载电子元器件的物理平台，而且还实现了板上元器件之间的电气连接。

4.1.1　印制电路板的结构

　　印制电路板的结构一般分为单面板、双面板和多层板。

1. 单面板

　　单面板是一种一面敷铜，另一面没有敷铜的电路板，它结构简单，成本低廉，适用于相对简单的电路设计。但是对于稍复杂的电路，由于单面板只能在一面走线，所以布线困难，容易造成无法布线的局面。

2. 双面板

　　双面板的两面都可以敷铜，都可以布线，分顶层和底层。一般只在顶层放置元器件。双面板的电路一般比单面板复杂，但布线比较容易，是制作电路板比较理想的选择。

3. 多层板

　　多层板由 4 层或 4 层以上的电路板组成，它是在双面板的顶层和底层的基础上，增加了内部电源层、内部接地层和若干中间布线层。板层越多，则布线的区域也就越多，布线就越简单。由于多面板制作工艺复杂，因此成本较高。随着电子技术的高速发展，电子产品越来越小巧精密，电路板的制作也越来越复杂，因此目前多层板的应用也比较广泛。

4.1.2　元器件的封装形式

　　元器件的封装形式是一个空间的概念。在这里，它是指元器件焊接到电路板时所占空间的形状和焊盘的位置。不同的元器件可以共用一个封装形式，而同一种元器件也可以有不同的封装形式。如 RES2 代表普通金属膜电阻，它的封装形式却有多种，如 AXIAL-0.3，AXIAL-0.4，AXIAL-0.5 等。所以在取用焊接元器件时，不仅要知道元器件名称，还要知道元器件的封装。

1. 针脚式元器件封装

针脚式元器件封装是指该元器件的引脚要从顶层穿下，在底层进行元器件引脚的焊接。图 4-1 所示是传统电阻、电容，以及双列直插式系列集成电路芯片的封装形式。该封装形式的优点是易于进行布线，操作方便，在实际使用中元器件容易替换。

(a) 传统电阻　　　　(b) 传统电容　　　　(c) DIP8

图 4-1　针脚式元器件的封装形式

2. 表面粘贴式元器件封装(SMT)

表面粘贴式元器件封装是指元器件的焊盘都附在电路板的表面，像一般的 SMD/SMC 元器件(Surface Mounted Device/Component)。随着芯片集成技术与电子技术的发展，越来越多的芯片采用表面粘贴式封装，它的突出优点是体积非常小，且元器件不易受干扰。图 4-2 所示是片状电阻、片状电容、片状二极管、表面粘贴式集成电路芯片的封装形式。

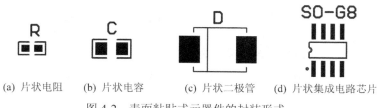

(a) 片状电阻　　(b) 片状电容　　(c) 片状二极管　　(d) 片状集成电路芯片

图 4-2　表面粘贴式元器件的封装形式

3. 元器件封装的命名含义

元器件封装命名形式一般是"元器件封装类型+焊盘距离/焊盘数"，可以根据元器件封装名来判断元器件的外形规格。如 AXIAL-0.4 表示此元器件封装为轴状，两焊盘间的距离为 400mil(约等于 10 mm)；RB.2/.4 表示电解电容元器件的封装，此元器件的引脚间距离为 200 mil，元器件直径为 400 mil；DIP8 表示双列直插式元器件的封装，两排共有 8 个引脚。

4.1.3　铜膜导线

铜膜导线也称铜膜走线，简称导线，用于连接各个焊盘，是印制电路板最重要的部分。印制电路板设计都是围绕如何布置导线来进行的。

与导线有关的另外一种线，常称为飞线，即预拉线。飞线是系统在装入网络表后自动生成的，用来指引布线的一种连线。

飞线与铜膜导线的本质区别在于是否具有电气连接特性。飞线只是一种形式上的连线，它表示出了各个焊盘间的连接关系，没有电气的连接意义。导线则是根据飞线指示的焊盘间的连接关系而布置的具有电气连接意义的真实的连接线路。

4.1.4 助焊膜和阻焊膜

各类膜(Mask)不仅是 PCB 制作工艺中必不可少的部分，更是元器件焊装的必要条件。按"膜"所处的位置及作用，可将其分为元器件面(或焊接面)助焊膜(Top or Bottom Solder Mask)和元器件面(或焊接面)阻焊膜(Top or Bottom Paste Mask)两类。助焊膜是涂于焊盘上，提高可焊性能的一层膜，也就是在绿色板子上比焊盘略大的浅色圆。阻焊膜的情况正好相反，为了使制成的板子适应波峰焊等焊接形式，要求板子上非焊盘处的铜箔不能粘锡，因此在焊盘以外的各部位都要涂覆一层涂料，用于阻止这些部位上锡。可见，这两种膜是一种互补关系。

4.1.5 层

由于现在的电子线路中元器件安装得较密集，为了满足抗干扰和布线等特殊要求，一些电子产品除了顶层和底层走线外，在电路板的中间还设有能被特殊加工的夹层铜箔，这些夹层铜箔大多数设置为内部的电源层和内部的接地层，用来提高电路板的可靠性。也有一些夹层铜箔可以走线，它通过半过盲孔和盲孔与其他层相连。

4.1.6 焊盘和过孔

焊盘的作用是放置元器件引脚和连接导线。元器件焊盘的类型受其形状、大小、布置形式、振动、受热、受力等因素的影响。Altium Designer 为此提供了各种不同外形的焊盘。一般焊盘孔径的尺寸要比元器件引脚的直径大 8～20 mil。

过孔是用来连接不同层之间的铜箔导线的，它的作用与铜箔导线一样，用来连接元器件之间的引脚。过孔有 3 种，即从顶层贯通到底层的穿透式过孔、从顶层通到内层或从内层通到底层的盲过孔以及内层间的隐蔽过孔。

过孔从上面看上去，有两个尺寸，通孔直径和过孔直径。通孔和过孔之间的壁由与导线相同的材料构成，用于连接不同层的导线。

4.1.7 丝印层

为了方便电路的安装和维修，需要在印制板的上、下两表面印制上所需的标志图案和文字符号，例如元器件标号和标称值、元器件外廓形状和厂家标志、生产日期等，这就是丝印层(Silkscreen Top/Bottom Overlay)。

4.1.8 敷铜

对于抗干扰能力要求比较高的电路板，常常需要在印制电路板上敷铜。敷铜可以有效地实现电路板的信号屏蔽作用，提高电路板信号的抗电磁干扰能力。

4.2　进入 PCB 印制电路板设计系统

要想把原理图编辑器中的电路信息(网络表与元器件封装)装入到 PCB 印制电路板设计系统，首先需要创建一个新的 PCB 文件。在 Altium Designer 中创建新的 PCB 文件的方法有两种：第一种是利用 PCB 文件生成向导；第二种是直接通过执行菜单命令创建 PCB 文件。

4.2.1　利用 PCB 文件生成向导创建一个 PCB 文件

利用 PCB 文件生成向导创建一个新 PCB 文件的步骤如下：

(1) 启动 PCB 文件生成向导。在【Files】面板底部选中【New from template】单元，如图 4-3 所示，点击【PCB Board Wizard】创建新的 PCB 文件，系统会弹出 PCB 生成向导欢迎画面。

(2) 单击【Next】按钮，系统将弹出如图 4-4 所示的对话框，在该对话框中设置印制电路板上使用的单位。Imperial 表示英制，单位为 mil；Metric 表示公制，单位为 mm。其中 1 mil = 0.0254 mm。

图 4-3　Files 文件面板

图 4-4　设置印制电路板的尺寸单位

(3) 单击【Next】按钮，将弹出如图 4-5 所示的对话框，此时用户可以在左边的列表框中选择一种印制电路模板，也可以选择 Custom 自定义项，根据用户需要自定义电路板尺寸。此处选择 Custom 项，则需要自己定义板卡的尺寸、边界和图形标志等参数，而选择其他选项则直接采用系统已经定义的参数，用户也可以选择标准尺寸的板卡。

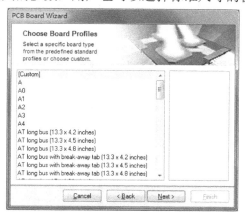

图 4-5　设置印制电路板模板

(4) 单击【Next】按钮，将弹出如图 4-6 所示的对话框。用户可以在其中设置 PCB 板的各项参数。下面介绍各项参数的具体意义。

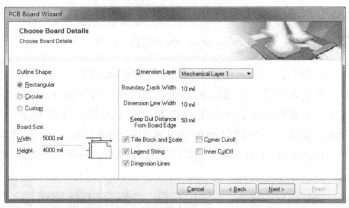

图 4-6　设置印制电路板的各项参数

* Outline Shape：印制电路板外形。可选择的有 Rectangular(矩形)、Circular(圆形)、Custom(自定义外形)。此处选择矩形。

* Board Size：设定印制电路板外形尺寸。Width 项设定印制电路板的宽度，Height 项设定印制电路板的高度。

* Dimension Layer：设定板卡的尺寸所在的层，一般选择机械层(Mechanical Layer)。

* Boundary Track Width：设置边界线的宽度。此处采用系统默认值 10 mil。

* Dimension Line Width：设置电路板尺寸标注线的宽度。此处采用系统默认值 10 mil。

* Keep Out Distance From Board Edge：设定印制电路板电气边界到物理边界的距离。

* Title Block and Scale：选中该复选框，PCB 文件中将显示标题栏和图纸比例。

* Legend String：选中该复选框，在文件中显示图例字符串。

* Dimension Lines：选中该复选框，在文件中显示尺寸标注线。

* Corner Cutoff：选中该复选框，在电路板的四周截去矩形角。

* Inner Cutoff：选中该复选框，在电路板内部挖一个小矩形。

(5) 单击【Next】按钮，弹出如图 4-7 所示的对话框，在该对话框中，允许用户选择 PCB 的层数，即可以选择 Signal Layer(信号层)数和 Power planes(电源层)数。本实例中选择 2 层信号层和 2 层内电源层。

(6) 单击【Next】按钮，弹出如图 4-8 所示的对话框，用来设置印制电路板上的 Via (过孔)样式。Thruhole Vias only 表示通孔，Blind and Buried Vias only 表示盲孔和半盲孔。此处选择过孔样式为通孔。

图 4-7　设置印制电路板的板层

图 4-8　设置印制电路板的过孔类型

(7) 单击【Next】按钮，弹出如图 4-9 所示的对话框，在该对话框中设置所设计的电路板主要采用 Surface-mount components(表面贴装的元器件)还是 Through-hole components(通孔式元器件)。如果选择了表面贴装的元器件方式，则还需要选择元器件是否放置在板的两面；如果选择了通孔式元器件，则要选择相邻焊盘间的导线数为 One Track、Two Track 还是 Three Track。

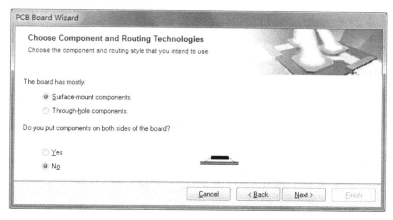

(a) 表面贴装的元器件方式

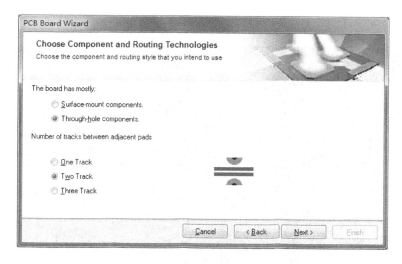

(b) 通孔式的元器件方式

图 4-9　设置印制电路板的元器件类型

(8) 单击【Next】按钮，系统将弹出如图 4-10 所示的对话框，此时可以设置最小的导线尺寸、过孔尺寸和导线间的距离。

- Minimum Track Size：设置最小导线尺寸。
- Minimum Via Width：设置最小的过孔直径。
- Minimum Via HoleSize：设置过孔的最小通孔孔径。
- Minimum Clearance：设置线间的最小安全间距。

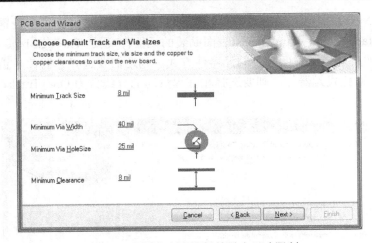

图 4-10　设置印制电路板的最小尺寸限制

(9) 单击【Next】按钮，系统会弹出下一个对话框，表示 PCB 印制电路板文件参数设置完成，单击【Finish】按钮，即可完成 PCB 文件生成向导的设置，同时，系统进入 PCB 印制电路板编辑系统，如图 4-11 所示。

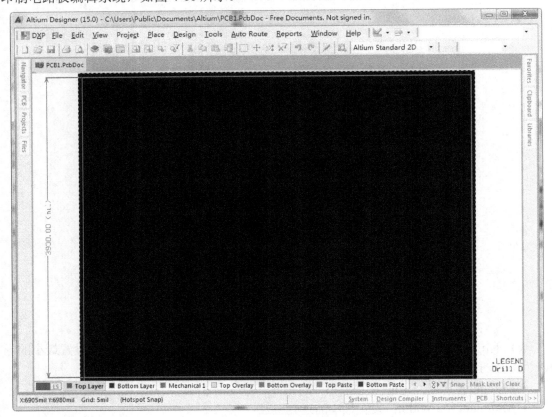

图 4-11　进入 PCB 印制电路板编辑系统

(10) 利用 PCB 文件生成向导创建的 PCB 文件自动保存为 PCB1.PcbDoc，用户可以执行菜单命令【File】/【Save As】，将新建的 PCB 文件保存到指定的路径下，并更改为所需的文件名。

4.2.2　利用菜单命令创建一个 PCB 文件

　　运行 Altium Designer，执行菜单命令【File】/【New】/【PCB】，将直接进入印制电路板 PCB 编辑系统，同时创建一个电路板参数没有设置的 PCB 文件，用户可用编辑器的菜单命令设置自己所需印制电路板的尺寸、板层等各种参数。具体操作将在后面 PCB 制作中讲述。

4.3　PCB 编辑器的画面管理

　　设计人员在设计印制电路板时，往往需要对编辑区的工作画面进行缩放或局部显示等，以方便设计者编辑、调整。因此，熟练掌握 PCB 编辑器的画面管理，将有助于快速、方便地设计一块电路板，达到事半功倍的效果。

　　打开 C:\Users\Public\Documents\Altium\AD15\Examples\Developer Tool - DT01 工程下的 PCB 板，如图 4-12 所示，下面以此例来讲述 PCB 编辑器的画面管理。

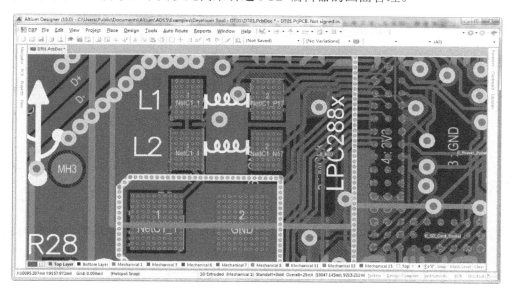

图 4-12　打开一个 PCB 文件

4.3.1　画面的移动

　　在设计 PCB 电路板时，常常需要移动画面来观察电路板的其他部分。通常利用 PCB 面板来完成画面的移动。

　　如图 4-13 所示，在 PCB 面板的下部有一个小窗口，它显示的就是整个电路板外形。在它上面有一个双虚线框，用鼠标拖动该虚线框，就可以使当前工作窗口在整个电路板上移动。

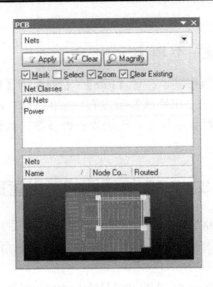

图 4-13　利用 PCB 面板移动窗口

4.3.2　画面的放大、缩小与刷新

1. 命令状态下的缩放

当系统处于命令状态时，鼠标无法移出工作区去执行一般的命令。此时要缩放显示状态，必须用快捷键来完成此项工作。操作方法如下：

- 放大：按【Page Up】键，放大编辑区显示状态。
- 缩小：按【Page Down】键，缩小编辑区显示状态。
- 刷新：如果显示画面出现杂点或变形时，按【End】键后程序会更新画面，恢复正确的显示图形。

2. 空闲状态下的放大、缩小与刷新命令

当系统未执行其他命令而处于空闲状态时，可以执行【Edit】菜单里的命令或单击标准工具栏里的按钮，也可以使用快捷键完成 PCB 板的缩放和刷新操作。

实际上，PCB 编辑器菜单命令下的缩放操作与原理图文件的缩放操作一样，用户可参考第 2 章内容。

4.3.3　窗口管理

Altium Designer 可以同时编辑多个工程项目，在每一个工程项目中又可以同时打开多个文件。利用【Window】菜单来管理各种窗口，可在不同的工程项目的不同文件之间进行切换。

1. 窗口的平铺显示

执行菜单命令【Window】/【Tile】，或者按快捷键 Shift+F4，即可把当前打开的所有文件平铺显示在一个屏幕中，如图 4-14 所示。

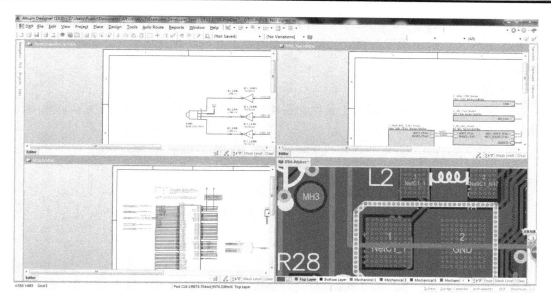

图 4-14　窗口的平铺显示

2. 窗口水平或垂直分割显示

执行菜单命令【Window】/【Tile Horizontally】，即可把当前打开的所有文件水平平铺显示在一个屏幕中。同样，执行菜单命令【Window】/【Tile Vertically】，即可把当前打开的所有文件垂直平铺显示在一个屏幕中。

3. 窗口切换

在【Window】菜单的下方列出了当前所有已打开的文件，单击任意一项即可激活该文件。另外，也可利用鼠标点击编辑器上部的文件标签来自由切换文件，如图 4-15 所示。

图 4-15　编辑器上部文件标签

4.3.4　PCB 各工具栏、状态栏、命令行及各种面板的打开与关闭

PCB 系统的工具栏、状态栏、命令行、各种面板的打开与关闭与原理图设计系统完全相同，请参考第 2 章内容。这里只对 PCB 设计系统用到的布线工具栏【Wiring】的打开与关闭做一简单的介绍。

打开或关闭布线工具栏【Wiring】，可执行菜单命令【View】/【Toolbars】/【Wiring】。

4.4　PCB 布线工具

4.4.1　PCB 工具栏的介绍

与原理图设计系统一样，PCB 编辑器也提供了各种布线工具。为 PCB 设计提供的工具栏有【PCB Standard】(PCB 标准工具栏)、【Wiring】(布线工具栏)、【Utilities】(实用工具栏)，而实用工具栏又包括绘图工具栏、元器件位置调整工具栏、查找选择集工具栏、尺寸标注工具栏等。

1. PCB 标准工具栏

Altium Designer 的 PCB 标准工具栏如图 4-16 所示。该工具栏为用户提供了编辑、缩放、选取对象等命令按钮。

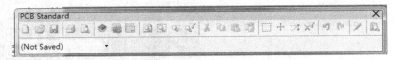

图 4-16　PCB 标准工具栏

2. 布线工具栏

布线工具栏如图 4-17 所示，该工具栏主要为用户提供了布线命令。

图 4-17　布线工具栏

布线工具栏中各个按钮的功能和相应的菜单命令如下：

　　：绘制导线。对应的菜单命令为【Place】/【Interactive Routing】。

　　：放置总线导线。对应的菜单命令为【Place】/【Interactive Multi-Routing】。

　　：放置焊盘。对应的菜单命令为【Place】/【Pad】。

　　：放置过孔。对应的菜单命令为【Place】/【Via】。

　　：放置圆弧。对应的菜单命令为【Place】/【Arc(Center)】。

　　：放置矩形填充。对应的菜单命令为【Place】/【Fill】。

　　：放置多边形填充。对应的菜单命令为【Place】/【Polygon Plane】。

　A：放置字符串。对应的菜单命令为【Place】/【String】。

　　：放置元器件。对应的菜单命令为【Place】/【Component】。

3. 实用工具栏

实用工具栏如图 4-18 所示，该工具栏包含几个常用的子工具栏。

- 绘图工具栏：如图 4-19 所示，按图标￼可显示绘图工具栏。
- 元器件位置调整工具栏：如图 4-20 所示，该工具栏可方便元器件的排列和布局。

图 4-18　实用工具栏　　　　　　图 4-19　绘图工具栏　　　图 4-20　元器件位置调整工具栏

- 查找选择集工具栏：如图 4-21 所示。该工具栏提供了方便选择原来所选择的对象。

工具栏上的按钮允许从一个选择物体以向前或向后的方向走向下一个。这种方式非常有用，用户既能在选择的属性中也能在选择的元器件中查找。

- 尺寸标注工具栏：如图 4-22 所示。
- 放置元器件集合定义工具栏：如图 4-23 所示。

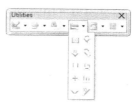

图 4-21　查找选择集工具栏　　图 4-22　尺寸标注工具栏　　图 4-23　放置元器件集合定义工具栏

- 栅格设置菜单：单击█按钮即可弹出栅格设置菜单，根据布线需要，可以设置栅格的大小。

下面分几节讲述常用而且重要的 PCB 布线工具的使用方法。与原理图编辑器中相同的工具在这里不再讲述。

4.4.2　放置铜膜导线

1. 放置铜膜导线的方法

放置铜膜导线的方法有：

(1) 用鼠标单击布线工具栏中的█或执行菜单命令【Place】/【Interactive Routing】，光标变成十字形状，即可进入绘制导线的命令状态。将光标移动到所需绘制导线的起始位置，单击鼠标左键确定导线的起点。然后移动光标，在导线的终点处单击鼠标左键，再次单击鼠标右键，即可绘制出一段直导线。

(2) 如果绘制的导线为折线，则需在导线的每个转折点处单击左键确认，重复上述步骤，即可完成导线的绘制，如图 4-24 所示。

(3) 绘制完一条导线后，系统仍处于绘制导线的命令状态，可以按上述方法继续绘制其他导线，最后单击鼠标右键或按【Esc】键，即可退出绘制导线命令状态。

(4) 在走线过程中，按"Shift+SpaceBar"可以改变布线模式。每种模式都定义了不同的转角类型，在状态栏中可以查看当前使用的布线模式。

(5) 在走线过程中，按星号键"*"，自动增加一个过孔，可以改变当前的布线层。

(6) 在导线绘制完后，当用户对绘制的导线不是十分满意的时候，可以做适当的调整。调整的方法为用鼠标左键单击待修改的导线，然后将光标放到导线上，如图 4-25 所示，出现十字箭头光标后可以拉动导线，与之相连的导线随着移动；这时如果将光标放到导线的一端，出现双箭头光标后，可以拉长或缩短导线，与之相连的导线不发生变化，如图 4-26 所示。

图 4-24　绘制导线

图 4-25　移动导线

图 4-26　缩短导线

2. 铜膜导线属性调整

(1) 当系统处于绘制导线命令状态时，按【Tab】键，则会出现导线属性对话框，如图4-27 所示。在该对话框中可以对导线的宽度(Trace Width)、过孔尺寸(Via Hole Size 和 Via Diameter)和导线所处的层进行设定。用户对线宽和过孔尺寸的设定必须满足设计规则的要求。本例中设计规则规定最大线宽和最小线宽均为"10 mil"，如果设定值超出规定的范围，本次设定将不会生效，并且系统会弹出对话框提醒用户该设定值不符合设计规则，可以单击【OK】按钮退出本次导线的线宽设定，也可以单击【Cancel】铵钮继续设定其他选项。

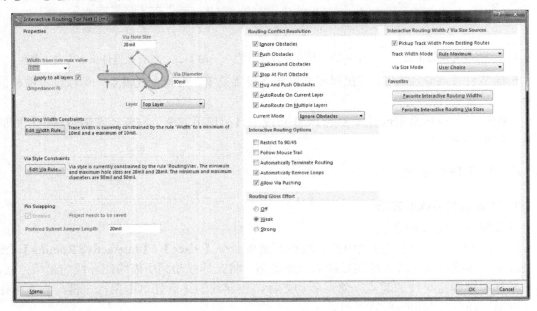

图 4-27　导线属性对话框

(2) 绘制完导线后，还可以对导线进行编辑处理，并设置导线的属性。使用鼠标双击导线，或选中导线后单击鼠标右键，从弹出的快捷菜单中选取 Properties 命令，系统将弹出如图 4-28 所示的对话框，可以再次对导线的位置、宽度、层和所处的网络进行修改。

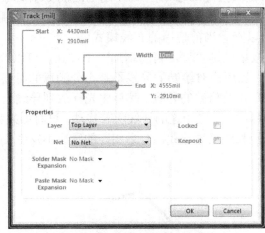

图 4-28　导线绘制后导线属性对话框

4.4.3　放置焊盘

1. 放置焊盘的方法

（1）用鼠标单击布线工具栏中的 ◎ 或执行菜单命令
【Place】/【Pad】。

（2）执行上一步骤后，光标变成十字形状，将光标移
动到所需的位置，单击鼠标左键，即可将一个焊盘放置在
该处。

（3）将光标移到新的位置，按照上述步骤，放置其他
焊盘。图 4-29 所示为放置了多个焊盘的印制电路板。单
击鼠标右键，光标变成箭头后，退出该命令状态。

图 4-29　放置了四个焊盘的电路板

2. 焊盘属性设置

在放置焊盘的状态下按【Tab】键或在已放置的焊盘上双击鼠标，都可以打开如图 4-30
所示的焊盘属性对话框。

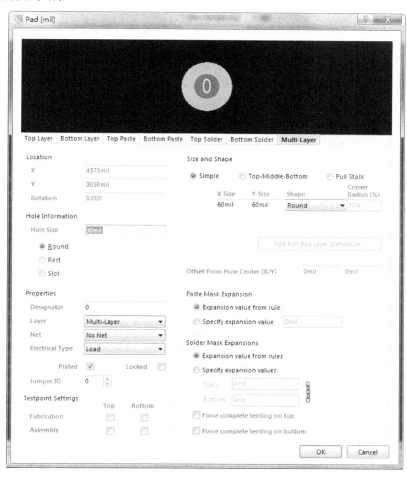

图 4-30　焊盘属性对话框

1) 焊盘尺寸设置

- Location X/Y：设置焊盘位置的中心坐标。
- Size and Shape：设置焊盘的形状和焊盘的外形尺寸。
- Hole Size(孔尺寸)：设置焊盘的孔尺寸。
- Rotation(旋转)：设置焊盘的旋转角度。

在 Size and Shape 设置中，当选择 Simple 时，则可以设置 X-Size(焊盘 X 轴尺寸)、Y-Size(焊盘 Y 轴尺寸)、Shape(形状，选择焊盘形状)。单击 Shape 选项右侧的下拉按钮，还可选择焊盘形状，分别有 Round(圆形)、Rectangle(正方形)、Octagonal(八角形)等 3 种焊盘形状。

当选择 Top-Middle-Bottom 选项时，则需要指定焊盘在顶层、中间层和底层的大小和形状，每个区域里的选项都具有相同的 3 个设置选项。

当选择 Full Stack 选项时，可以单击 Edit Full Pad Layer Definition(编辑整个焊盘层定义)按钮，将弹出对话框，此时可以按层设置焊盘尺寸。

2) Properties 选项设置

- Designator：设定焊盘序号。
- Layer：设定焊盘所在层。通常多层电路板焊盘层为 Multi-Layer。
- Net：设定焊盘所在网络。
- Electrical Type：指定焊盘在网络中的电气属性。
- Locked：该选项被选中时，该焊盘被锁定。
- Plated：设定是否将焊盘的通孔孔壁加以电镀。

3) Testpoint Settings(测试点)选项设置

可以在 Top 和 Bottom 层同时设定测试点

4) Paste Mask Expansion(阻焊膜)属性设置

- Expansion value from rules(由规则设定阻焊膜延伸值)：如果选中该复选框，则采用系统设计规则中定义的阻焊膜尺寸。
- Specify expansion value(指定阻焊膜延伸值)：如果选中该复选框，则可以在其后的编辑框中设定阻焊膜尺寸。

5) Solder Mask Expandions(助焊膜)属性设置

Solder Mask Expandions 属性设置选项与阻焊膜属性设置选项的方法相同。

- 当选择 Force complete tenting on top 选项时，则此时设置的助焊延伸值无效，并且在顶层的助焊膜上不会有开口，助焊膜仅仅是一个隆起。
- 当选择 Force complete tenting on bottom 选项时，则此时设置的助焊延伸值无效，并且在底层的助焊膜上不会有开口，助焊膜仅仅是一个隆起。

4.4.4 放置过孔

1. 放置过孔的方法

放置过孔的方法有：

(1) 用鼠标单击布线工具栏中的 或执行菜单命令【Place】/【Via】。

(2) 执行上一步骤后，光标变成十字形状，将光标移动到所需的位置，单击鼠标左键，即可将一个过孔放置在该处。

(3) 将光标移到新的位置，按照上述步骤，放置其他过孔。单击鼠标右键，光标变成箭头后，退出该命令状态。图 4-31 所示为放置了过孔后的印制电路板。

图 4-31　在一条铜膜导线上放置两个过孔

2. 过孔属性设置

在放置过孔的状态下按【Tab】键或在已放置的过孔上双击鼠标，都可以打开如图 4-32 所示的过孔属性对话框。对话框中的各项参数设置意义如下：

- Diameter：设定过孔的直径(分三种类型去设定，一般用 Simple)。
- Hole Size：设定过孔的通孔直径。
- Start Layer：设定过孔的开始层，可选择 Top(顶层)和 Bottom(底层)。
- End layer：设定过孔的结束层，可选择 Top(顶层)和 Bottom(底层)。
- Net：设定过孔与 PCB 中的某一个网络相连。
- Testpoint Settings：与焊盘属性对话框中相应选项的意义相同。
- Solder Mask Expansions：与焊盘的属性对话框中相应选项的意义相同。

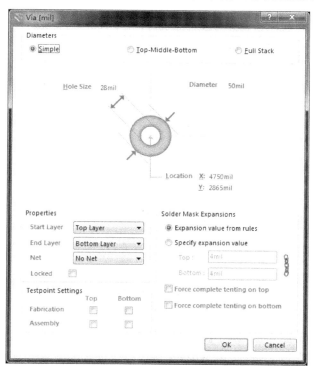

图 4-32　过孔属性对话框

4.4.5 放置元器件封装

除了利用网络表装入元器件封装外,还可以将元器件封装手工放置到 PCB 工作窗口内,放置元器件封装的具体操作步骤如下:

(1) 用鼠标单击布线工具栏中的 ▦ 或执行菜单命令【Place】/【Component】,会弹出如图 4-33 所示的放置元器件封装对话框。在该对话框中,当 Footprint 单选项被选中时,可以输入元器件的封装形式、序号、注释等参数;当 Component 单选项被选中时,可以输入元器件的名字、序号、注释等参数,如图 4-34 所示。

图 4-33　放置元器件封装对话框

图 4-34　输入元器件名字对话框

(2) 如果用户不清楚元器件的封装形式,可以单击图 4-33 对话框中的 ▦ 按钮,会出现如图 4-35 所示的元器件库浏览对话框,在已装入的元器件库中查询、选择所需元器件的封装形式。单击【OK】按钮即可退出该对话框。

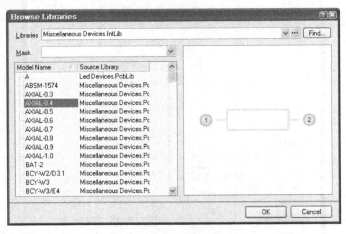

图 4-35　元器件库浏览对话框

(3) 单击图 4-33 或图 4-34 中的【OK】按钮确认,此时,光标变成十字形状并带着选定的元器件封装在工作窗口区域内。按【Tab】键,可以进入如图 4-36 所示的元器件属性对话框。在该对话框中可以设定元器件的属性、元器件序号、元器件型号、封装形式等。现在只讲两个需要注意的地方：一是要注意放置元器件所在的层；二是不能随意修改元器件封装的名称。

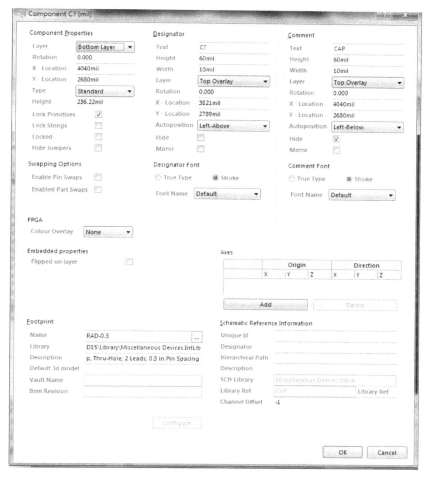

图 4-36　元器件属性对话框

（4）设置好元器件属性后，单击【OK】按钮确认。然后，在工作平面上移动光标到元器件放置的位置，也可以按空格键调整元器件放置的方向，最后单击鼠标左键即可将元器件放置在当前光标所在位置。

4.4.6　放置矩形填充

在印制电路板设计过程中，为了提高系统的抗干扰性和考虑通过大电流等因素，通常要放置大面积的电源/接地区域。Altium Designer 为用户提供的填充功能可以实现这一功能。填充通常放在 PCB 的顶层、底层或内部的电源层或接地层。填充的方式有两种：矩形填充和多边形填充。下面先介绍矩形填充的方法及步骤。

（1）用鼠标单击布线工具栏中的▅▅或执行菜单命令【Place】/【Fill】，光标变成十字形状。

（2）按下【Tab】键，会弹出如图 4-37 所示的矩形填充属性对话框。在该对话框中可以对矩形填充所处工作层面、连接网络、放置角度、两个对角的坐标等参数进行设定。设定完毕后单击【OK】按钮确认即可。

(3) 移动光标，依次确定矩形区域对角线的两个顶点，即可完成对该区域的填充。

(4) 继续进行其他的矩形填充，直到单击鼠标右键或按【Esc】键退出命令状态。

(5) 单击完成的矩形填充，当填充呈选中状态时，可以对矩形填充的大小、方向及位置进行调整，如图 4-38 所示。

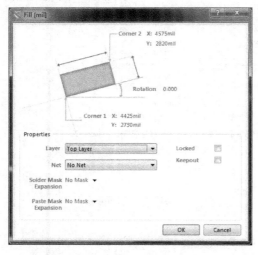

图 4-37　矩形填充属性对话框

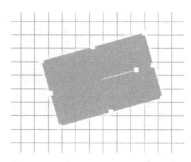

图 4-38　矩形填充处于调整状态

4.4.7　放置多边形填充

多边形填充的方法及步骤如下：

(1) 用鼠标单击布线工具栏中的 ▦ 或执行菜单命令【Place】/【Polygon】，会出现如图 4-39 所示的多边形填充属性对话框。

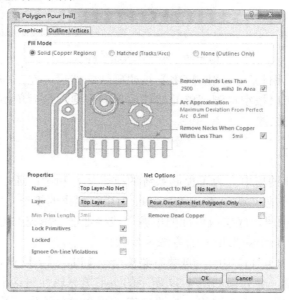

图 4-39　多边形填充属性对话框

(2) 在该对话框中可以选择与填充连接的网络(Net Options)、填充平面的栅格尺寸(Grid Size)、线宽(Track Width)、所处层(Layer)、填充方式(Hatching Style)、环绕焊盘方式(Surround Pads With)等参数进行设定。设定好多边形填充参数后，单击对话框中的【OK】按钮加以确定，此时光标变为十字形状。

(3) 移动光标到适当位置，单击鼠标左键确定多边形的起点，然后移动光标到其他位置，单击鼠标左键依次确定多边形的其他顶点。

(4) 在多边形终点处单击鼠标右键，程序会自动将起点和终点连接起来形成一个多边形区域，同时在该区域内完成填充。

Altium Designer 提供的多边形填充有以下几种方式，如图 4-40 所示。

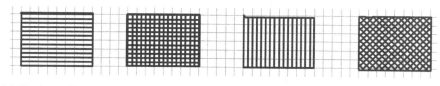

(a) Horizontal Degree　　(b) 90 Degree　　(c) Vertical Degree　　(d) 45 Degree

图 4-40　多边形填充的几种方式

Altium Designer 提供的多边形填充环绕焊盘方式有两种，如图 4-41 所示。

(a) Arcs(圆弧)　　　　(b) Octagons(八边形)

图 4-41　多边形填充环绕焊盘的两种方式

4.4.8　放置字符串

在绘制印制电路板时，常常需要在印制电路板上放置字符串(只能为英文)，用于必要的文字标注。字符串不具有任何电气特性。放置字符串的方法如下：

(1) 用鼠标单击布线工具栏中的 A 或执行菜单命令【Place】/【String】。

(2) 执行上一步骤后，光标变成十字形状，在此命令状态下，按【Tab】键，会出现如图 4-42 所示的字符串属性对话框。在该对话框中可以设置字符串的内容、大小、旋转角度和所在的层等参数。

(3) 设置完成后，退出对话框，单击鼠标左键，把字符串放到相应的位置。

(4) 用同样的方法放置其他字符串，单击鼠标右键或按【Esc】键即可退出当前命令

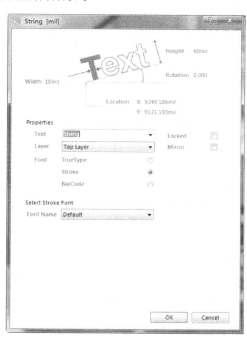

图 4-42　字符串属性对话框

状态。

(5) 完成字符串的放置后，如果需要对其进行编辑，则可双击该字符串，或选中该字符串，然后单击鼠标右键，从快捷菜单中选取 Properties 命令项，系统将弹出图 4-42 所示的对话框。

4.4.9 放置位置坐标

用户可以将当前所在位置的坐标放置在印制电路板上以供参考，它同字符串一样不具有任何电气特性，只是提醒用户当前鼠标所在位置与坐标原点之间的距离。放置位置坐标的方法如下：

(1) 执行菜单命令【Place】/【Coordinate】。

(2) 执行上一步骤后，光标变成十字形状，在此命令状态下，按【Tab】键，会出现如图 4-43 所示的坐标属性对话框，在该对话框中可以设置坐标的有关属性。

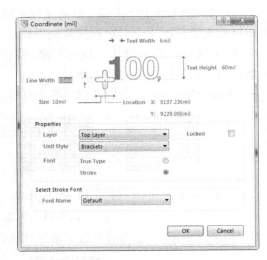

图 4-43 坐标属性对话框

(3) 设置完成后，退出对话框，单击鼠标左键，把当前坐标放到相应的位置。

(4) 用同样的方法放置其他点的坐标，单击鼠标右键或按【Esc】键即可退出当前命令状态。

4.4.10 放置尺寸标注

在印制电路板设计过程中，出于方便制版过程的考虑，通常需要标注某些尺寸的大小。尺寸标注不具有电气特性。放置尺寸标注的方法如下：

(1) 执行菜单命令【Place】/【Dimension】/【Linear】，光标变成十字形状并出现在工作窗口中。

(2) 按【Tab】键，出现尺寸标注属性对话框，如图 4-44 所示。这里只选择当前工作层面，其他则使用系统缺省设置。

(3) 设置好尺寸标注属性后，将光标移动到要标注尺寸的起点，单击左键确认，然后移动光标。在移动光标的过程中，标注线上显示的尺寸值会随着光标的移动而不断变化。在尺寸的终点处再次单击左键确认，即可完成尺寸放置标注。

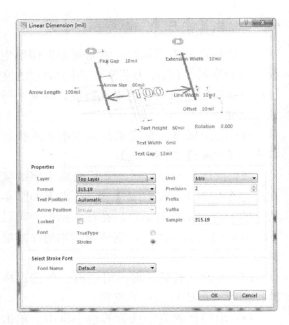

图 4-44 尺寸标注属性对话框

(4) 重复上述操作，可连续放置其他的尺寸标注。尺寸标注的方向是任意的。单击鼠标右键或按【Esc】键即可退出命令状态。

4.4.11　放置坐标原点

在印制电路板的设计过程中，程序本身提供了一套坐标系，其原点称为绝对原点，用户也可以通过设定坐标原点来定义自己的坐标系，自定义坐标系的原点称为当前坐标原点。自己设定坐标原点的步骤如下：

(1) 执行菜单命令【Edit】/【Origin】/【Set】。

(2) 执行上一步的操作后，光标变成十字形状。将光标移动到所需位置，单击鼠标左键，即可将该点设定为用户坐标系的原点。设定坐标原点时应注意观察状态栏中的显示，以便了解当前光标所在位置的坐标。

(3) 如果要恢复系统原有的坐标系，可以执行菜单命令【Edit】/【Origin】/【Reset】。

习　题

1. 电路板分哪几种类型，与电路板相关的概念有哪些？
2. 如何创建一个空白的 PCB 文件？
3. PCB 编辑器的工作界面主要由哪些部分组成？
4. 在 PCB 编辑器中放大和缩小画面的方法有哪几种？
5. PCB 编辑器中有哪些常用的工具栏？
6. 在 PCB 编辑器中如何放置元器件的封装？
7. 如何改变正在放置导线的方向？
8. 如何改变 PCB 编辑器中图元的属性？
9. 如何利用跳转功能快速找到工作平面上所需要的元器件？
10. 如何测量印制电路板的实际尺寸？

第 5 章　印制电路板的设计

内容提要

📖 印制电路板制作流程
📖 设置电路板的工作层面
📖 设置环境参数
📖 规划电路板
📖 网络表与元器件封装的载入
📖 元器件的布局
📖 元器件的布线
📖 设计规则检测
📖 快速制作印制电路板

通过上一章的学习，我们掌握了印制电路板设计系统的基本操作方法，已经具备了绘制印制电路板所必备的知识。在这一章，我们将学习制作一张完整的印制电路板的方法和技巧。

5.1　印制电路板的设计流程

对首次接触印制电路板设计的用户来说，必须知道印制电路板设计过程有哪些步骤，以及每个步骤之间的衔接关系。因此，在进行印制电路板设计之前，先简要说明一下印制电路板的制作流程。

总的来说，印制电路板的制作流程如图 5-1 所示，具体步骤如下所述。

1. 创建 PCB 工程

首先创建 PCB 工程，在此工程下分别创建原理图文件和印制电路板文件。

2. 绘制原理图

这是电路板设计的先期工作，主要是完成电路原理图的绘制。前面已详细地介绍了原理图的绘制方法和网络表文件的生成。当然，有时也可能不进行原理图的绘制，而直接进入 PCB 设计系统。

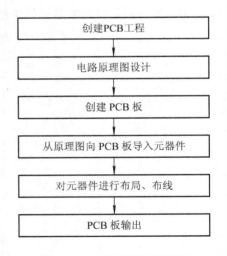

图 5-1　印制电路板制作流程

3. 规划电路板

在绘制印制板之前，首先应对电路板进行初步的规划，规划的内容包括电路板是单面板、双面板或者多层板；电路板的物理边界尺寸和电气边界尺寸；各元器件采用何种封装形式及其安装的位置等。这是一项极其重要的工作，是确定电路板设计的框架。

4. 设置环境参数

在启动印制电路板编辑器后，可以根据自己的习惯定制 PCB 编辑器的环境参数，包括栅格大小、光标捕捉区域的大小和公制/英制转换、工作层面的显示等。一般来说，有些参数用其默认值即可，有些参数第一次设置后，以后几乎无需修改。

5. 装入网络表和元器件封装

网络表是印制电路板自动布线的关键，更是联系原理图和 PCB 板图的桥梁和纽带，因此这一步也是非常重要的环节。只有将网络表装入后，才可能完成对电路板的自动布线。元器件封装就是对元器件的外形封装，对于每个装入的元器件必须有相应的外形封装，才能保证电路板布线的顺利进行。在 Altium Designer 中一般采用同步设计器来装入网络表和元器件封装。

6. 元器件的布局

用户根据印制电路板中元器件的布局需要，设置自动布局参数，让系统对所有的元器件进行自动布局。然后再从机械结构、散热、电磁干扰、将来布线的方便性等方面进行综合考虑，对自动布局好的元器件进行手工调整。元器件布局合理后，才能进行下一步的布线工作。

7. 元器件的布线

Altium Designer 采用世界上最先进的人工智能技术。只要将有关参数设置得当，元器件布局合理，自动布线器就会根据用户设置的设计法则和自动布线规则选择最佳的布线策略，使印制电路板的布线尽可能完美。所以用户根据布线需要先设置自动布线的参数，让系统对所有的元器件进行自动布线，自动布线结束后，再对令人不满意的地方进行手工调整。最后对各布线层中放置的地线网络进行敷铜，以增强印制电路板的抗干扰能力；另外，需要通过大电流的地方也可采用敷铜的方法来加强过电流的能力。

8. DRC 检查

对布线完毕后的电路板做 DRC 检查，以确保印制电路板符合设计规则并且所有的网络均已正确连接。

9. 文件保存及输出

完成印制电路板的布线后，保存完成的 PCB 文件，并将 PCB 板图导出，送交制板商制作 PCB 板。

5.2 设置电路板的工作层面

5.2.1 工作层面类型说明

Altium Designer 提供了 72 个工作层面，其中包括信号层、内部电源/接地层、机械层等，对于不同层面需要不同的操作。在设计印制电路板前，首先设置好需要用到的工作层面，只有根据自己的习惯定制好所需的工作层面，在实际设计时才能起到事半功倍的效果。下面介绍几种类型的工作层面。

1. 信号层(Signal Layer)

在 Altium Designer 中共有 32 层信号层，包括 Top Layer(顶层)、Signal Layer1(第 1 中间层)、Signal Layer2(第 2 中间层)……Signal Layer30(第 30 中间层)、Bottom Layer(底层)。

信号层主要用来放置元器件和布线，其中 Top Layer 为顶层敷铜布线层，Bottom Layer 为底层敷铜布线层，它们都可用于放置元器件和布线，其余层只能布置信号线等。如果是双面板，那么就只有顶层和底层，而没有中间层。在实际制作印制电路板时，尽量只在顶层放置元器件，而不要两面都放。

2. 内部电源/接地层(Internal Planes)

在 Altium Designer 中共有 16 层内部电源/接地层，包括 Internal Plane1(第 1 内电层)～Internal Plane16(第 16 内电层)。只有在设计多层板时，才会用到内部电源/接地层，内部电源/接地层用于布置电源线和地线。在使用时，使内部电源/接地层设置一个网络名称，PCB 设计系统会把这个层和其他具有相同网络名称的焊盘、过孔以预拉线形式连接起来。

3. 机械层(Mechanical Layers)

在 Altium Designer 中共有 16 层机械层，包括 Mechanical layer 1(第 1 机械层)～Mechanical layer 16(第 16 机械层)。机械层主要用来布置印制电路板的各种说明性的标注，如印制电路板的物理尺寸、焊盘和过孔类型、其他一些设计说明等。一般利用第一机械层设定印制电路板的物理尺寸和标注其他信息，当然也可以选择其他层。

4. 膜(Mask Layers)

在 Altium Designer 中共有 4 种膜，包括 Top Paste(顶层阻焊膜)、Bottom Paste(底层阻焊膜)、Top Solder(顶层助焊膜)、Bottom Solder(底层助焊膜)。在印制电路板上，阻焊膜涂在焊接时不需要加焊锡的地方，防止在这些地方上焊锡；而助焊膜恰恰相反，它是涂在焊接时需要加焊锡的地方，有助于在这些地方上焊锡。

5. 丝印层(Silkscreen Layers)

在 Altium Designer 中共有两层丝印层，包括 Top Overlay(顶层丝印层)、Bottom Overlay(底层丝印层)。丝印层主要用来放置元器件的外形轮廓、文本标注、元器件编号等。在印制电路板放置元器件时，系统自动把元器件的编号和轮廓放置在顶层的丝印层上。

6. 其他工作层面(Other)

- 钻孔引导层(Drill Guide)：它主要和生产印制电路板的厂商有关。
- 钻孔层(Drill Drawing)：它主要和生产印制电路板的厂商有关。
- 禁止布线层(Keep-out Layer)：该层用来定义元器件和导线放置的区域。它定义了印制电路板的电气边界，在设计印制电路板前，一定要先定义禁止布线层。
- 复合层(Multi-Layer)：它是指印制电路板上当前层都叠加在一起显示，在复合层上放置元器件时，能够很方便地把该元器件放到所有层中，所以可以在该层上放置穿孔式焊盘和过孔。

5.2.2 图层管理

Altium Designer 虽然为用户提供了很多工作层面，但是在设计过程中并不需要全部显示出来，只要显示需要用到的工作层面就可以了。诸如此类工作都可用图层管理器来完成，在图层管理器中，可以添加、删除、移动工作层面。下面介绍图层堆栈管理器的使用。

1. 打开图层堆栈管理器

执行菜单命令【Design】/【Layer Stack Manager】，系统弹出如图 5-2 所示的图层堆栈管理器窗口。

图 5-2　图层堆栈管理器窗口

2. 图层堆栈管理器的使用

默认情况下，PCB 板为双面层，当需要增加层时可进行下面的操作：

(1) 点击【Add Layer】/【Add Layer】，执行该子菜单命令，则在当前电路板层中增加一个信号层。

(2) 点击【Add Layer】/【Add internal plane】，执行该子菜单命令，则在当前电路板层中增加一个内电层。

(3) 删除图层堆栈管理器中的层。选中要删除的层，点击【Delet Layer】按钮即可完成。

(4) 使图层堆栈管理器中选中的电路板层向上移一层。选中要上移的层，点击【Move Up】按钮即可完成。

(5) 使图层堆栈管理器中选中的电路板层向下移一层，选中要下移的层，点击【Move Up】按钮即可完成。

(6) Impedance Calculation：执行该子菜单命令，将显示图层堆栈管理器中选中的电路板层的属性。

本章中我们将 PCB 板设定为双面板，其他参数均为默认值。完成电路板的工作层面设置后，单击【OK】按钮即可并闭图层管理器对话框。

5.2.3　设置工作层面及颜色

Altium Designer 为用户提供了很多工作层面，这些工作层面都采用系统提供的不同设置参数和颜色。如果用户想要改变这些参数和颜色，可以自行设置工作层面的属性参数和颜色。设置工作层面和颜色的操作方法如下。

1. 打开工作层面及颜色设置对话框

执行菜单命令【Design】/【Board Layers & Colors】，即可进入工作层面及颜色设定对话框，如图 5-3 所示。

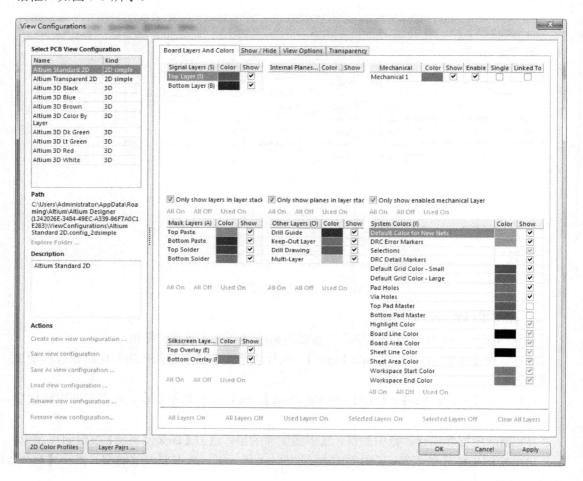

图 5-3　工作层面及颜色设定对话框

上一节中我们将电路板设置成双面板，所以此时 PCB 板的工作层面通常有顶层(Top Layer)、底层(Bottom Layer)、禁止布线层(Keep-Out Layer)、多面层(Multi-Layer)、顶层丝印层(Top Overlay)和机械层(Mechanical Layer)。

2. 设置工作层面及颜色

自从 Altium Designer 将电路板设计带入 3D 领域后，环境的颜色设定变得非常复杂。下面还是以标准的 2D 模式为例介绍板层颜色设置方法。

在对话框中，每一个工作层面后面都有一个 Show 复选框，单击该复选框，使复选框中出现对号即可打开该工作层面，否则该工作层面将处于关闭状态。如果要改变某一个工作层面的颜色，单击要改变颜色的工作层面后面的一个带颜色的矩形框，即可弹出工作层面颜色配置对话框。用户可重新选择或配置当前选中工作层面的颜色。

图 5-3 的工作层面及颜色设置对话框中的各个按钮及复选框的作用如下：

- Only show layers in layer stack 复选框：选中该复选框，则仅仅显示在图层堆栈管理器中设定的电路板层，否则显示所有的电路板层。
- All Layers On 按钮：显示图层堆栈管理器中所有的电路板层。
- All Layers Off 按钮：关闭图层堆栈管理器中所有的电路板层。
- Used Layers On 按钮：显示图层堆栈管理器中常用的电路板层。
- Selected Layers On 按钮：打开图层堆栈管理器中所有选择的电路板层。
- Selected Layers Off 按钮：关闭图层堆栈管理器中所有选择的电路板层。
- Clear All Layers 按钮：用来撤销电路板层的选择状态。
- Default Color Set 按钮：系统默认颜色的设置。

当颜色设置变化较大，要恢复系统原来的颜色，请点击【2D Color Profiles】按钮，出现图 5-4 所示的对话框，系统颜色有 Saved Color Profiles、Default、 Dxp2004、Classic 四种选项，选择任何一种，点击【OK】按钮，即可恢复系统原来的颜色。

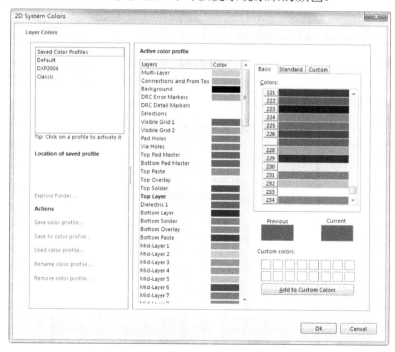

图 5-4　恢复系统默认颜色对话框

3. System Colors 选项卡下工作层面选项的意义

- Default Color for New Nets：连接网络飞线的颜色，用于飞线的显示与关闭设置。

- DRC Error Markers：DRC 错误标志显示层。对于违反 DRC 设计规则的错误按该层的颜色显示。
- Selections：选择显示，用于设置被选中的图元的覆盖颜色。
- Default Grid Color：用于设置可视栅格的颜色。
- Pad Holes：焊盘内孔层。选中后将在电路板上显示焊盘内孔。
- Via Holes：过孔内孔层。选中后将在电路板上显示过孔内孔。
- Board Line Color：用于设置印制电路板边框的颜色。
- Board Area Color：用于设置印制电路板内区域的颜色。
- Sheet Line Color：用于设置 PCB 编辑器的图纸边框的颜色。
- Sheet Area Color：用于设置 PCB 编辑器的图纸区域的颜色。
- Workspace Start Color：用于设置 PCB 编辑器工作区的开始颜色。
- Workspace End Color：用于设置 PCB 编辑器工作区的结束颜色。

5.3　设置电路板的环境参数

在用 Altium Designer 设计印制电路板时，除了设置电路板的板层参数，还要设置电路板的环境参数。电路板的环境参数分为两级，分别是电路板级环境参数和系统级环境参数。

5.3.1　电路板级环境参数的设置

1. 进入电路板级环境参数的设置

执行菜单命令【Design】/【Board Options】，或者在当前 PCB 文件中单击鼠标右键，在弹出的菜单中选择【Options】/【Board Options】命令。执行菜单命令后，系统弹出如图 5-5 所示的电路板级环境参数设置对话框。

图 5-5　电路板级环境参数设置对话框

2. 电路板级环境参数设置

图 5-5 所示对话框中各参数的意义如下：

1) Measurement Unit(度量单位)选项区域

用于设置当前系统度量单位。系统提供了两种度量单位，即英制(Imperial)和公制(Metric)。一般常用的元器件封装多用英制单位。普通元器件引脚宽度是 100mil 的整数倍，双列直插式元器件引脚间距正好是 100mil，其宽度通常为 300mil 或 600mil，因此为了布局和布线的方便，通常用英制作为度量单位。

2) Designator Display(标识显示) 选项区域

元器件标志符的显示方式有两种，即显示物理标志符(Display Physical Designators)或显示逻辑标志符(Display Logical Designators)。

3) Route Tool Path(布线工具路径) 选项区域

用于设置布线工具层，即不使用层(Do not use)或机械层(mechanical1)。

4) Sheet Position(图纸位置) 选项区域

用于设置图纸的起始 X、Y 坐标，宽度和高度。选中【Display Sheet】复选框后，编辑窗口将显示图纸页面；选中【Auto-size to linked layer】复选框后，将锁定图纸上的图元。

5) Snap Options(捕获选项)区域

Snap To Grids(捕捉到栅格)：切换光标是否能捕获 PCB 上定义的网格。

Snap To Linear Guides(捕捉到线性向导)：切换光标是否能捕获手动放置的线性捕获参考线。该特殊子系统启用时，这个命令将被检测。

Snap To Point Guides(捕捉到点向导)：切换光标是否能捕获手动放置的捕获参考点。该特殊子系统启用时，这个命令将被检测。

Snap To Object Axis(捕捉到栅格)：切换光标是否能捕获动态对齐向导线，该动态对齐向导线是通过接近所放置对象的热点生成的。该特殊子系统启用时，这个命令将被检测。

Snap To Object Hotspots(捕捉到目标热点)：就是指电气网格，用于切换光标是否能在靠近所放置对象的热点时捕获该对象。该特殊子系统启用时，这个命令将被检测。若选中该选项，即以光标为圆心，以捕获范围(Range 的值)为半径，自动寻找电气节点；如果在此范围内找到交叉的连接点，系统会自动把光标指向该连接点，并在连接点上放置一个焊盘，进行电气连接。

设置好所有参数后，单击【OK】按钮，退出【Board Options】对话框。

5.3.2　系统级环境参数的设置

Altium Designer 的电路板设计环境是一个很大、功能很多的系统，因此，使用者所能改变的设定也很多。执行菜单命令【Tools】/【Preferences】，或者在当前 PCB 文件中单击鼠标右键，在弹出的菜单中选择【Options】/【Preferences】命令。执行菜单命令后，系统弹出如图 5-6 所示的系统级环境参数设置对话框。

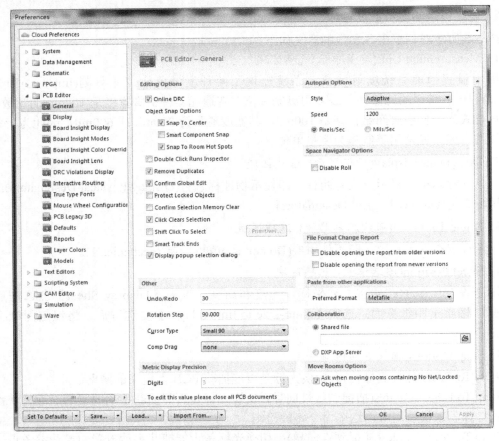

图 5-6　系统级环境参数设置对话框

1. 一般操作设定

一般操作设定(General)提供常用的设定功能，包括 8 个区块。

1) 编辑选项(Editing Options)

• 即时设计规则检查(Online DRC)：该选项通常情况下都会被选取，目的是确保 PCB 设计过程中不违反设计规则。

• 对准参考点(Snap to Center)：选中该选项，当指向零件按住鼠标左键不放时，游标将滑至该零件的参考点(通常是焊点编号为 1 的焊点)，并抓住该零件。

• 吸附邻近焊点(Smart Component Snap)：选中该选项，当指向零件按住鼠标左键不放时，游标将滑至该零件最近的焊点，并抓住该零件。不过，必须选取对准参考点选项时，本选项才有作用。

• 双击开启检视器(Double Click Runs Inspector)：选中该选项，当鼠标指向零件时双击鼠标左键，将开启检视器面板(PCB Inspector)，以编辑该元器件的属性。若不选取本选项，则指向元器件，双击鼠标左键，将开启其属性对话框。

• 移除重复(Remove Duplicates)：选中该选项，系统在输出前，将检查整个设计中有无重复元器件，删除重复元器件，以备正确输出。

• 确认整体编辑(Confirm Global Edit)：选中该选项，在进行整体编辑时，将出现确认对话框。

• 保护被锁住的元器件(Protect Locked Objects)：选中该选项时，被锁住的元器件无法移动/选取；若不选取本选项，则移动被锁住的元器件时，将出现确认对话框，按【Yes】按钮关闭对话框后，仍可移动。

• 清除记忆选取必须确认(Confirm Selection Memory Clear)：选中该选项，清除选取记忆时，将出现确认对话框。

• 指向空白处按左键清除选取(Click Clears Selection)：选中该选项，在编辑区空白处按鼠标左键即可取消原本的选取状态。

• 按 Shift 键再按左键选取(Shift Click to Select)：选中该选项，按住【Shift】键再进行选取时，可以选取多个元器件。

• 智慧型走线终止(Smart Track Ends)：选中该选项，软件将会提供未完成部分的建议路径，以辅助布线工作。

2) 其他(Other)

本区块提供杂项设定，包括恢复/取消恢复、旋转角度、游标类型、零件拖曳等。

• 恢复/取消恢复(Undo/Redo)：该选项用于设定恢复/取消恢复次数。

• 旋转角度(Rotation Step)：该选项用于设定按空格键可将浮动元器件逆时针旋转的角度，或同时按住【Shift】键和空格键时浮动元器件顺时针旋转的角度。

• 游标类型(Cursor Type)：该选项用于设定动作游标的形状，软件提供 3 种动作游标的形状：若选取"Large 90"选项，则动作游标为大十字线；若选取"Small 90"选项，则动作游标为小十字线；若选取"Small 45"选项，则动作游标为 45°交叉线。

• 零件拖曳(Comp Drag)：该选项用于设定移动零件时，原本与该零件连接的走线，是否继续保持连接。若选取"none"选项，则移动零件时原本连接的走线将不再连接；若选取"Connected Track"选项，则移动零件时原本连接的走线将保持连接。这个选项针对的是【Edit】/【Move】/【Drag】命令。

3) 单位显示精度(Metric Display Precision)

本区块设定显示单位的位数，即精密度。我们可在位数栏里指定单位显示的位数。

4) 自动摇景选项 (Autopan Options)

• Style：打开右边的下拉列表可以选择自动摇景的方式，系统共提供了 7 种方式。

• Speed：用于设置光标移动的速度。Pixels/Sec 单选框表示每秒移动多少像素；Mils/Sec 单选框表示每秒移动多少英寸。

2. 显示设定(Display)

显示设定选项卡如图 5-7 所示，主要用于设置屏幕显示和元器件显示模式，其中主要选项参数的意义如下：

1) DirectX 选项(DirectX Options)

本区块的功能是设定 DirectX 相关选项，在 Altium Designer 的电路板编辑区里，若要使用 3D 功能，则电脑必须支持 DirectX 9(或更新)，否则不能执行 3D 的相关功能。

• 使用定点缩放 DirectX(Use Flyover Zoom in DirectX)：该选项设定动态卷动与缩放时，显得更平顺。

- 使用预设 3D 调和(Use Ordered Blending in 3D)：该选项设定元器件(包括 2D 与 3D 体)的透明度，此外也可增加透明元器件的对比度，让颜色更晶莹剔透。选取本选项后，即在选取 "当混合使用全亮度(Use Full Brightness When Blending)" 选项时，可让透明层显示模式下，色彩更亮白、更透明。
- 3D 显示阴影(Draw Shadows in 3D)：该选项设定 3D 显示模式下，显示阴影。

2) 框线模式门槛(不使用 DirectX)(Draft Thresholds(when not using DirectX))

本区块的功能是设定在不使用 DirectX 时，采用框线模式显示的阈值，也就是在何种情况下，采用框线模式显示。

- 走线(Tracks)栏：该栏设定当走线线径低于本栏位所设定的阈值时，即采用框线模式显示。默认铜膜导线的显示极限为 2 mil。
- 字符串(Strings)栏：该栏设定当字符串大小低于本栏所设定的阈值时，即采用框线模式显示。默认文本字符串的显示极限为 4 Pixels。

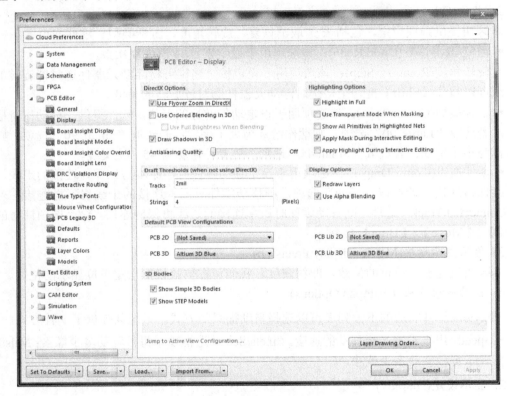

图 5-7　显示设定选项卡

3) 默认电路板显示组态(Default PCB View Configurations)

本区块的功能是设定默认电路板编辑区显示组态。

- PCB 2D 栏：该栏设定电路板编辑区默认的 2D 显示模式。
- PCB 3D 栏：该栏设定电路板编辑区默认的 3D 显示模式。

4) 零件 3D 模型(3D Bodies)

本区块的功能是设定所要采用的零件 3D 模型。

• 显示简单的 3D 模式(Show Simple 3D Bodies)：该选项设定电路板在 3D 显示模式下，采用简单的 3D 模型显示。该栏设定电路板编辑区默认的 3D 显示模式。

• 显示 STEP 模型(Show STEP Models)：该选项设定电路板在 3D 显示模式下，采用 STEP 模型显示。STEP(the Standard for the Exchange of Product model date)是一种描述及交换数字产品信息的模型，符合 ISO 10303 标准。

5) 亮显选项(Highlighting Options)

本区块的功能提供亮显的相关选项。

• 亮显填满区(Highlighting in Full)：该选项设定选取物件将采用亮显。

• 当遮罩时使用透明模式(Use Transparent Mode When Masking)：该选项设定选被遮罩物体时，采用透明模式。

• 显示在被亮显网络内的全部元器件(Show All Primitives In Highlighted Nets)：该选项设定显示亮显网络在隐藏板层及目前板层的所有元器件。

• 在交互式编辑时应用遮罩(Apply Mask During Interactive Editing)：该选项设定进行交互编辑时，非选取复印件将被遮罩。

• 在交互式编辑时应用亮显(Apply Highlight During Interactive Editing)：该选项设定进行交互编辑时，可使用亮显。

6) 显示选项(Display Options)

本区块提供显示的相关选项。

• 重画板层(Redraw Layers)：该选项设定每次切换板层时，需重画板层。

• 半透明重叠模式(Use Alpha Blending)：该选项设定在电路板编辑区里拖曳物件时，当该物件压在另一个物件上时，将呈现半透明状态。若不选取本选项，则所拖曳的物件压在另一个物件上时，将呈现反相颜色。不过，电脑必须支持 Alpha Blend 模式，本选项才有作用。

7) 默认电路板零件库显示组态(Default PCB Library View Configurations)

本区块的功能是设定默认的电路板零件库编辑区显示状态。

• PCB Lib 2D 栏设定电路板零件库编辑区默认的 2D 显示模式。

• PCB Lib 3D 栏设定电路板零件库编辑区默认的 3D 显示模式。

8) Layer Drawing Order…按钮

本按钮的功能是设定板层重画的顺序，按本按钮后，屏幕出现如图 5-8 所示的对话框。我们可在其中选取所要调整重画顺序的板层，再按【Promote】按钮将其重画顺序向前提升，按【Demote】按钮将其重画顺序向后移，最后按【OK】按钮关闭对话框即可。

图 5-8　板层重画顺序对话框

3. 交互式布线设置

交互式布线设置页(Interactive Routing)提供交互式布线的相关设定，对于电路板设计来说相当重要。设置页中包括 5 个区块及两个按钮，如图 5-9 所示。

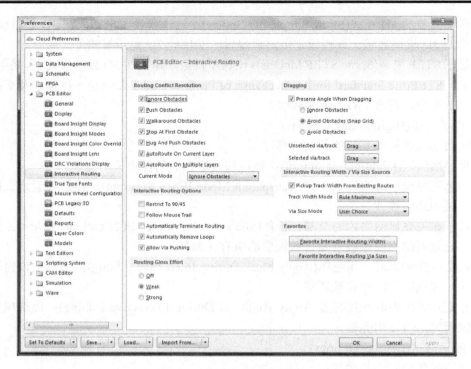

图 5-9　交互式布线选项设置

1) 遇到障碍物时的处理选项(Routing Conflict Resolution)

本区块提供了在进行交互式布线时遇到障碍物的处理办法。

• 忽略障碍物(Ignore Obstacles)：该选项设定布线时，若遇到障碍物，为了实现目前的走线，可忽略该障碍物的存在，直接压过去。

• 推挤障碍物(Push Obstacles)：该选项设定布线时，若遇到障碍物，为了实现目前的走线，可将障碍物推开，以让出足够的空间，使目前的走线顺利通过。

• 紧贴障碍物(Walkaround Obstacles)：该选项设定布线时，若遇到障碍物，为了实现目前的走线，可紧贴障碍物，沿着障碍物布线，即沿边式布线。

• 停止布线(Stop At First Obstacles)：该选项设定布线时，若遇到障碍物，即停止目前的走线。

• 紧贴和推挤障碍物(Hug And Push Obstacles)：该选项设定布线时，若遇到障碍物，为了实现目前的走线，可采用紧贴和推挤并行的策略，以完成目前的走线。

• 在当前层自动布线(AutoRoute On Current Layer)：该选项设定时在当前所在的层自动布线。

• 在复合层自动布线(AutoRoute On Multiple Layers)：该选项设定时在多层自动布线。

• 目前模式(Current Mode)：该栏的功能是显示与设定目前所采用的障碍物处理策略。

2) 交互式走线选项(Interactive Routing Options)

本区块提供交互式走线选项：

• 限制采用 90°/45° 走线(Restrict To 90/45)：该选项设定只能走 90° 线或 45° 线，这是最基本的限制。

● 随鼠标拖曳(推挤模式)(Follow Mouse Trail(Push Modes))：该选项设定在推挤模式下，随鼠标拖曳而推挤障碍物，这项功能非常好用。

● 自动结束布线(Automatically Terminate Routing)：该选项设定走线到达端点(焊盘)时，即停止该段走线。

● 自动删除回路(Automatically Remove Loops)：该选项设定若走线路径形成一个回路时，即自动删除其中一段走线，以避免不必要的重复走线。另外，这项功能提供快速修改旧线路，完成新线替代旧线功能。

● 允许推挤过孔(Allow Via Pushing)：该选项设定走线推挤过孔。

3) 整线强度(Routing Gloss Effort)

本区块提供布线时的整线强度选项。过去 Altium Designer 的用户常常抱怨软件会出现"无厘头"的走线，如果采用加强整线强度，就不会有那么多的不满了。整线强度有 3 个选项，在走相同线的情况下，可体会 3 种状态的效果。

4) 拖曳(Dragging)

拖曳调整走线是一项非常重要的功能。当我们进行拖曳走线时，先指向所要调整的走线，按一下鼠标左键选取导线，该导线的头、尾及中间将各出现一个控点。再指向该导线上非控点之处，按住鼠标左键，即可进行拖曳调整走线，到达目的地时，放开鼠标左键即可。本区块的功能是设定拖曳调整走线时的选项。

● 拖曳时角度不变(Preserve Angle When Dragging)：该选项设定拖曳时，保持该走线原本的角度。通常会选取本选项，才能进行较顺畅的走线调整。而选取本选项后，下面的选项才有作用。

● 忽略障碍物(Ignore Obstacles)：该选项设定拖曳走线时，若遇到障碍物，则直接压过去。

● 避开障碍物(循栅格)(Avoid Obstacles(Snap Grid))：该选项设定拖曳走线时，若遇到障碍物，则会紧贴障碍物，沿边走过去。

● 避开障碍物(Avoid Obstacles)：该选项设定拖曳走线时，若遇到障碍物，则会紧贴障碍物，沿边走过去，但不会循栅格走。

5) 交互式布线线宽/过孔尺寸来源(Interative Routing Width/Via Size Sources)

本区块的功能是设定进行交互式布线时，所采用的线宽及过孔尺寸的依据。

● 继承原走线的宽度(Pickup Track Width Form Existing Routes)：该选项设定进行交互式布线时，将采用该走线所属网络原本采用的线宽。若该网络并未设置线宽(还未布线)，则采用前次交互式布线时的线宽。

● 走线宽度模式(Track Width Mode)：该栏设定进行交互式布线时，将采用该走线所采用的默认线宽。在栏位里有下列 4 个选项：

【User Choice】：该选项设定采用使用者制定的线宽。

【Rule Minimun】：该选项设定采用使用者制定的最细线宽。

【Rule Preferrde】：该选项设定采用使用者制定的最适当线宽，与自动布线器一样。

【Rule Maximum】：该选项设定采用使用者制定的最粗线宽。

● 过孔尺寸模式(Via Size Mode)：该栏设定进行交互式布线时，产生过孔(按※键)时，该过孔的尺寸，在栏位里也有 4 个选项，与走线宽度模式栏位相同。

  6) Favorites

  •【Favorite Interative Routing Widths】：本按钮的功能是设定常用的交互式布线的线宽，按本按钮即可开启图 5-10 所示的对话框，这时候可应用对话框下面的【Add…】按钮新增线宽，【Delete…】按钮删除线宽，【Edit…】按钮编辑线宽。

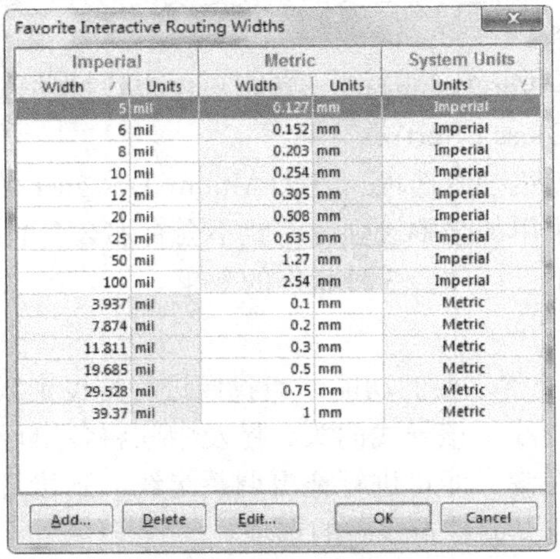

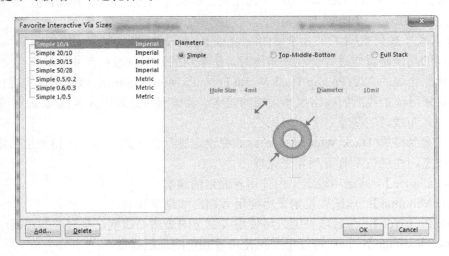

图 5-10　交互式走线线宽对话框

    在进行交互式走线时，若要改变线宽，可按【Shift】+【W】开启类视图 5-10 所示的对话框，可选取先前已设定的常用线宽。

  •【Favorite Interative Routing Via Sizes】：本按钮的功能是设定常用的交互式布线的过孔尺寸，按本按钮即可开启图 5-11 所示的对话框，这时候可在"钻孔尺寸(Hole Size)"右边指定所要新增过孔的钻孔尺寸，在"直径(Diameter)"右边指定所要新增过孔的直径。再按【OK】键即可新增一个过孔样式。

图 5-11　交互式走线尺寸对话框

5.4　规划电路板

在设计印制电路板之前，用户首先要在 PCB 编辑器中规划好电路板，即设计印制电路板的物理边界和电气边界。物理边界指一块印制电路板的实际物理尺寸，而电气边界是指印制电路板上可以放置元器件和布线的区域。电气边界一般小于物理边界，只有设置了电气边界才能进行自动布局和自动布线工作。在第 4 章，我们已经学习了利用 PCB Board Wizard 创建 PCB 板的方法。下面介绍手动规划电路板的方法。

5.4.1　手动规划电路板物理边界

执行菜单命令【File】/【New】/【PCB】，首先启动 PCB 编辑器。

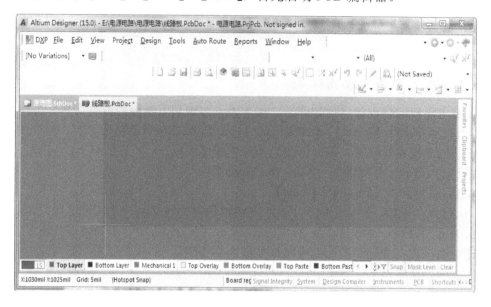

图 5-12　进入 PCB 板外形命令状态

(1) 执行菜单命令【View】/【Board Planning Mode】，或者按键盘数字"1"，使 PCB 编辑器切换成电路板规划模式。编辑区颜色由黑色变成绿色。

(2) 执行菜单命令【Design】/【Redefine Board Shape】，鼠标变成一个十字，如图 5-12 所示。系统进入编辑 PCB 板外形的命令状态。将光标移动到工作窗口中的适当位置，单击鼠标左键确定物理边界的起点，然后将光标拖动到下一个位置，根据状态栏坐标单击确定该点，依次操作，直至得到用户想要的物理边界形状，单击鼠标右键结束命令，印制电路板的物理边界定义完成。图 5-13 所示为边长 4000 mil 的正方形印制电路板的物理边界。

(3) 执行菜单命令【Design】/【Edit Board Shape】，可以编辑印制电路板的外形。

(4) 执行菜单命令【Design】/【Move Board Shape】，可以移动印制电路板的位置。

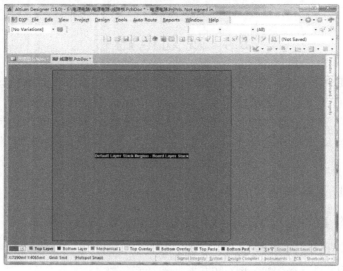

图 5-13　边长为 4000 mil 的正方形印制电路板物理边界

5.4.2　手动规划电路板电气边界

当印制电路板的物理边界规划好后，接下来就要规划电路板的电气边界。方法如下：

(1) 执行菜单命令【View】/【2D Layout Mode】，或者按键盘数字"2"，使 PCB 编辑器切换成电路板布局布线模式。编辑区颜色由绿色变成黑色。

(2) 设定当前的工作层面为"Keep-Out Layer"。

(3) 执行菜单命令【Place】/【Line】。

(4) 执行该命令后，光标变成十字状，在物理边界的内部画一个闭合区域，即可定义印制电路板的电气边界。

经过上述步骤，规划好的印制电路板如图 5-14 所示。

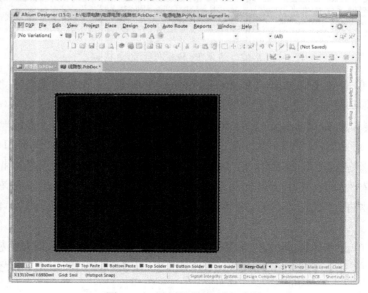

图 5-14　规划好的印制电路板

5.5　载入网络表和元器件封装

在规划好印制电路板的边界后，就要准备载入网络表和元器件的封装。注意，电路的网络表和元器件封装是同时载入的。

5.5.1　准备电路原理图和网络表

从本节开始，我们以第 3 章绘出的电源电路为例，详细介绍印制电路板的制作过程。

首先创建一个 PCB 工程，在 PCB 工程下分别创建 Schematic 文件和 PCB 文件。

在 Schematic 文件中绘制好电源电路原理图，如图 5-15 所示。首先应该对绘制的电路原理图进行检查，从元器件的编号是否重复或漏编，连线是否正确，元器件封装设置是否合理，网络表文件中的连线网络是否正确等方面去检查。同时按前几节讲述内容，对 PCB 文件进行设置，为载入网络表和元器件封装做好准备。在本实例中，我们采用自定义的方式，将 PCB 板的宽度和高度均设为 4000 mil，板层设为 2 层板。保存整个 PCB 工程，形成的文件结构如图 5-16 所示。

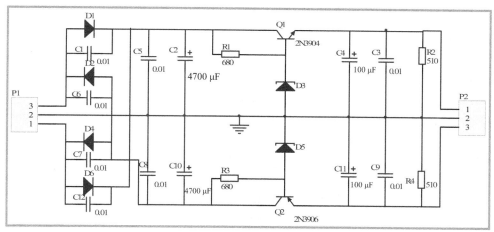

图 5-15　准备好的原理图

图 5-16　PCB 工程结构

5.5.2 装入元器件库

在装入网络表和元器件封装之前，必须装入所需元器件集成库。如果没有装入元器件集成库，在装入电路网络表及元器件封装的过程中程序将会提示用户装入过程失败。PCB 元器件库的装入方法与原理图元器件库的装入方法完全相同(可以参考第 2 章元器件库的装入方法)。

在本例中需要的库文件如图 5-17 所示。

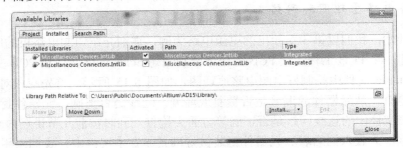

图 5-17   库文件面板中的库文件

5.5.3 网络表和元器件封装的载入

由于 Altium Designer 具有真正的双向同步设计技术，因此在执行网络表和元器件封装的载入时，并不一定需要生成网络表文件，系统可以在内部自动形成网络表，将原理图文件载入到 PCB 文件中。

利用设计同步器装入网络表和元器件封装的方法如下：

(1) 在原理图编辑器中执行菜单命令【Design】/【Update PCB Document 线路板·PcbDoc】，或者在 PCB 编辑器中执行菜单命令【Design】/【Import Changes From 电源电路·PrjPcb】，系统将弹出如图 5-18(a)所示的 PCB 工程变化列表，该列表为用户提供了在载入网络表和元器件封装时详细的变更信息，包括此次更新引起的操作(Action)、影响到的物体(Affected Object)、影响到的文件(Affected Document)等。在操作一栏里还列出了Components(元器件)、Nets(网络)、Component Classes(元器件类)、Rooms(元器件空间)的变更明细。用户可以单击列表左下角的【Validate Changes】按钮，检查这些操作是否正确，正确的在 Check 栏里打"√"，不正确的打"×"。对于具有错误标识的元器件，可以返回原理图编辑器，察看元器件或网络连接是否正确，直到 Check 栏里全部打"√"。

(2) 如果用户还要查看更清楚的资料，可以单击 PCB 工程变化列表左下角的【Report Changes】按钮，在弹出的【Report Preview】(变化信息预览报告)对话框中含有本次更新文件、网络和元器件类型等详细资料，如图 5-18(b)所示。

(3) 单击图 5-18 所示列表左下角的【Execute Changes】按钮，系统即可按照变化要求一步一步地执行载入操作，载入完成后，关闭工程变化列表，此时 PCB 编辑器工作区如图 5-19 所示，这表示网络表和元器件封装已经载入到 PCB 文件中。

将原理图导入 PCB 文件后，系统会自动生成飞线，如图 5-19(a)所示，飞线是一种形式上的连线。它只从形式上表示出各个焊点之间的连接关系，并没有电气上连接意义，它按照电路的实际连接将各个节点相连，使电路中的所有节点都能够连通，且无回路。

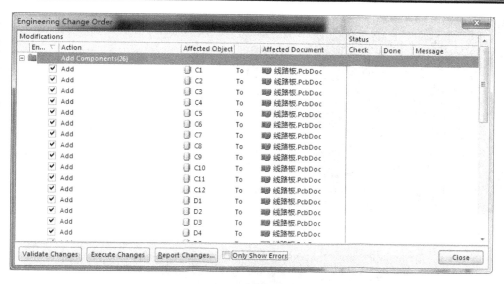

(a)

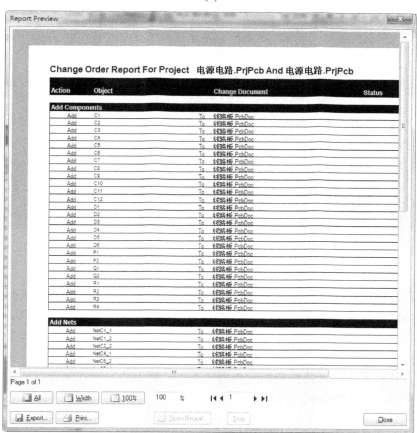

(b)

图 5-18　PCB 工程变化列表报告

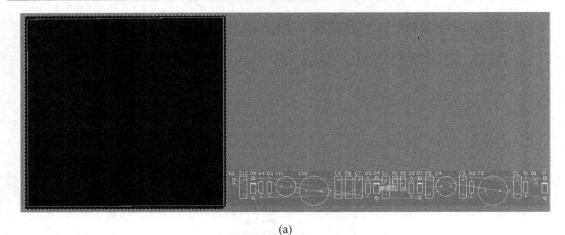

(a)

(b)

图 5-19　载入 PCB 文件中的网络表和元器件封装

(4) 从图 5-19(a)可以看出，所有元器件都放置在 PCB 文件的禁止布线区外，并且都集中在一个名为原理图的 ROOM 空间中。ROOM 并不是一个实际的物理元器件，它只是一个逻辑空间，在同一个空间的元器件可以归为一组，移动空间即可移动所有属于该空间的元器件。现在把所有元器件移入到电路板的禁止布线区域内，如图 5-19(b)所示。

在实际设计过程中，元器件空间的作用并不大，建议用户把它删除，方法是单击并选中该元器件空间，按【Delete】键即可。

5.6　元器件的布局

把网络表和元器件封装载入 PCB 文件后，接下来就可以进行元器件的布局和布线了。

由于电路板上的元器件及电路板的工作环境各不相同，所以在元器件布局和布线时没有完整的、统一的规律可寻，只有一些原则性的指导建议，真正的技巧还是要从实践中得到。只有从实践中不断总结规律和技巧，制作印制电路板的水平才能有所提高。

5.6.1 元器件布局的原则

1. 一般原则

首先，要考虑 PCB 尺寸大小。PCB 尺寸过大时，印制线路长，阻抗增加，抗噪声能力下降，成本也增加；过小，则散热不好，且邻近线条易受干扰。在确定 PCB 尺寸后，再确定特殊元器件的位置。最后，根据电路的功能单元，对电路的全部元器件进行布局。

2. 特殊元器件

在确定特殊元器件的位置时要遵守以下原则：

(1) 尽可能缩短高频元器件之间的连线，设法减少它们的分布参数和相互之间的电磁干扰。易受干扰的干扰元器件不能相互挨得太近，输入和输出元器件应尽量远离。

(2) 当元器件和导线之间可能有较高的电位差时，应加大它们之间的距离，以免放电引起意外短路。带强电的元器件应尽量布置在调试时手不易触及的地方。

(3) 重量超过 15 g 的元器件，应当用支架加以固定，然后焊接。那些又大又重、发热量多的元器件，不宜装在印制电路板上，而应装在整机的机箱底部印制电路板上，且应考虑散热问题。热敏元器件应远离发热元器件。

(4) 对于电位器、可调电感线圈、可变电容器、微动开关等可调元器件的布局应考虑整机的结构要求。若在机内调节，应放在印制电路板上便于调节的地方；若是机外调节，其位置要与调节旋钮在机箱面板的印制电路板上的位置相适应。

(5) 要留出印制板的定位孔和固定支架所占用的位置。

3. 全部元器件

根据电路的功能单元对电路的全部元器件进行布局时，要符合以下原则：

(1) 按照电路的流程安排各个功能单元的位置，使布局便于信号流通，并使信号尽可能保持一致的方向。

(2) 以每个功能电路的核心元器件为中心，围绕它来进行布局。元器件应均匀、整齐、紧凑地排列在 PCB 上，尽量减少和缩短各元器件之间的引线和连接。

(3) 在高频下工作的电路，要考虑元器件之间的分布参数。一般电路应尽可能使元器件平行排列。这样，不但美观，而且焊接容易，易于批量生产。

(4) 位于电路板边缘的元器件，离电路板边缘一般不小于 2 mm。电路板的最佳形状为矩形，长宽比为 3∶2 或 4∶3。电路板尺寸大于 200 mm × 150 mm 时，应考虑电路板所受的机械强度。

5.6.2 设置自动布局约束参数

在进行元器件的自动布局前，应该设置好元器件自动布局的约束参数。根据自己制作电路板的技术要求，合理地设置自动布局的约束参数，在自动布局结束后，可以减少手工调整元器件的工作量，并且使得元器件布局的合理性有章可循。

执行菜单命令【Design】/【Rules】，系统弹出如图 5-20 所示的 PCB 印制电路板参数设置对话框，进行 Placement 自动布局约束参数设置，共有 6 个约束参数。

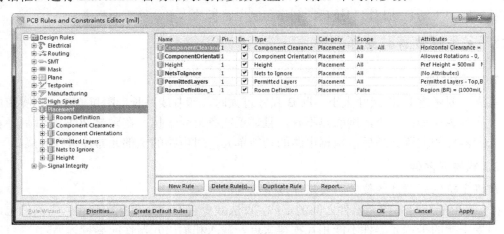

图 5-20　PCB 印制电路板参数设置对话框

1. 零件放置区间(Room Definition)

在图 5-20 所示的 Room Definition 选项上单击鼠标右键，在弹出的环境菜单中选择 New Rule(新规则)命令，将打开如图 5-21 所示的对话框，用户就可以设置 Room 空间的参数了。

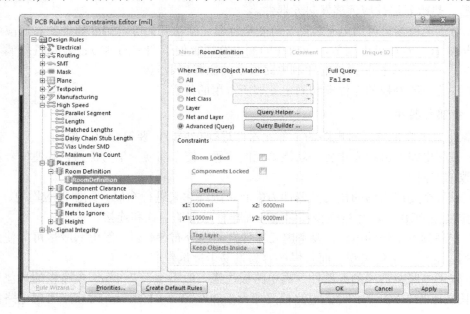

图 5-21　Room Definition 参数设置对话框

在该对话框中，各选项的意义如下：

• Name：用来设置该参数的规则名，在进行 DRC 校验时，如果电路不满足该参数设置，系统将给出以此名字命名的错误。

• Where the First object matches 选项区域：该区域用于设置约束参数的作用范围。All

表示该参数作用于所有的区域；Net 表示该参数作用于选择的网络；Net Class 表示该参数作用于选择的网络类；Layer 表示该参数作用于选择的电路板层。

• Constraints(约束参数)选项区域：在该区域中，x1，y1，x2，y2 表示 Room 空间的对角坐标，通过【Define】按钮可以进入 Room 空间的设置状态，并且可以选择 Room 空间所在的电路板层，还可以选择 Keep Objects Inside 使对象在 Room 空间内，或选择 Keep Objects Outside 使对象在 Room 空间外。

2. 零件间距(Component Clearance)

在 Component Clearance 选项上单击鼠标右键，在弹出的环境菜单中选择 New Rule 命令，将打开如图 5-22 所示的对话框。图中右侧为零件间距的设定页。实际的零件间距是立体的，在电路板上的零件封装固然有间距的问题存在，而垂直方向的间距，将影响到零件组装与产品封装的问题。

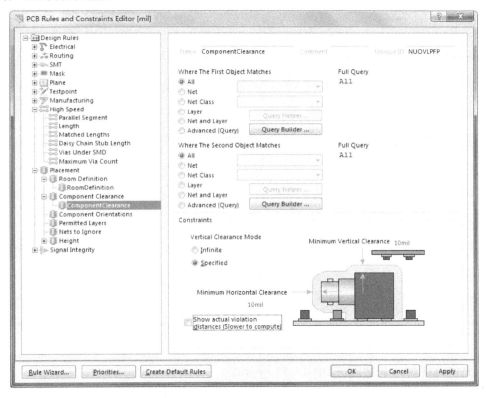

图 5-22　Component Clearance 参数设置对话框

在该对话框中，各选项的意义如下：

Where the First Object Matches 选项区域和 Where the Second Object Matches 选项区域都是用来设置约束参数作用范围的。

Constraints 选项区域：

• Vertical Clearance Mode (垂直间距模式)：该区块的功能是设定垂直方向的检查模式，若选取"Infinite(无限)"选项，则垂直方向的间距不限制，也就是不用检查，在图案上方的栏位自动消失；若选取"Specified(具体)"选项，则垂直方向的间不得大于图案上方的最小垂直间距栏位设定值。

- Minimum Vertical Clearance(最小垂直间距)：该栏位设定零件的最小垂直间距。
- Minimum Horizontal Clearance(最小水平间距)：该栏位设定零件的最小水平间距。
- Show actual violation distances(slower to compute)(显示实际的违规距离)：该选项设定显示违反零件间距规定的距离，而选取本选项，将耗费电脑的资源，以计算并即时显示。

3. 元器件放置方向(Component Orientations)

在 Component Orientations 选项上单击鼠标右键，在弹出的环境菜单中选择 New Rule 命令，将打开如图 5-23 所示的对话框。

图 5-23 所示的 Allowed Orientations 约束放置方向选项区域中，有 5 种放置方向，分别是 0 Degrees、90 Degrees、180 Degrees、270 Degrees、All Orientations。可以多项选择，也可以全部选中。

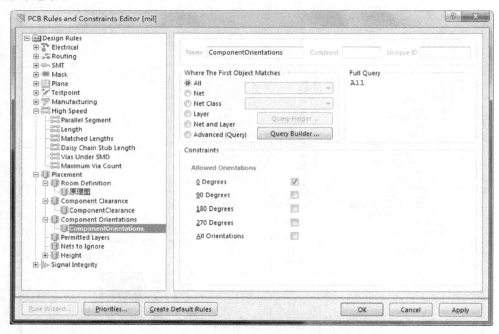

图 5-23　Component Orientations 参数设置对话框

4. 允许元器件放置层面(Permitted Layers)

在 Permitted Layers 选项上单击鼠标右键，在弹出的环境菜单中选择 New Rule 命令，将打开如图 5-24 所示的对话框。

图 5-24 所示的 Constraints 约束放置层面选项区域中，可以设置把元器件放置在 Top Layer(顶层)和 Bottom Layer(底层)。一般传统方式元器件都放置在顶层，而对于表面粘贴式元器件既可以放置在顶层又可以放置在底层。

5. 忽略网络(Nets To Ignore)

在 Nets To Ignore 选项上单击鼠标右键，在弹出的环境菜单中选择 New Rule 命令，将打开如图 5-25 所示的对话框。

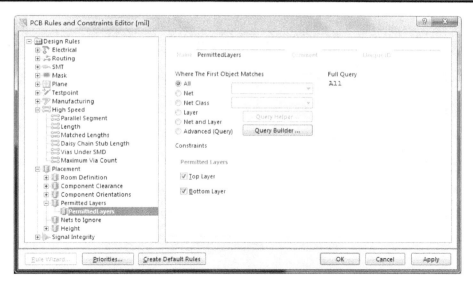

图 5-24　Permitted Layers 参数设置对话框

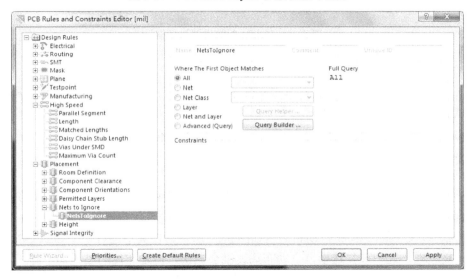

图 5-25　Nets To Ignore 参数设置对话框

该规则用来设置在元器件自动布局过程中不需要考虑的网络。选择 Net 单选按钮并在右边的下拉列表框中选择需要忽略的网络。此时在右边 Full Query 选项区域中出现了 All，表示不需要考虑任何网络。

6. 允许元器件的高度(Height)

在 Height 选项上单击鼠标右键，在弹出的环境菜单中选择 New Rule 命令，将打开如图 5-26 所示的对话框。

图 5-26 所示的 Constraints 约束放置元器件高度选项区域中，Minimum 表示放置元器件的最小高度；Preferred 表示放置元器件的自选高度；Maximum 表示放置元器件的最大高度。

在设置了 PCB 印制电路板元器件布局参数后，就可以开始元器件自动布局了。

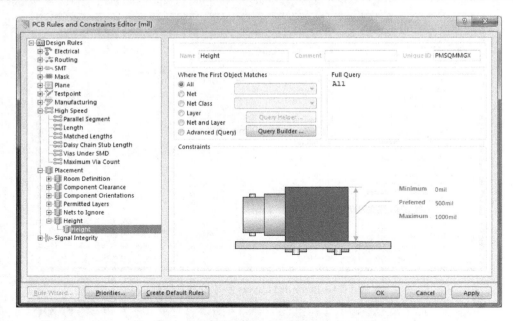

图 5-26　Height 参数设置对话框

5.6.3　元器件自动布局

Altium Designer 提供了强大的元器件自动布局功能，用户只要定义好布局规则，系统就可以将重叠的元器件封装分离开来。元器件布局的操作步骤如下：

(1) 执行菜单命令【Tools】/【Auto Placement】/【Auto Placer】。

(2) 执行该命令后，系统会弹出如图 5-27 所示的自动布局方式设置对话框。

在该对话框中，各选项的意义如下。

Cluster Placer 单选按钮：这种布局方式将元器件基于它们连通属性分为相同的元器件束，并且将这些元器件按照一定的几何位置布局。这种布局方式适合于元器件数量较少(小于 100)的 PCB 板制作。Cluster Placer 自动布局器如图 5-27 所示，在其中还有一个 Quick Component Placement 复选框，选中该复选框，自动布局速度会加快，但是布局的品质却下降了。

Statistical Placer 单选按钮：这种布局方式使用一种统计算法来放置元器件，以便使连接长度最优化，使元器件间用最短的导线来连接。一般适合元器件数量较多(大于 100)的 PCB 板制作。Statistical Placer 自动布局方式如图 5-28 所示，下面介绍各选项的意义。

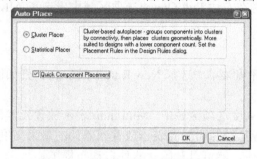

图 5-27　自动布局方式设置对话框

图 5-28　Statistical Placer 布局方式设置对话框

● Group Components 复选框：选中该复选框，系统将把电路图中网络连接密切的元器件归为一组，布局时把这些元器件当作一个整体来考虑。

● Rotate Components 复选框：选中该复选框，系统将在元器件自动布局时，根据需要旋转元器件。如果不选该复选框，则系统在自动布局时不改变元器件的方向。

● Automatic PCB Update 复选框：选中该复选框，系统在元器件自动布局时，自动根据设计规则进行更新。

● Power Nets：设置电源网络的名称，一般设置为 VCC。

● Ground Nets：设置接地网络的名称，一般设置为 GND。

● Grid Size：设置元器件在自动布局时，PCB 编辑区的栅格间距大小，也即元器件之间的最小放置距离。

(3) 因为本实例元器件少，所以选择 Cluster Placer 布局方式，并选择快速放置元器件的方式，然后单击【OK】按钮，PCB 编辑器开始自动布局。

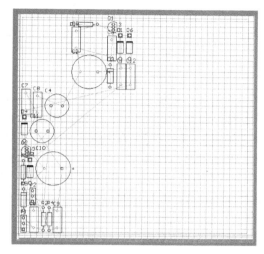

图 5-29 所示为元器件自动布局完成后的状态。从图中可以看出，所有元器件封装均被布置到电路板的电气边界之内。如果对本次自动布局的结果不满意，可以再进行元器件的自动布局，直到选到一次比较满意的结果。

图 5-29　元器件自动布局后的结果

5.6.4　锁定关键元器件自动布局

用户可以发现，上一节的元器件自动布局明显不合理，它仅仅是按照总的连接距离最短的判断来进行元器件的自动布局，元器件都堆在一起，而且都靠着电气边界。下面介绍一种半自动的元器件布局方式，也称为关键元器件定位法。操作步骤如下：

(1) 把电路上的关键元器件用手工的方法在印制电路板上放置好，在本实例中，首先把 P1、P2、Q1、Q2、C10、C2 在印制电路板上布置好。

(2) 分别设置上述各关键元器件的属性，把它们的 Locked 属性都设置为锁定，即选中相应的复选框。

(3) 在印制电路板上锁定这些元器件后，再一次进行元器件的自动布局，布局器不会移动这些关键元器件，而是把其他元器件布置在它们周围，从而获得较理想的布局效果。图 5-30 为锁定了关键元器件后自动布局的结果。效果

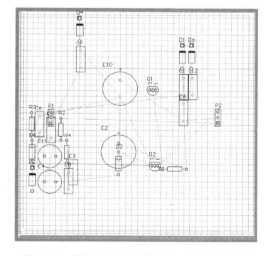

图 5-30　锁定关键元器件后自动布局的结果

比全自动布局好多了。

5.6.5 手工调整元器件布局

总的来就，Altium Designer 对元器件进行自动布局，效果无法满足用户的实际需求。事实上，电路板上元器件的位置布局不仅仅和连接线有关，与元器件的功率、电磁干扰、散热以及印制电路板的结构、接插件的位置都有关系，而自动布局是无法考虑得这么全面的，它布局的依据仅仅只是一些几何关系和所有连接线距离最短而已。因此在自动布局完成后，有必要根据整个电路板的工作特性、工作环境以及某些特殊元器件的特殊要求，还有客户的要求，手工调整元器件的布局，也就是对元器件进行排列、移动和旋转等操作。

1．元器件手工布局的基本方法

1) 查找元器件

如果用户可以在 PCB 板上找到需要移动的元器件，用鼠标左键单击就可以选中该元器件；否则，执行菜单命令【编辑】/【移动】/【器件】(快捷键"M，C")，然后在无对象的区域单击鼠标左键，打开"选择元器件"对话框。如图 5-31 所示，从该对话框列表中，用户可以选择需要的元器件。寻找元器件的同时用户也可以选择喜欢的行为方式——将光标移动到该找到的元器件，或是将该元器件移到当前光标处。

图 5-31 "选择元器件"对话框

用户也可以通过在【Navigator】面板中按住"Alt"键的同时单击元器件的方式，在原理图与 PCB 中浏览元器件(注：工程必须经过编译)。还有一个寻找元器件封装的技术是使用原理图作为引用。用户可以在原理图中选中需要的元器件，切换到 PCB 视图后，就可以在 PCB 中找到相应的元器件。

2) 移动元器件

单击并按住一个元器件，就可以移动它。当用户移动元器件时，直接与其相连的飞线会跟随元器件被拖曳，而其他的飞线并不会显示。并且飞线会进行动态优化，使得每条飞线都遵循到同网络中其他对象的路径最短。用户在移动元器件时，可以按"N"键切换飞线显示与否，还可以按"L"键切换元器件是放置在 PCB 顶层还是底层上。

使用拖动/移动命令，用户可以执行菜单命令【编辑】/【移动】/【移动】(快捷键"M，M")，或使用菜单命令【编辑】/【移动】/【器件】(快捷键"M，C")来移动元器件。

使用这些命令时，光标会变为十字形，用户将光标定位到设计中的一个对象上方，然后单击鼠标左键或者按下【Enter】键，该对象就会吸附在光标上并随光标移动，将对象移到需要的位置然后单击鼠标左键或者按下【Enter】键，就可以将对象放置到该位置。要继续移动其他对象，只需右键单击或者按【Esc】键即可结束本次移动。

"拖动"命令与"移动"命令不同的是，当拖动元器件时，与元器件相连的所有走线仍然会保持连续并且跟随元器件移动，但是用户必须在"参数选择"对话框的"PCB

Editor-General"选项页面中将元器件拖曳模式设置为【Connected Tracks】，如果此模式设为【None】，那么这两个命令就相当于基本的"移动"命令，与元器件相连的所有走线并不会继续保持连接并跟随元器件移动。

当使用"拖动"命令或"移动"命令，并且元器件拖曳模式设为【Connected Tracks】时，用户将不能对元器件使用旋转、翻转和【Tab】键命令。

3) 元器件集合

元器件集合功能的使用可以以组合的形式一起同时移动多个元器件，就好像移动单个元器件一样。用户可以定义多个集合，要创建一个元器件集合，先选中相应的元器件然后再执行鼠标右键菜单【Unions】/【Create Union from selected objects】即可；要从集合中移除元器件或者删除集合，只需执行右键菜单【Unions】/【Break objects from Union】即可。这时将会显示一个对话框，对话框中列出了集合中的所有元器件。用户可以在该对话框中选择要从集合中移除的元器件，如果选择了所有的元器件，那么这个元器件集合就会被删除。生成或打散集合也可以在"应用程序"工具栏的"排列工具"中选择 按钮来实现。

4) 调整元器件的方向

单击选中要旋转的元器件，并按住鼠标左键不放，此时光标变为十字形状，按"空格键"(逆时针旋转90°)、"X键"(左右翻转)、"Y键"(上下翻转)，即可调整元器件放置方向。

5) 重新定位选择的器件

使用该命令，用户可以对选中的元器件进行重新布局，并且是按照用户选择元器件的顺序来依次执行。

用户可以在原理图编辑器中启用"交叉选择模式"，然后选择多个原理图元器件，再切换到 PCB 中；也可以直接在 PCB 上通过"Shift+单击"来选择那些想要重新布局的元器件，一但选择好了元器件，就可以运行【Tools】/【Component placement】/【Reposition selected Components】菜单命令。这时光标的形状会显示为十字形，第一个被选择的元器件会附在光标上等待重新布局，元器件移动到新的位置并单击鼠标左键重新放置该元器件，依次放置其余元器件。用户还可以直接在 PCB 面板中选择多个元器件，然后要么在鼠标右键菜单中选择【Reposition Components】命令，要么直接将元器件拖曳到 PCB 工作区中，也可以对选择的元器件进行重新布局。

2．对电源电路进行手工布局

1) 设定距离

执行菜单命令【Design】/【Options】，在弹出的对话框中即可对栅格的间距和光标移动的单位距离进行设定，否则在元器件调整的时候，将会遇到很多麻烦。具体设定方法参考前面讲过的内容。

2) 整流电路部分元器件的布局

利用"重新定位选择的器件"功能对整流部分电路进行布局。在原理图编辑器中按住"Shift"功能键，依次单击 P1、D1、C1、D2、C6、D5、C7、D6、C12 共 9 个元器件，切换到 PCB 中，执行【Tools】/【Component placement】/【Reposition selected Components】菜单命令。按照原理图次序依次放置这 9 个元器件，根据飞线的连接情况调整元器件，使飞线尽可能不交叉，效果如图 5-32 所示。

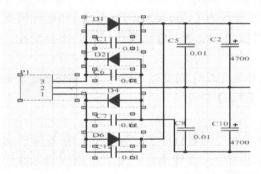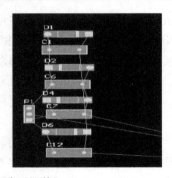

图 5-32　利用重新定位器件功能放置整流部分元器件

3) 滤波电路部分元器件的布局

在原理图编辑器中，选中滤波电路的 4 个元器件 C5、C2、C8、C10，将它们切换到 PCB 中，然后运行【Tools】/【Component placement】/【Arrange within Rectangle】菜单命令。在整流电路后面画一个矩形区域，将这 4 个元器件集中起来，然后按照原理图关系对这 4 个元器件进行布局，效果如图 5-33 所示。

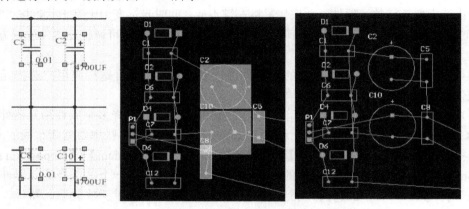

图 5-33　利用快速查找元器件放置滤波电路部分元器件

4) 其余电路部分元器件的布局

用同样的操作方法，将其余元器件封装逐一放置到 PCB 中，完成所有元器件的布局后，效果如图 5-34 所示。

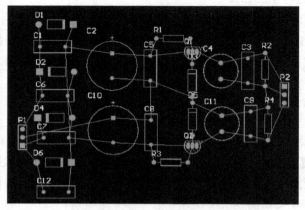

图 5-34　对电源电路中所有元器件手工布局后效果

5.6.6　自动调整元器件布局

前面讲述了元器件的手工调整，当然也可以利用 Altium Designer 提供的元器件自动排列功能来调整元器件排列。在很多情况下，利用元器件的自动排列功能，可以收到意想不到的效果，尤其在元器件排列的整齐性和美观性方面，是十分快捷有效的。

1. 自动排列元器件的方法

(1) 选择待排列的元器件。执行菜单命令【Edit】/【Select】/【Inside Area】，或单击主工具栏中的 按钮。执行菜单命令后，鼠标变成十字形状，移动光标到待选区域的适当位置，拖动鼠标拉开一个虚线框到对角，使待选元器件处于该虚线框中，最后单击鼠标左键确定即可。也可直接按住鼠标左键选中对象。

(2) 执行菜单命令【Edit】/【Align】，出现下拉式菜单，如图 5-35(a)所示。可以根据实际需要，选择元器件自动排列菜单中不同的元器件排列方式，调整元器件排列。

(a) 元器件自动排列下拉菜单　　　　　　　　(b) Align 对话框

图 5-35　元器件自动排列功能

(3) 执行【Edit】/【Align】/【Align…】命令，出现如图 5-35(b)所示的对话框。

在 Align 对话框中，元器件自动排列的方式分为水平和垂直两种方式，即水平方向上的对齐方式和垂直方向上的对齐方式，两种方式可以单独使用，也可以复合使用，根据用户的需要可以任意配置，因此在 Altium Designer 中元器件的自动排列是十分方便的。该对话框中各个选项的具体功能如下：

(1) Horizontal 选项：所选元器件在水平方向的排列方式，其中包含下列选项：

• No Change：所选元器件在水平方向上排列方式不变。

• Left：所选元器件在水平方向上按照左对齐方式排列。

- Center：所选元器件在水平方向上按照中心对齐方式排列。
- Right：所选元器件在水平方向上按照右对齐方式排列。
- Space equally：所选元器件在水平方向上按照等间距均匀排列。

(2) Vertical 选项：所选元器件在垂直方向的排列方式，其中包含下列选项：
- No Change：所选元器件在垂直方向上排列方式不变。
- Top：所选元器件在垂直方向上按照顶部对齐方式排列。
- Center：所选元器件在垂直方向上按照中心对齐方式排列。
- Bottom：所选元器件在垂直方向上按照底部对齐方式排列。
- Space equally：所选元器件在垂直方向上按照等间距均匀排列。

【Align】命令是元器件排列中相当重要的命令。

2. 元器件位置的自动调整

下面我们在图 5-34 的基础上，利用元器件自动排列功能继续对元器件的布局进行调整。

(1) 水平方向排列例子。首先选中元器件 D1、C1、D2、C6、D5、C7、D6、C12，然后执行【Edit】/【Align】/【Align…】命令，选择 Horizontal 选项的值为"Left"，Vertical 选项的值为"No Change"，然后单击【OK】按钮确定，或者直接执行【Align Left】，结果如图 5-36 所示。

(2) 垂直方向排列例子。首先选中元器件 D1、C1、D2、C6、D5、C7、D6、C12，然后执行【Edit】/【Align】/【Align…】命令，选择 Horizontal 选项的值为"No Change"，Vertical 选项的值为"Space equally"，然后单击【OK】按钮确定，或者直接执行【Distribute Vertically】，结果如图 5-37 所示。

(3) 水平与垂直方向同时排列例子。首先选中图 5-34 中的元器件 D1、C1、D2、C6、D5、C7、D6、C12，然后执行【Edit】/【Align】/【Align…】命令，选择 Horizontal 选项的值为"Left"，Vertical 选项的值为"Space equally"，然后单击【OK】按钮确定，就可以一次性对选择的元器件进行水平和垂直方向的排列，结果如图 5-37 所示。

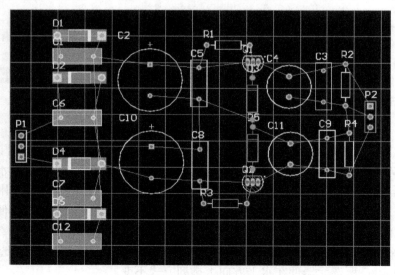

图 5-36　水平方向自动排列后的结果

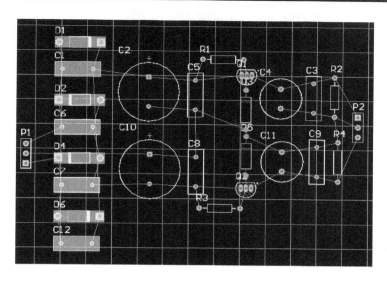

图 5-37　垂直方各自动排列后的结果

(4) 调整元器件之间的间距。首先选中图 5-37 中的元器件 D1、C1、D2、C6、D5、C7、D6、C12，按住鼠标右键，选中【Snap Grid】设置捕捉间距为 50mil 或更小值，执行【Edit】/【Align】/【Decrease Vertically Spacing】，可以缩小选中元器件的垂直间距，结果如图 5-38 所示。执行【Edit】/【Align】/【Increase Vertically Spacing】，可以扩大选中元器件的垂直间距。

(5) 执行【Edit】/【Align】/【Position Component Text】命令，出现如图 5-39 所示的对话框。

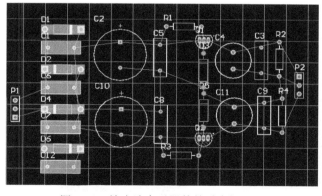

图 5-38　缩小选中元器件的垂直间距

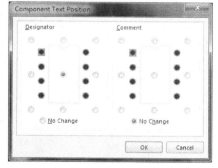

图 5-39　元器件文本注释排列对话框

在该对话框中可以设置元器件的文本注释(包括元器件的序号和注释)排列在元器件的上方、中间、下方、左方、右方、左上方、左下方、右上方、右下方和不改变等 9 种位置。在本例中，我们选取所有的元器件，并将文本注释放在元器件的中间，调整后的结果如图 5-40 所示。本次操作的目的是让大家看到文本注释排列命令的功能，实际上在 PCB 设计中是不常见的。因为元器件装上 PCB 板后，大部分的元器件注释都被元器件给挡住了，给调试和维护带来很多不便，因此用户在今后的设计中应尽量避免这种情况。

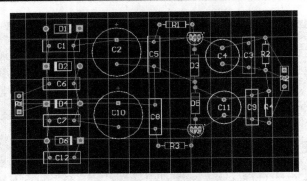

图 5-40   元器件注释调整后的结果

5.6.7   3D 效果图

用户可以利用 3D 效果图查看 PCB 印制电路板的实际面貌，进行元器件布局的分析与调整。

观察分析 3D 效果图的方法如下：

执行菜单命令【Tools】/【Legacy Tools】/【Legacy 3D View】，将在 PCB 印制电路板编辑窗口打开当前 PCB 文件的 3D 效果图，如图 5-41 所示。根据该 3D 效果，可以检查元器件布局是否合理，是否符合安装要求。3D 效果图是一个很好的元器件布局分析工具。

Altium Designer 的 3D 拟真特性，可让用户提前看到元器件焊接、安装后的 PCB 外观。在 3D 效果图文件中，单击右下角面板控制中心的【PCB 3D】面板，则会在 3D 效果图界面的左侧打开【PCB 3D】面板，如图 5-42 所示，该面板主要是用于控制 3D 图形的显示效果。

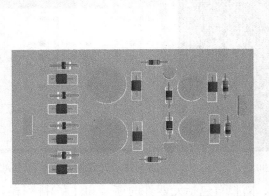

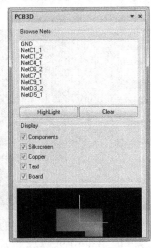

图 5-41   PCB 的 3D 效果图图   图 5-42   PCB3D 面板

5.7   印制电路板的布线

在印制电路板布局结束后，便进入电路板的布线过程。首先我们根据电路板布线的基本原则和用户对电路板提出的要求，来预设电路板布线设计规则。设置完布线规则后，程序将依据这些规则进行自动布线，随后对不合理的布线再进行手工调整，直到达到用户的布线要求为止。

5.7.1　印制电路板布线的原则

布线的方法以及布线的结果对印制电路板的性能影响很大，一般布线要遵循以下原则：

(1) 输入和输出端的导线应避免相邻平行。最好添加线间地线，以免发生反馈耦合。

(2) 印制电路板导线的最小宽度主要由导线与绝缘基板间的粘附强度和流过它们的电流值决定。导线宽度应以能满足电气性能要求而又便于生产为宜，它的最小值由承受的电流大小而定，但最小不宜小于 0.2 mm；在高密度、高精度的印制电路板中，导线宽度和间距一般取 0.3 mm；导线宽度在大电流情况下还要考虑其温升，实验表明，当单面板铜箔厚度为 50 μm、导线宽度为 1～1.5 mm、通过电流为 2 A 时，温升很小，因此一般用 1～1.5 mm 宽度的导线就可能满足设计要求而不致引起温升；印制导线的公共地线应尽可能粗，可能的话，使用宽度大于 2～3 mm 的导线，这点在带微处理器的电路中尤为重要，因为当地线过细时，由于流过的电流变化，地电位变化，微处理器定时信号的电平不稳，会使噪声容限劣化；在 DIP 封装的 IC 脚间布线，当两脚间通过 2 根线时，焊盘直径可设为 50 mil，线宽与线距都设为 10 mil，当两脚间通过 1 根线时，焊盘直径可设为 64 mil，线宽与线距都设为 12 mil。

(3) 印制导线的间距。相邻导线间距必须能满足电气安全要求，而且为了便于操作和生产，间距也应尽量宽些。只要工艺允许，可使间距小于 0.5～0.8 mm，但最小间距至少要能适合承受的电压，这个电压一般包括工作电压、附加波动电压以及其他原因引起的峰值电压。在布线密度较低时，信号线的间距可适当地加大，对高、低电平悬殊的信号线应尽可能地加大间距。

(4) 印制电路板导线拐弯一般取圆弧形，而直角或夹角在高频电路中会影响电气性能。此外，应尽量避免使用大面积铜箔，否则，长时间受热时，易发生铜箔膨胀和脱落现象。必须使用大面积铜箔时，最好用栅格状的，这样有利于排除铜箔与基板间粘合剂受热产生的挥发性气体。

5.7.2　设置印制电路板布线参数

在利用 Altium Designer 进行自动布线时，必须设置好自动布线器的参数，如果参数设置合理，那么印制电路板布线器的布通率就高，从而减少了手工调整布线的工作量，所以用户一定要重视自动布线器参数的设置。

下面要介绍的自动布线参数设置中，有很多参数设置中的选项意义是相同的，为了不重复介绍，现作一约定，在所有参数设置中，只在第一次遇到时讲解，后面再遇到就不再重复介绍。

1. 进入自动布线规则参数设置对话框

执行菜单命令【Design】/【Rules】，系统将会弹出如图 5-45 所示的对话框，在该对话框中可以设置布线参数。

在图 5-43 所示的对话框中，可以设置的布线参数如下：

- Electrical(电气规则)类别：包括 Clearance(走线间距约束)、Short-Circuit(短路约束)、Un-Routed Net(未布线的网络)、Un-Connected Pin(未连接的引脚)。

- Routing(布线规则)类别：包括 Width(布线宽度)、Routing Topology(布线的拓扑结构)、Routing Priority(布线的优先级)、Routing Layers(布线工作层)、Routing Corners(布线拐角模式)、Routing Via Style(布线过孔类别)、Fanout Control(输出控制)。

- SMT(表贴规则)类别：包括 SMD To Corner(走线拐弯处表贴约束)、SMD To Plane(SMD到电平面的距离约束)、SMD Neck-Down(SMD 的缩颈约束)。

- Mask(阻焊膜和助焊膜规则)类别：包括 Solder Mask Expansion(阻焊膜扩展)和 Paste Mask Expansion(助焊膜扩展)。

- Testpoint(测试点规则)类别：包括 Testpoint Style(测试点的类型)和 Testpoint Usage(测试点的用处)。

　　本节主要讲述与本实例有直接关系的布线、电气等设计规则的参数设置。

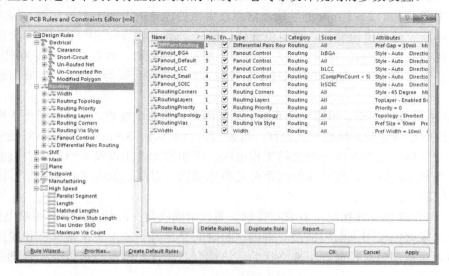

图 5-43　设置布线参数对话框

2. 布线设计规则设置

1) 设置布线宽度(Width)

该选项用于设置布线时布线宽度的最大、最小允许值和典型值。

　　使用鼠标选中图 5-43 中的 Width 选项，然后单击鼠标右键，从快捷菜单中选择 New Rule 命令，系统将生成一个新的宽度约束，然后用鼠标单击新生成的宽度约束，即可弹出如图 5-44 所示的布线宽度设置对话框。

　　在 Name 编辑框中输入 Width_all(命名能表明含义即可)；在 Where the First object matches 选项中选择 All，设定该布线宽度规则应用到整个电路板；在 Constraints 选项中设置导线的宽度，Preferred Width(推荐宽度)设置为 20 mil，Min Width (最小宽度)设置为 10 mil，Max Width(最大宽度)设置为 50 mil。其他设置项系统默认，这样就设置了一个应用于整个电路板的导线宽度约束。

　　Altium Designer 设计规则系统的一个强大功能是：可以定义同类型的多个规则，每个规则的应用对象可以不相同。每一个规则的应用对象只适用于规则的范围内。规则使用预定义等级来决定将哪个规则应用到对象。下面我们为 GND 网络再添加一个新的宽度约束规则。

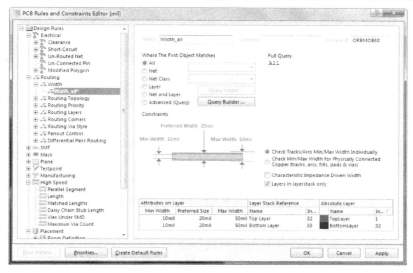

图 5-44　Width 参数设置对话框

在图 5-44 所示的对话框中，用鼠标选中 Width 选项，然后单击鼠标右键，从快捷菜单中选择 New Rule 命令，系统将生成一个新的宽度约束，然后修改其范围和约束条件。在 Name 编辑框中输入 GND；在 Where the First object matches 选项中选择 Net，点击选项右边的下拉列表，从网络列表中选择 GND，就可以设定 GND 网络的布线宽度；在 Constraints 选项中设置导线的宽度，Preferred Width(推荐宽度)设置为 40 mil，Min Width (最小宽度)设置为 20 mil，Max Width(最大宽度)设置为 50 mil。其他设置项系统默认，这样就设置好了 GND 网络的布线宽度约束值，如图 5-45 所示。

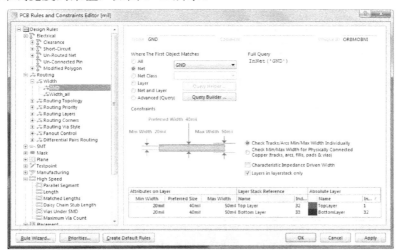

图 5-45　GND 网络 Width 参数设置对话框

单击【Priorities…】按钮，出现如图 5-46 所示的对话框，在该对话框中可以设置布线宽度(Width)规则的优先级，选中其中一个规则，单击【Increase Priority】使该规则优先级提高一级，单击【Decrease Priority】使该规则优先级降低一级。对同一对象，以优先级高的规则进行布线。本例中 GND 网络的优先级最高。

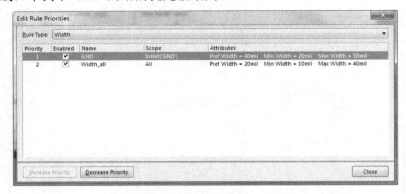

图 5-46　设置 Width 参数两个约束项优先级对话框

2) 设置走线间距约束(Clearance)

该选项用于设置布线与其他对象之间的最小距离。

使用鼠标选中图 5-43 中的 Clearance 选项，然后单击鼠标右键，从快捷菜单中选择 New Rule 命令，系统将生成一个新的布线间距约束，然后用鼠标单击新生成的布线间距约束，即可弹出如图 5-47 所示的布线安全间距设置对话框。

图 5-47　走线间距约束设置对话框

在 Where the First/Second object matches 选项框中选择规则匹配的对象，一般可以指定为整个电路板(All)，也可以分别指定；在 Constraints 选项中，设置图元之间允许的最小间距，Minimum Clearance(最小间距)的值设置为 20 mil。

3) 设置布线拐角模式(Routing Corners)

该选项用于设置走线拐弯的样式。

使用鼠标选中图 5-43 中的 Routing Corners 选项，然后单击鼠标右键，从快捷菜单中选择 New Rule 命令，系统将生成一个新的布线拐角规则，然后用鼠标单击新生成的布线拐角规则，即可弹出如图 5-48 所示的布线拐角模式设置对话框。在该对话框中主要设置两部分内容，包括 Style(拐角模式)和 Setback(拐角尺寸)。拐角模式有 45°、90° 和圆弧 3 种，均可以取系统的默认值。

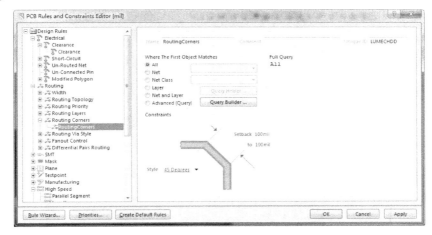

图 5-48　布线拐角模式设置对话框

4) 设置布线工作层(Routing Layers)

该选项用于设置在自动布线过程中能够布线的工作层。

使用鼠标选中图 5-43 中的 Routing Layers 选项，然后单击鼠标右键，从快捷菜单中选择 New Rule 命令，系统将生成一个新的布线工作层规则，然后用鼠标单击新生成的布线工作层规则，即可弹出如图 5-49 所示的布线工作层设置对话框。

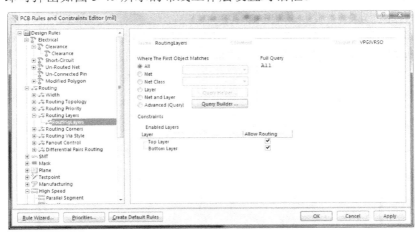

图 5-49　布线工作层设置对话框

在该对话框中，设置在自动布线过程中那些信号层可以使用，由于本实例为双面板，在顶层和底层都可以布线，所以顶层(Top Layer)和底层(Bottom Layer)的"Allow Routing"

选项都应该选中。

如果要将印制电路板设计成单层板，则顶层(Top Layer) 的"Allow Routing"选项不选，底层(Bottom Layer) 的"Allow Routing"选项选中。

5) 设置布线优先级(Routing Priority)

该选项用于设置布线的优先级，即布线的先后顺序。

使用鼠标选中图 5-50 所示的对话框中 Routing Priority 选项，然后单击鼠标右键，从快捷菜单中选择 New Rule 命令，系统将生成一个新的布线优先级规则，然后用鼠标单击新生成的布线优先级规则，即可弹出如图 5-50 所示的布线优先级设置对话框。

图 5-50　布线优先级设置对话框

Altium Designer 为用户提供了 0～100 级布线优先级，数字 0 表示布线的优先级最低，100 表示布线的优先级最高。在本例中选择该规则的适用范围是 All，不设置布线优先级，即设置 Routing Priority 值为 0。

6) 设置布线拓扑结构(Routing Topology)

该选项用于设置布线的拓扑结构。

使用鼠标选中图 5-43 中的 Routing Topology 选项，然后单击鼠标右键，从快捷菜单中选择 New Rule 命令，系统将生成一个新的布线拓扑结构规则，然后用鼠标单击新生成的布线拓扑结构规则，即可弹出如图 5-51 所示的布线拓扑结构设置对话框。

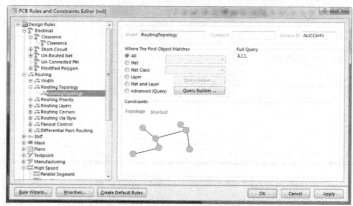

图 5-51　布线拓扑结构设置对话框

Altium Designer 给用户提供了 Shortest、Horizontal、Vertical、Daisy-Simple、Daisy-MidDriven、Daisy-Simple、Daisy-Balanced、StarBurst 等多种拓扑结构。通常在自动布线时，以整个布线的线长最短为目标，因此本例中就使用默认值 Shortest。

7) 设置过孔类型(Routing Via Style)

该选项用于设置自动布线过程中使用过孔的形式。

使用鼠标选中图 5-43 中的 Routing Via Style 选项，然后单击鼠标右键，从快捷菜单中选择 New Rule 命令，系统将生成一个新的过孔类型规则，然后用鼠标单击新生成的过孔类型规则，即可弹出如图 5-52 所示的过孔类型设置对话框。

图 5-52　过孔类型设置对话框

在 Constraints 选项区域中可以分别设定 Via Diameter(过孔的直径)和 Via Hole Size(过孔的孔径)。有 3 种定义，Minimum(最小值)、Preferred(首选值)、Maximum(最大值)。一般都把这 3 个值设置为相同的值。本例中选用默认值。

5.7.3　自动布线

在设置好自动布线规则的参数后，就可以进行印制电路板的自动布线了。自动布线的方法主要有以下几种。

1. 全局布线

首先执行菜单命令【Auto Route】/【All】，对整个电路板进行布线。

执行该命令后，系统将弹出如图 5-53 所示的自动布线策略设置对话框。该对话框中提供了 5 种布线策略：Cleanup(优化的布线策略)、Default 2 Layer Board(默认双面板)、Default 2 Layer With Edge Connectors(边界有接插件的双面板)、General Orthogonal(一般正交布线策略)。现在选择 Default 2 Layer Board 布线策略。单击【Route All】按钮，系统即可根据自动布线器策略和自动布线参数规则设置对印制电路板进行自动布线。

自动布线器全局自动布线结束后，结果如图 5-54 所示。可以看出，虽然已经布通了，但是有些导线的连接还是不合理，这就需要手工调整。

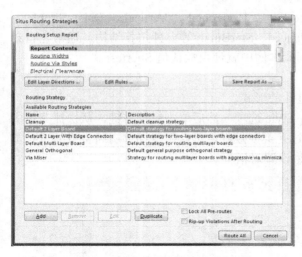

图 5-53　布线前布线策略的选择

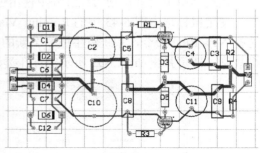

图 5-54　全局自动布线后的结果

2. 指定网络布线

执行菜单命令【Auto Route】/【Net】，光标变成十字形状。单击元器件 JP1 的第 2 脚，弹出如图 5-55 所示的菜单，菜单的内容是对该引脚的有关描述，从中选择 P1-2(GND)选项，确定所要自动布线的 GND 网络。

选中布线网络后，系统就开始进行自动布线，布线结果如图 5-56 所示。对该网络自动布线结束后，系统仍处于指定网络布线命令状态，可继续进行其他网络自动布线。单击鼠标右键即可退出当前命令状态。

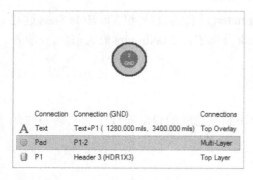

图 5-55　选中所要自动布线的网络

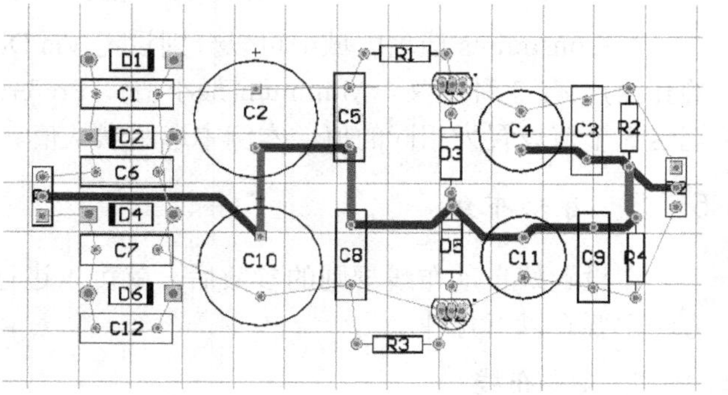

图 5-56　指定网络(GND)后的布线结果

3. 指定两连接点之间的布线

首先选择要布线的层，再执行菜单命令【Auto Route】/【Connection】，光标变成十字形状。用鼠标选取需要进行布线的一条飞线(C2 到 C10)，布线后的结果如图 5-57 所示。

4. 指定元器件布线

执行菜单命令【Auto Route】/【Component】，光标变成十字形状。用鼠标选取需要进行布线的元器件(Q1)，布线后的结果如图 5-57 所示。

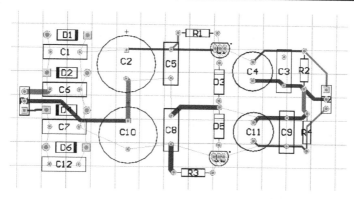

图 5-57　多重布线后的结果

5. 指定区域进行布线

执行菜单命令【Auto Route】/【Area】，光标变成十字形状。拖动鼠标选取需要进行布线的区域(该区域包括 C4、C11、C3、C9、R2、R4、JP2)，布线后的结果如图 5-57 所示。

5.7.4 手工调整布线

Altium Designer 的自动布线功能虽然非常强大，但是自动布线时多少会存在一些令人不满意的地方。而一个设计美观的印制电路板往往需要在自动布线的基础上进行多次修改，才能将其尽善尽美。下面讲述如何手工调整印制电路板的布线。

1. 拆除布线

1) 利用印制电路板编辑系统的编辑功能拆除布线

首先选中要拆除的布线，选中对象后直接按【Delete】键，把需要重新布置的导线删除，这时系统将在删除的地方补上连接飞线，指示网络的连接，所以用户不必担心忘记连接对象。

2) 利用拆线功能拆除布线

执行菜单命令【Tools】/【Un-Route】，执行该命令后，系统显示如图 5-58 所示的子菜单。该子菜单的拆线功能和自动布线功能正好相反。用户可以按照自己的要求拆除需要重新布置的布线。

图 5-58　拆线功能的子菜单

2. 手工布线

• 执行菜单命令【Place】/【Interactive Routing】或点击放置(Placement)工具栏中的 按钮，光标将变成十字形状，表示处于导线放置模式。

• 查看文档工作区域底部的层标签，看需要布线的工作层是否被激活，如果没有激活，可以按数字键盘上的【*】键切换到底层或顶层，而不需要退出导线放置状态，当前工作层仅在可用的信号层之间切换。也可在执行放置导线命令前，使用鼠标在工作区域底部的层标签上点击激活需要布线的层。

• 将光标放在要布线的第一个焊盘中间位置，单击鼠标左键或按【Enter】键，固定导线的第一个点。

• 将光标移到要布线的下一个焊盘上。在默认情况下，导线走向为垂直、水平或者 45°角；第一段(来自起点)是红色(蓝色)实线，是当前正放置的导线段；第二段(连接在光标上)称为"Look-ahead"段，为空心线，这一段允许预先查看好要放的下一段导线的位置以便很容易地绕开障碍物，并且一直保持 45°/90°。

• 当确定了走线的方向后，将光标拖动到下一个焊盘的中间，然后单击鼠标左键或按【Enter】键，导线已全部变成实线，表示布线已经成功。按相同的方法进行下一段布线。

• 当完成所有的布线后，单击鼠标右键或按【Esc】键，表示已完成了这条导线的放置。光标仍然是一个十字形状，可以继续下一个导线的布线。

用户在放置导线时应注意以下几点：

• 单击鼠标左键或按【Enter】键放置实心颜色的导线段。空心线段表示导线的 Look-ahead 部分，放置好的导线段和所在层颜色一致。

• 按空格键来切换要放置的导线的 Horizontal(水平)、Vertical(垂直)和 Start 45°(斜 45°)的起点模式。

• 在任何时候按【Page Up】键和【Page Down】键，都将会以光标为中心位置放大或缩小工作区域。

• 按【BackSpace】键可取消放置的前一段导线段。

• 在完成放置导线后或想要开始一条新的导线时，单击鼠标右键或按【Esc】键。

• 重新布线时，只需布新的导线即可，单击鼠标右键完成布线后，原来导线段会被自动移除。

3. 手工调整实例的全自动布线图

图 5-54 所示是利用全自动布线形成的印制电路板，其中有些地方导线离得太近，对布线不合理的地方，按上述方法进行手工调整，最终形成的印制电路板如图 5-59 所示。

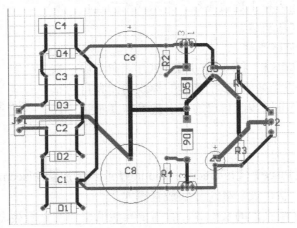

图 5-59　手工调整后的印制电路板

5.7.5　已布导线的加宽

为了提高电路抗干扰能力，增加系统的可靠性，往往需要将一些流过较大电流的导线加宽。在布线之前，用户可以参考前面的讲述，通过设置布线规则加大布线宽度。但是当设计完电路板后，如果需要增加某些线的宽度，也可以通过下面的步骤来完成，而且此时增加线的宽度不再受布线规则的约束。

将光标移动到要加宽的导线上，用鼠标双击该导线，就会弹出如图 5-60 所示的对话框。在该对话框中的 Width 选项中输入实际需要的导线宽度值即可加宽导线。

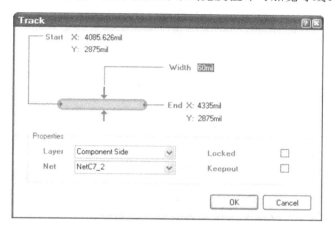

图 5-60　导线属性对话框

5.7.6　印制电路板补泪滴

为了增强印制电路板网络连接的可靠性，以及将来在焊接元器件时的可靠性，有必要对印制电路板实行补泪滴处理。

执行菜单命令【Tools】/【Teardrops】，系统会弹出如图 5-61 所示的补泪滴属性对话框。

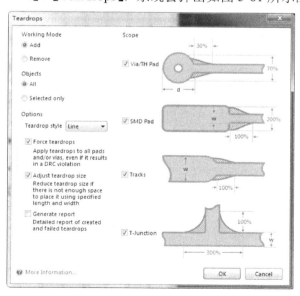

图 5-61　补泪滴选项对话框

该对话框内有 4 个设置区域，分别是【Working mode】区域、【Objects】区域、【Options】区域和【Scope】区域。

(1)【Working mode】区域：

- Add：添加泪滴。
- Remove：删除泪滴。

(2)【Objects】区域：

- All：设置是否对所有的焊盘、过孔都进行补泪滴操作。
- Selected only：设置是否只对所选中的元器件进行补泪滴。

(3)【Options】区域：

Teardrop style：

- Curved：选择圆弧形泪滴。
- Line：选择用导线形状泪滴。

Force teardrop：设置是否忽略规则约束，强制进行补泪滴，此项操作可能导致 DRC 违规。

Generate report：设置补泪滴操作结束后是否生成补泪滴的报告文件。

(4)【Scope】区域：对各种焊盘及导线类型补泪滴面积的设置。

设置完成后，最后按【OK】按钮即可完成补泪滴操作。

5.7.7　对印制电路板敷铜

为了提高印制电路板的抗干扰性，通常要对整个电路板实行敷铜处理。下面以本章实例的印制电路板敷铜为例，讲述敷铜的方法。

执行菜单命令【Place】/【Polygon Plane】，或者使用鼠标单击绘图工具栏中的　　按钮，系统将弹出如图 5-62 所示的多边形敷铜对话框。

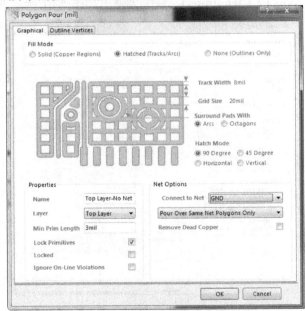

图 5-62　多边形敷铜对话框

该对话框内有 3 个设置区域，分别是【Fill mode】区域、【Properties】区域和【Net Options】

区域。

(1)【Fill mode】区域：系统给出了 3 种敷铜的填充模式：

• Solid(Copper Regions)：敷铜区域为全铜敷设。

• Hatched (Tracks/Arcs)：敷铜区域内填入网格状的敷铜。

• None(Outlines Only)：只保留敷铜的边界，内部无填充。

(2)【Properties】区域：用于设定敷铜所在工作层面、最小图元的长度、是否选择锁定敷铜和敷铜区域的命名等设置。

(3)【Net Options】区域：在该区域可以进行与【Net Options】区域有关的网络设置。

• 链接到网络：设定敷铜所要连接到的网络，可以在下拉菜单中进行选择。

• 死铜移除：设置是否去除死铜。所谓死铜，就是指没有连接到指定网络图元上的封闭区域内的敷铜。

该区域中还包含一个下拉菜单，下拉菜单中的各项命令意义如下所述：

• Don't Pour Over Same Net Objects：敷铜的内部填充不会覆盖具有相同网络名称的导线，并且只与同网络的焊盘相连。

• Pour Over All Same Net Objects：敷铜将只覆盖具有相同网络名称的多边形填充，不会覆盖具有相同网络名称的导线。

• Pour Over Same Net Polygons Only：敷铜的内部填充将覆盖具有相同网络名称的导线，并与同网络的所有图元相连，如焊盘、过孔等。

本例中设置敷铜的连接网络为 GND 网络，其他选项的设置如图 5-62 所示。

设置完对话框后按【OK】按钮，光标变成十字形状，将光标移到所需的位置，单击鼠标左键，确定多边形的起点，然后再将鼠标移动到适当位置，单击鼠标左键，确定多边形的中间点，在终点处单击鼠标右键，程序会自动将终点和起点连接在一起，完成对 Top Layer 层的敷铜，最后形成的电路板如图 5-63 所示。按同样的方法可以对 Bottom Layer 层敷铜。

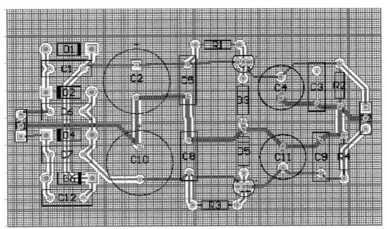

图 5-63　Top Layer 层敷铜后的印制电路板

5.7.8　设计规则检查(DRC)

对布线完毕后的电路板做 DRC 检查，可以确保 PCB 板完全符合设计者的要求，所有的网络均已正确连接，这一步对初学者来说尤为重要。即使对经验丰富的设计人员，当印制电路板复杂时也是很容易出错的，因此在 PCB 板布线后，一定要进行这一步骤。

执行菜单命令【Tools】/【Design Rule Check…】，系统将弹出如图 5-64 所示的设计规则检查对话框。下面讲述该对话框的相关内容。

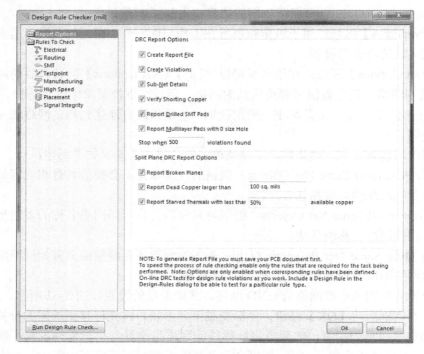

图 5-64　设计规则检查对话框

1) Report Options(报告选项)

设置生成的 DRC 报告中所包含的内容，具体包括：

• Create Report File(创建报告文件)：选中该项，则在检查设计规则时创建报告文件。

• Create Violations(创建违反规则的报告)：选中该项，则在检查设计规则时，如果有违反设计规则的情况，将会产生详细报告。

• Sub-Net Details(子网络详细情况)：选中该项，则在设计规则检查报告中包括子网络详细情况。

• Verify Shorting Copper(校验短敷铜)：选中该项，将会检查 Net Tie 元器件，并且会检查在元器件中是否存在没有连接的铜。

• Report Drilled SMT pads(报告钻孔 SMP 焊盘)：选中该项，则设计规则检查报告中包括报告钻孔 SMP 焊盘。

2) 在 Rules to Check(需要检查的规则)

设置需要进行检验的设计规则，以及进行检验时所采用的方式(在线或批量)，如图 5-65 所示，设计人员可根据需要设定检查的规则。

在图 5-65 所示的对话框中，如果要在线检查某项规则，则要选中该设计规则后的 Online 复选框，如果要批量检查某设计规则时，则要选中设计规则后的 Batch 复选框。

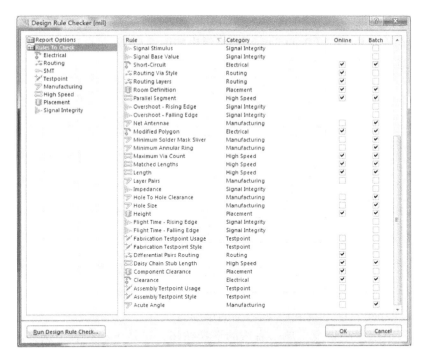

图 5-65　需要检查的设计规则设定对话框

在报表方式中我们主要关心 Clearance、Width、Short Circuit、Un-Routed、Net Un-Connect Pin 这几项。

设定完报表检查选项后，单击对话框左下角的【Run Design Rule Check】按钮，程序开始运行设计规则检查，检查结束后，会产生一个检查情况报表，在设计窗口显示任何可能违反规则的情况。

5.8　PCB 图输出

在完成 PCB 设计后，需要输出这些设计。输出设计包括文件输出(为 PCB 的制作者提供输出)和打印输出。

5.8.1　文件输出

在大部分情况下，只要直接给出 Altium Designer 生成的 PCB 文件即可完成 PCB 的制作。在特殊情况下，Altium Designer 只能为 PCB 制板厂家生成通用的 Gerber 文件，这样的情况比较少见，这里就不再介绍。

5.8.2　打印输出

在 PCB 设计完成后，还要通过打印机输出，以供技术人员参考、存档。用打印机打印输出之前，首先要对 PCB 图的页面和打印机进行设置，包括打印纸张、打印方向、打印比例、打印 PCB 图的图层等设置。

1. PCB 页面设置

执行菜单命令【File】/【Page Setup】，将弹出如图 5-66 所示的 PCB 图打印属性设置对话框，可以在此对话框内设置打印 PCB 页面的相关参数。

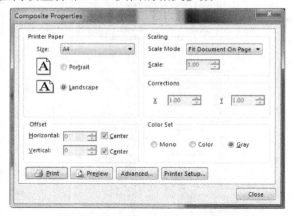

图 5-66　PCB 图打印属性设置对话框

(1) Printer Paper(打印纸设置)区域包括的选项有：

• Size：打印纸大小设置。单击右边的下拉按钮，可从下拉列表中选择不同型号的打印纸。

• Portrait 单选按钮：选中该项，打印纸竖直放置。

• Landscape 单选按钮：选中该项，打印纸横向水平放置。

(2) Margins(打印纸页边距设置)区域包括的选项有：

• Horizontal：打印纸水平方向页边距设置。

• Vertical：打印纸竖直方向页边距设置。

• Center 复选框：选中该复选框，则 PCB 始终处于打印纸的中心。

(3) Scaling(打印比例设置)区域包括的选项有：

• Scale Mode：打印比例模式设置。其中 Fit Document On Page 可以把整个 PCB 图打印到一张纸上，Scaled Print 可以按用户设定的打印比例打印。

• Scale：打印比例设置。只有选中 Scaled Print 时，才可以设定打印比例值。

(4) Corrections(修正打印比例)区域包括的选项有：

• X：水平方向打印比例设置。

• Y：竖直方向打印比例设置。

Color Set(打印颜色设置)选项区域：

• Mono 单选按钮：单色打印模式。

• Color 单选按钮：彩色打印模式。

• Gray 单选按钮：灰度打印模式。

对于本章实例，在此处将打印纸设置为 A4，不设置页边距，把该 PCB 图放置在 A4 纸的中央；打印比例模式设置为 1.00，并且在 X 和 Y 方向不再单独设置打印比例；打印颜色设置为灰度打印模式。

在该设置对话框下方有几个按钮，其操作意义如下：

- Print 按钮：表示打印机直接打印输出。
- Preview 按钮：表示打印预览，可以预览打印结果。
- Printer Setup 按钮：表示设置打印机。
- Advanced 按钮：设置 PCB 打印图层对话框。

下面主要介绍一下 Advanced 按钮的使用方法。

单击 Advanced 按钮将弹出如图 5-67 所示的 PCB 图层打印属性设置对话框，可以在此对话框内设置需要打印的 PCB 图的图层。如图 5-68 所示，本例设置需要打印的 PCB 图层有 6 层，这 6 层可以同时打印，也可分层打印。

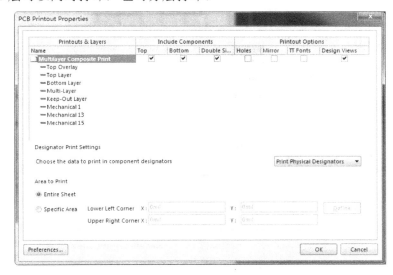

图 5-67　PCB 图层打印属性设置对话框

图 5-68　选择 PCB 图层对话框

在图 5-67 所示对话框中双击 Multilayer Composite Print 左边的图标，则弹出如图 5-68 所示的选择 PCB 图层对话框，可以在此对话框中选择需要打印的 PCB 图层。

　　在 Layers 选项区域中，单击 Add 按钮添加需要打印的 PCB 图层。单击 Remove 按钮可以删除某个 PCB 图层。单击 Move Up 按钮或单击 Move Down，可把需要打印的 PCB 图层向上或向下移动，排列它们的打印优先次序。选中某个 PCB 图层，单击 Edit 按钮可以设置需要打印的 PCB 图层的属性。

　　如果用户需要打印彩色的 PCB 图，除了在 PCB 编辑器中设置各层的颜色参数外，还可在图 5-66 所示的对话框中单击 Preferences 按钮，系统将弹出如图 5-69 所示的设置 PCB 图层颜色对话框，用户可在此对话框中设置 PCB 图层颜色。另外，在对话框的 Font Substitutions 选项区域中，还可以设置在打印时系统可替换的字体。

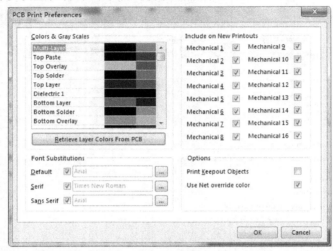

图 5-69　PCB 图层颜色设置对话框

　　在设置好各项参数后，可以在图 5-68 中单击 Preview 按钮预览打印效果。

2. 打印输出

　　设置好 PCB 页面的各项参数后，执行菜单命令【File】/【Print】，系统将弹出如图 5-70 所示的打印机属性设置对话框，可以在此对话框内设置打印机的有关参数。至此，就完成了 PCB 印制电路板图层设置和打印机设置，单击【OK】按钮即可打印输出 PCB 印制电路板。

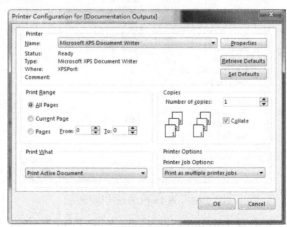

图 5-70　打印机属性设置对话框

5.9　快速制作印制电路板

印制电路板设计好后，一般都送到专门的制板企业去制作，但制作过程都要通过光绘、照相制版等化学工艺流程，消耗材料较多，周期较长。而一款成熟的电路板，往往需要几次试制才可能成功，时间较长，费用也较高。

印制电路板的制作，往往是电子爱好者比较头痛的一件事，许多电子爱好者为了制作一块印制电路板，通常采用油漆描板、刀刻、不干胶粘贴等业余制作方法，速度较慢，而且很难制作出高质量的印制电路板。

针对这些问题，人们经过长时间的探索研究，终于摸索出一套方便、快速的印制电路板制作方案。该制板方案精度高、成本低、速度快，也可制出双面板。现将该方案步骤及技术要点介绍给大家。

1. 准备印制电路板

1) 快速制作印制电路板对布线的要求

(1) 线宽不小于 15 mil，为确保安全，线宽要在 25～30 mil，大电流导线按照一般布线原则加宽。导线间距要大于 10 mil，焊盘间距最好大于 15 mil。对大面积空白地方，尽量用敷铜填充，这样有利于快速进行电路板的腐蚀。

(2) 尽量布成单面板，无法布通时可以考虑跳接线。电路太复杂时，也可以布成双面板。

(3) 所有焊盘的内径可以全部设成 10～15 mil，不必是焊盘内径的实际大小，这样有利于钻孔时钻头对准。

(4) 过孔为 30 mil 的焊盘的直径要在 70 mil 以上，推荐 80 mil，否则会由于打孔精度不高使焊盘损坏。

2) 对设计好的印制电路板进行显示设置

执行菜单命令【Design】/【Board Layers & Colors】，设置丝印层(Top Overlay)和顶层(Component Side)不显示；底层(Solder Side)和多层(Multi-Layer)全部显示为黑色；焊盘内孔(Pad Holes)显示为白色。

3) 印制电路板图的导出

(1) 执行菜单命令【Place】/【Dimension】，测量制作好的印制电路板的长和宽。

(2) 利用 Windows 的屏幕拷贝功能，将制作好的印制电路板复制到 Word 文档下。

(3) 利用图片编辑功能裁剪图片，使图片的长和宽与实际尺寸大小一致。

图 5-71 所示是一个功放电路的原理图和设计好的印制电路板及处理后的结果。

2. 打印

打印前先进行排版，把要打印的印制电路板图排满在一张 A4 热转印纸上，越多越好，因为热转印纸成本相对较高；然后进行打印机设置，设置成精细打印，实际大小；最后用激光打印机将排好的印制电路板图打印在热转印纸的光面。

『注意』：一定要用激光打印机。热转印纸如果买不到，可以用粘贴画的保护纸代替。

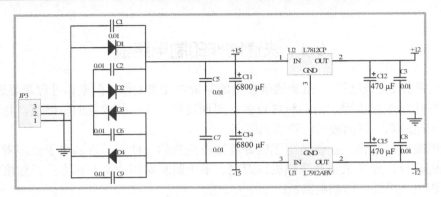

(a) 功放电路的电源电路

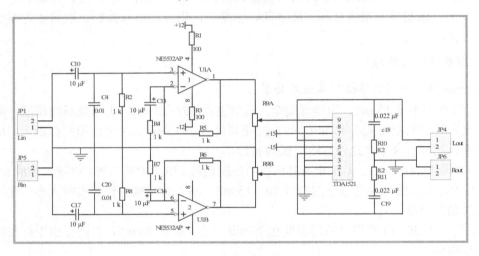

(b) 功放电路的放大电路

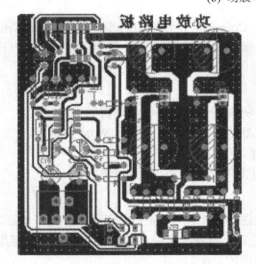

(c) 设计好的功放印制电路板

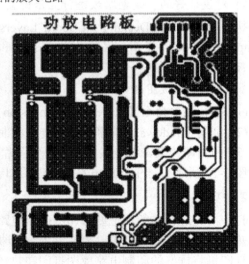

(d) 按制作要求处理过的印制电路板

图 5-71 功放电路的原理图及印制电路板

3. 转印

将热转印机的温度调到 160℃，将打印好的转印纸裁好放在敷铜板上，并通过热转印机过一遍，这样就可以将印制电路板图转印到敷铜板上，待敷铜板完全冷却后将转印纸揭下。对于缺损地方可以用油性笔修补。

『注意』：如果没有热转印机可用普通电熨斗(温度调到最高)代替，但一定要把握好电熨斗在敷铜板上的停留时间。如果电熨斗在敷铜板上停留时间过长，敷铜板会和基板分离。

4. 腐蚀

• 快速腐蚀法：将盐酸、过氧化氢和水按约 2∶1∶1 的比例配好，放入印制好的敷铜板，不断摇晃，数秒钟至数分钟内可以腐蚀好。在腐蚀过程中会有刺激性气味的气体产生，所以要注意通风。另外可以先加盐酸溶液，放入敷铜板再逐渐加入过氧化氢，以利于控制反应的速度。注意，过氧化氢不能直接滴在敷铜板上，否则会损坏墨粉。

• 慢速腐蚀法：将印制好的敷铜板放入三氯化铁溶液中，不断摇动，10 分钟左右印制电路板就可以腐蚀好。此方法虽然速度慢，但是很安全。

5. 钻孔

腐蚀完成后，先对电路板的焊盘进行钻孔操作，再用小刀刮去焊盘表面的墨粉。导线上的墨粉继续保留，还能起到保护线路板的作用。

按以上步骤操作后，一块高质量的印制电路板就做好了。

习　题

1．简述印制电路板的制作流程。
2．如何设置印制电路板的电路板级环境参数和系统级环境参数？
3．单面板和双面板各有什么优缺点？
4．请简述规划电路板的两种方法。
5．如何从原理图向 PCB 板载入元器件的网络和封装形式？
6．如何设置元器件自动布局和布线的参数？
7．元器件布局方式有几种？请分别叙述其过程。
8．如何设置印制电路板布线的宽度？
9．如何设置印制电路板为单面布线？
10．如何完成印制电路板自动布线？
11．如何进行印制电路板自动布线后的手工调整？
12．如何完成印制电路板的 DRC 检查？
13．请设计桥式整流、电容滤波、串联型稳压电源的印制电路板。
14．请按照快速制作印制电路板的方法完成上题设计好的印制电路板。

第 6 章　集成元器件库的管理与使用

内容提要

- 📖 元器件原理图符号模型、PCB 封装模型介绍
- 📖 利用【Libraries】面板进行元器件库管理的方法
- 📖 创建元器件原理图库
- 📖 创建元器件 PCB 封装库
- 📖 集成元器件库创建

6.1　Altium Designer 元器件库概述

6.1.1　集成元器件库的概念

使用 Altium Designer 的设计过程要从整体上考虑设计方案而不是将其作为几个联系松散的子部分。一个产品的不同元素之间互相依存，在一个设计域所做的设计会影响到其他的设计域，不同的设计域之间有传承的内部依存关系，管理和实现这些依存关系可以通过以下两个关键点：统一数据模型和统一设计环境。统一数据模型将不同设计域的特定模型集中到一个单一的统一元器件中，并在所有的设计域中保持其独特性。这个模型在整个设计工程中有效，所以任何一个设计域的改动都会自动传递到其他设计域，从而保证设计的一致性。

Altium Designer 对元器件采用集成库管理系统，所谓集成库，就是将元器件的原理图符号、PCB 封装模型、SPICE 模型(仿真模型)、SI 模型(信号完整性模型)等集成在了一个库文件中，其文件的扩展名为 ".IntLib"，这样用户在加载一个集成库文件的同时将加载元器件的所有模型信息，比如，在 Altium Designer 的库文件面板中单击元器件名称，在该面板下部就同时出现其原理图符号和 PCB 封装形式。使用这种集成库管理系统可大大提高原理图设计、PCB 设计以及仿真设计之间的连通性，有利于整个设计的顺利进行。

Altium Designer 的库文件可以在安装软件时设置其位置，其支持的库文件格式包括 *.IntLib、*.SchLib、*.PcbLib 等。其中，*.IntLib 为 Altium Designer 环境下的集成元器件库，*.SchLib 和 *.PcbLib 为 Altium Designer 环境下的原理图元器件库和 PCB 封装库。Altium Designer 元器件库里有两个通用元器件库，库中包含的是电阻、电容、三极管、二极管、开关、变压器及连接件等常用的分立元器件，分别为 Miscellaneous Devices 和 Miscellaneous Connectors。在首次运行 Altium Designer 时，这两个库作为系统默认库被加载，但允许操作

者将其移除。

6.1.2　原理图符号模型的定义

原理图的符号模型是代表二维空间元器件引脚电气分布关系的符号，该符号主要由图形和管脚两部分组成。原理图符号模型只是一种符号的表示方法，没有任何的实际意义，对原理图的绘制便是通过放置这些元器件的符号模型来完成的。同一个元器件可以有多种不同的符号模型，符号模型没有必要与实际元器件的大小保持一致，而且不同的元器件也可以有相同的符号模型，这些都是合理的。图 6-1 所示为电阻的两种常见符号模型。

图 6-1　电阻的两种常见符号模型

6.1.3　PCB 封装模型的定义

在进行 PCB 设计时，用户需要对封装的知识有一定的了解，只有这样才能正确地搜索到想要的封装模型，以加快 PCB 设计的进程。元器件的封装模型是一个空间的概念，它是指实际元器件焊接到电路板时所显示的外观和焊盘的位置关系，因此由图形和焊盘两部分组成。与原理图的符号模型一样，不同的元器件可以共用一个封装形式，而同一种元器件也可以有多种不同的封装形式(不同厂商生产的元器件有所不同)。如 RES2 代表普通金属膜电阻，它的封装形式却有多种，如图 6-2 所示。因此在取用焊接元器件时，不仅要知道元器件名称，还要知道元器件的封装。

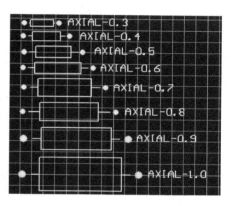

图 6-2　电阻的 8 种常见封装模型

元器件的封装模型应严格地按照实际元器件的尺寸进行设计，否则在装配电路板的时候，就有可能因为焊盘间距不正确或者外形尺寸不合理而造成元器件不能正确装到电路板上。用户在进行 PCB 设计时，首先要对所需的元器件进行选择，需要自制元器件时应严格地按照实物测量或者厂商提供的 datasheet 进行设计。对封装模型的选择不仅会影响到板的布通率和元器件的成本，而且对后来的制板进程也会有很大的影响。

关于常用元器件的封装模型可参考本书第 4 章第 1 节内容。

6.1.4　符号模型与封装模型的对应关系

在进行原理图设计时，用户需要选择元器件的符号模型。而要想保证整个原理图的设计美观大方，就要使元器件符号模型大小适中并且易于识别。在进行 PCB 设计时，用户需要选择元器件的封装模型，以满足电路板装配的要求，而元器件的封装模型应与实物的大小和形状相符并易于识别。至于符号模型与封装模型的对应关系，简单地说，元器件的符号模型和封装模型可以是一对多，也可以是多对一的。也就是说用户可以为元器件的一个符号模型创建多个不同的封装模型，也可以为一个封装模型创建多个不同的符号模型。比如最简单的电阻封装因两个引脚焊盘间距不同有 8 种封装模型,同样"DIP16"可以表示电阻排的封装也可以表示 16 管脚的 IC 片封装模型。用户在进行电路设计时最终目的是 PCB,而不是原理图。原理图的主要作用是生成具有电路电气连接信息的网络表,而要把这一网络表导入到 PCB 中,必须严格地保持符号模型中引脚的【Designator】属性与封装模型中焊盘的【Designator】属性一致。

6.1.5　【Libraries】面板的元器件组织功能

Altium Designer 集成库中各种元器件的模型是通过【Libraries】面板(库文件面板)进行库文件的组织与管理的。其功能非常强大,从中可以查找各种元器件,可以浏览当前已加载的元器件库中元器件的所有模型,可以预览元器件的符号模型和封装模型,也可以通过该面板向原理图中或 PCB 图中添加元器件等。

【Libraries】面板的隐藏、浮动或锁定显示方式的转换与第 1 章【Files】面板转换的方式相同,这种转换适用于所有的工作面板,这里不再介绍。

1. 【Libraries】面板简介

【Libraries】面板标签通常位于工作窗口的右侧,单击该标签或鼠标在该标签上停留一段时间后就可打开该面板,如图 6-3 所示。

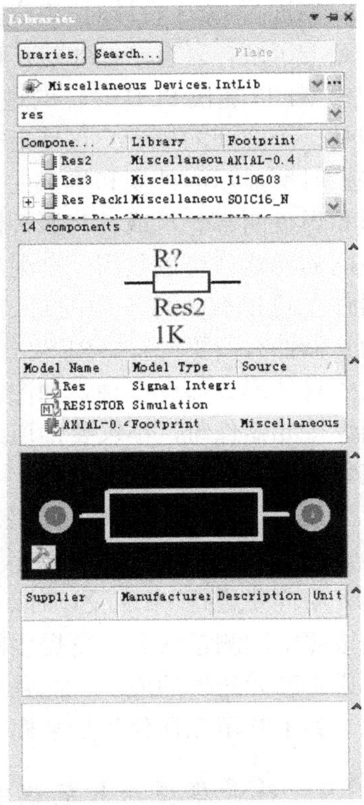

图 6-3　【Libraries】面板

- Libraries... 按钮:单击该按钮,可以在弹出的【Available Libraries】对话框中为正在进行的项目设计添加或删除库文件。
- Search... 按钮:单击该按钮,可以在弹出的【Search Libraries】对话框中搜索设计所需要的元器件并可直接添加该元器件所在的库。
- Place Res2 按钮:单击该按钮,可以将面板中选中的元器件放到原理图或 PCB 图中。
- 第 1 个下拉列表框:库文件下拉列表框,显示元器件所在的元器件库。
- 第 2 个下拉列表框:元器件过滤下拉列表框,用来设置查询条件,以便在该元器件库中查找设计所需的元器件。
- 第 3 个列表框:元器件列表框,显示元器件库及过滤列表框匹配后的元器件信息。
- 第 4 个列表框:显示选中元器件的各种模型。若选中【Footprints】,则显示当前元器件的 PCB 封装模型。

2. 元器件的查找

Altium Designer 包含了丰富的库元器件。对用户来说,要想快速熟练地找到自己想要的元器件,可利用【Libraries】面板查找,具体有以下两种方法:

- 利用【Libraries】面板的过滤功能。

- 利用 [Search...] 按钮的搜索功能。

6.2　创建元器件库

1. 自带元器件库存在的弊端

自制元器件在进行 PCB 设计时是非常重要的，很多设计若完全依赖 Altium Designer 的元器件库是无法实现的。软件自带的元器件库主要存在以下 5 项弊端：

(1) 无法包含所有的电子元器件。

(2) 自带的元器件库有时并不好用，原理图中元器件符号偏大，PCB 中元器件封装和实际有差别，这样对原理图和 PCB 图的绘制都会有很大影响。

(3) 自带的元器件库中有的元器件并没有对应的封装模型，需要自制。

(4) 自带的元器件库中有可能会存在一些错误，如元器件管脚的编号错误，这样会导致无法用同步器进行网络布线。

(5) 自带的元器件库中元器件数量非常大，有时查找并不方便。

2. 创建元器件库应注意的问题

出于以上考虑，学会建立一个属于自己的元器件库是非常重要的，甚至是必需的。但用户在创建自己的元器件库时需要注意以下几个问题：

(1) 首先要保证软件自带元器件库的完整性，用户不要对此随意进行修改或删除，但可参考或复制 Altium Designer 自带的元器件库。

(2) 在自制元器件库时尽量生成集成元器件库，同时保证元器件符号模型与 PCB 封装模型之间的对应关系，这样可方便地使用同步器进行原理图与 PCB 图之间的更新。

(3) 应把自制元器件单独地放在一个元器件库中，不要与软件自带的元器件库混合放置。

(4) 用户自己在创建元器件库时一定要进行详细的分类，以方便自己随时查找。

(5) 用户自己创建的元器件库要不断地进行更新，给库中添加新的元器件，以使自己的元器件库更加丰富，为以后的快速绘图打下良好的基础。

3. 创建元器件库的步骤

创建元器件库的步骤如下：

(1) 新建一个集成元器件库。

(2) 在集成元器件库中创建一个元器件符号库，并完成各种元器件符号模型的创建。

(3) 在集成元器件库中创建一个 PCB 封装库，并完成各种元器件封装模型的创建。

(4) 应保证符号模型与封装模型之间的对应关系，并对整个集成元器件库进行编译。

(5) 生成 Altium Designer 集成元器件库。

6.3　创建元器件原理图库

在绘制原理图时，首先需要载入元器件库，然后放置元器件。虽然 Altium Designer 提供了丰富的元器件库，但由于其本身所存在的一些弊端，需要用户自己动手来制作元器件和建立原理图库。

6.3.1　熟悉原理图库的编辑环境

制作元器件和创建原理图库需要在 Altium Designer 的原理图库编辑器中进行，下面来了解一下原理图库编辑器。

1. 原理图库编辑器的启动

执行菜单命令【File】/【New】/【Library】/【Schematic Library】，如图 6-4 所示。

图 6-4　运行原理图库编辑环境

这时会建立一个默认名为"Schlib1.SchLib"的原理图库文件，用户可以将其修改为其他文件名(保存文件时可更改文件名和保存路径，保存为"我的原理图库. SchLib")。原理图库编辑器界面如图 6-5 所示。

2. 原理图库编辑器界面的组成

原理图库编辑器界面主要由菜单栏、主工具条、元器件管理器和编辑窗口等组成，如图 6-5 所示与原理图设计编辑器不同的是，在编辑区域内有一个十字坐标轴，它将编辑区域划分为 4 个象限，从右上角开始按逆时针方向依次是第Ⅰ象限、第Ⅱ象限、第Ⅲ象限和第Ⅳ象限。一般情况下，在第Ⅳ象限进行元器件的编辑制作。

3. 元器件管理器

单击图 6-5 左侧的【SCH Library】面板标签，就会得到如图 6-6 所示的元器件管理器。

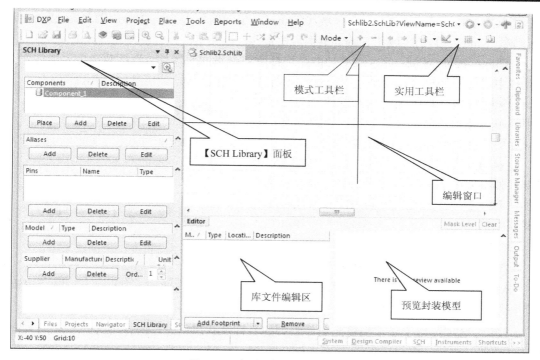

图 6-5　原理图库文件编辑环境

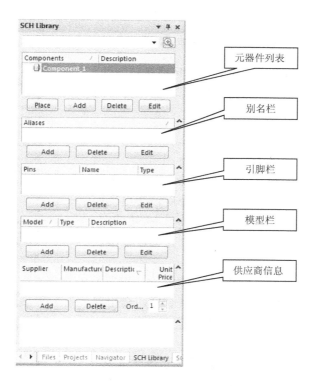

图 6-6　元器件管理器

【SCH Library】面板包含 5 个区域：Components(元器件)区域、Aliases(别名)区域、Pins(管脚)区域、Model(模式)区域和 Supplier(供应商)区域。

• Components 区域：此区域的功能是选择所要编辑的元器件。当打开一个元器件库时，在此栏中就会罗列出这个元器件库中所有元器件的名称及其相关信息。

Place 按钮：将所选择的元器件放置到电路图中。单击该按钮后，系统会自动切换到原理图设计界面，同时原理图库编辑器退到后台运行。

Add 按钮：添加元器件。单击该按钮后，系统会弹出如图 6-7 所示的对话框，输入元器件名称，单击【OK】按钮可将指定的元器件添加到元器件组里。

图 6-7　添加元器件对话框

Delete 按钮：删除所选元器件。

Edit 按钮：编辑所选元器件。

• Aliases 区域：用于显示元器件的别名，并可通过选择 Add 、 Delete 、 Edit 按钮对其进行添加、删除、编辑操作。

• Pins 区域：用于显示当前元器件管脚的名称及状态信息，同样可选择相应的按钮对其进行添加、删除、编辑操作。

• Model 区域：用于列出库元器件的其他模型，如 PCB 封装模型、信号完整性分析模型和 VHDL 模型等，同样可选择相应的按钮对其进行添加、删除、编辑操作。

6.3.2　原理图库中常用的菜单项和工具

Altium Designer 系统中各个编辑器的风格是统一的，而且部分功能是相同的。现就原理图库编辑器中特有的菜单及工具使用方法进行介绍。

1.【Tools】菜单

如图 6-8 所示为【Tools】菜单选项。

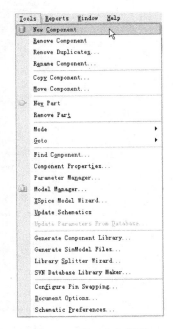

(1)【New Component】新建元器件命令：相当于元器件管理器中的 Add 按钮，执行该命令后，会出现如图 6-7 所示的对话框，修改名字后单击 OK 按钮确定，同时编辑窗口被设置为初始的十字坐标，在第Ⅳ象限放置组件开始创建新元器件。

(2)【Remove Component】删除元器件命令：相当于元器件管理器中的 Delete 按钮，执行该命令后，会出现如图 6-9 所示的删除元器件询问框，单击 Yes 按钮删除当前正在编辑的元器件。

(3)【Remove Duplicates...】删除重复元器件命令：执行该命令后，会出现如图 6-10 所示的删除重复元器件询问框，单击 Yes 按钮确定删除。

图 6-8　【Tools】菜单

图 6-9　删除元器件询问框

图 6-10　删除重复元器件询问框

（4）【Rename Component…】重新命名元器件命令：执行该命令后，会出现如图 6-11 所示的重新命名元器件对话框，在文本框中输入新的元器件名，单击 OK 按钮确定。

（5）【Copy Component…】复制元器件命令：用来将当前元器件复制到指定的元器件库中，执行该命令后，会出现如图 6-12 所示的目标库选择对话框，选中目标元器件库文件后单击 OK 按钮确定，或直接双击目标元器件库文件，即可将当前元器件复制到目标元器件库文件中。

图 6-11　重命名元器件对话框

图 6-12　目标库选择对话框

（6）【Move Component…】移动元器件命令：用来将当前元器件移动到指定的元器件库中。

（7）【New Part】添加子件命令：当创建多子件元器件时，该命令用来增加子件，执行该命令后开始绘制元器件的新子件。

（8）【Remove Part】删除子件命令：用来删除多子件元器件中的子件。

（9）【Mode】菜单项：子选单中的命令用来对当前元器件或子件进行作图区的编辑。如图 6-13 所示，其子菜单项分别对应着工具条中如图 6-14 中顶端所示的 4 个按钮。其含义如下：

- 【Previous】：移到前一个作图区。
- 【Next】：移到下一个作图区。
- 【Add】：创建一个作图区。
- 【Remove】：删除当前的作图区。

图 6-13　【Mode】菜单

图 6-14　【Mode】菜单对应的工具

（10）【Goto】菜单项：子选单中的命令用来快速定位对象，如图 6-15 所示。

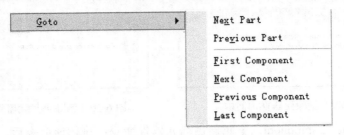

图 6-15　【Goto】菜单

- 【Next Part】：下一个子件。
- 【Previous Part】：前一个子件。
- 【First Component】：第一个元器件。
- 【Next Component】：下一个元器件。
- 【Previous Component】：前一个元器件。
- 【Last Component】：最后一个元器件。

(11)　【Find Component...】查找元器件命令：其功能是启动元器件检索对话框"Search Libraries"。该功能与原理图编辑器中的元器件检索相同。

(12)　【Update Schematics】更新原理图命令：该命令用来将库文件编辑器对元器件所作的修改更新到打开的原理图中。

(13)　【Schematic Preferences...】系统参数设置命令：与原理图系统参数设置方法相同。

(14)　【Component Properties...】元器件属性设置命令：用来编辑修改元器件的属性参数。

(15)　【Document Options...】工作环境设置命令：用来打开工作环境设置对话框，如图 6-16 所示。其功能类似原理图编辑器中的文件选项命令【Design】/【Document Options...】。

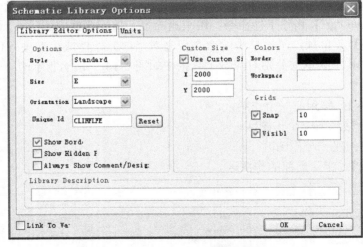

图 6-16　工作环境设置对话框

2.　【Place】菜单

【Place】菜单主要用来放置组成元器件符号的各种对象，如图 6-17 所示，其对应的工具如图 6-18 所示。

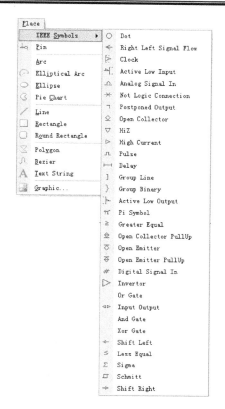

图 6-17　【Place】菜单

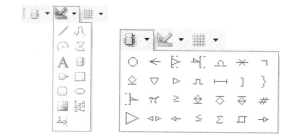

图 6-18　【Place】菜单对应的工具

（1）【IEEE Symbols】中的符号放置与元器件放置相似。在库文件编辑器中，所有符号放置时，按空格键旋转角度和按 X、Y 键镜像的功能均有效。

【IEEE Symbols】中各个符号的功能如下：

- 【Dot】：放置低电平触发信号，在负逻辑或低电平动作的场合中使用。
- 【Right Left Signal Flow】：放置信号左向传输符号，用于指明信号的传输方向。
- 【Clock】：放置时钟上升沿触发符号，用于表示输入以正极触发。
- 【Active Low Input】：放置低电平触发输入符号，表示输入低电平信号时输入起作用。
- 【Analog Signal In】：放置模拟输入信号符号，用于表示该管脚的输入信号为模拟信号。
- 【Not Logic Connection】：放置逻辑无连接符号，表示该管脚无连接。
- 【Postponed Output】：放置暂缓性输出符号，用于表示输出暂缓。
- 【Open Collector】：放置开集电极输出符号，表示集电极开路。
- 【HiZ】：放置高阻抗输出符号。
- 【High Current】：放置高扇出电流符号，表示该管脚输出电流较大。
- 【Pulse】：放置脉冲符号。
- 【Delay】：放置延时符号，用于输出延时。
- 【Group Line】：放置多条 I/O 线组合符号，用于表示有多条输入和输出线的符号。
- 【Group Binary】：放置二进制组合符号。
- 【Active Low Output】：放置低电平输出有效符号，用于表示输出低电平信号时输出起作用。

- 【Pi Symbol】：放置 π 符号。
- 【Greater Equal】：放置大于等于符号。
- 【Open Collector PullUp】：放置集电极开路上拉符号。
- 【Open Emitter】：放置发射极开路符号，该管脚的输出状态有高阻抗低态和低阻抗高态两种。
- 【Open Emitter PullUp】：放置发射极上拉符号，该管脚的输出状态有高阻抗低态和低阻抗高态两种。
- 【Digital Sigal In】：放置数字信号输入符号，用于表示该管脚的输入信号为数字信号。
- 【Invertor】：放置反向器符号。
- 【Or Gate】：放置或门符号。
- 【Input Output】：放置双向信号流符号，表示该管脚既可以输入也可以输出。
- 【And Gate】：放置与门符号。
- 【Xor Gate】：放置或非门符号。
- 【Shift Left】：放置数据向左移位符号，常用于寄存器场合中。
- 【Less Equal】：放置小于等于符号。
- 【Sigma】：放置Σ(加法)符号。
- 【Schmitt】：放置施密特触发输入特性符号。
- 【Shift Right】：放置数据向右移位符号，常用于寄存器场合中。

(2) 放置引脚命令【Pin】用来放置元器件的管脚，执行该命令后，出现十字光标并带有元器件管脚，如图 6-19 所示。该命令可连续放置多个管脚，引脚号自动递增，单击右键退出放置状态。在放置状态时按【Tab】键或双击放置好的管脚，可进入元器件管脚属性设置对话框，如图 6-20 所示。

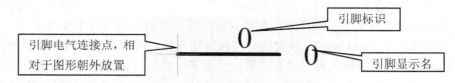

图 6-19   放置引脚状态时的光标

- 【Display Name】属性：引脚显示名，是引脚左或右边字符，选中 Visible，则引脚名在图上显示。
- 【Designator】属性：引脚标识，选中 Visible，则引脚标识在图上显示。
- 【Electrical Type】属性：电气类型，单击下拉列表按钮有 8 种类型可供选择，分别是：Output(输出管脚)、IO(输入/输出管脚)、Input(输入管脚)、OpenCollector(开集电极输出管脚)、Hiz(高阻抗输出管脚)、Passive(无源管脚)、Emitter(发射极管脚)、Power(电源管脚)。
- 【Description】属性：管脚描述。
- 【Part Number】属性：元器件包括的部件数。
- 【Symbols】栏：通过选择 Inside(内部标识)、Inside Edge(内边缘标识)、Outside(外部标识)、Outside Edge(外边缘标识)的下拉菜单选择确定管脚相应的电气特性。

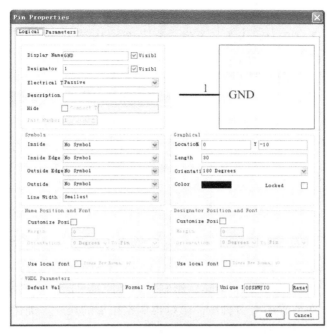

图 6-20 元器件管脚属性设置对话框

• 【Graphical】栏：LocationX 和 Y 为管脚 X 轴和 Y 轴的坐标值；Length 为管脚长度值；Orientation 为管脚方向选择，可从下拉式列表中选择合适的旋转角度；Color 为管脚颜色；Hidden 可隐藏管脚。

• 【Name Position and Font】栏：引脚名称位置和字型。

• 【Designator Position and Font】栏：引脚标识位置和字型。

• 【VHDL Parameters】栏：Default Value 为引脚默认值，Formal Type 为引脚类型。

6.3.3 创建用户自己的原理图库

当在所有库中找不到要用的元器件时，就需要用户自行制作元器件。绘制元器件一般有两种方法：新建法和复制法。下面举例介绍这两种方法。

1. 新建法制作元器件

芯片"AT89S52"，在 Altium Designer 提供的库中无法找到，需要制作该元器件。AT89S52 符号模型主要由矩形填充和管脚组成，其具体绘制步骤如下：

(1) 执行菜单命令【File】/【New】/【Library】/【Schematic Library】，建立的"我的原理图库. SchLib"文件。

(2) 单击左下侧【SCH Library】面板标签，就会显示出元器件管理器，同时发现在文件中有一个默认的原理图符号名"Component..."(参见图 6-6)。

(3) 单击【Tools】/【Rename Component...】菜单项，弹出如图 6-21 所示的对话框，在这里将其名称修改为"AT89S52"，单击【OK】按钮即可完成名

图 6-21 Rename Component 更名对话框

称的更改。

(4) 单击【Place】/【Rectangle】菜单项或单击图 6-18 所示辅助工具栏中的▢按钮，完成矩形框的放置，如图 6-22 所示。放置时按键盘上的【Tab】键或双击已放置好的矩形框，打开属性设置对话框，如图 6-23 所示，可进行边框颜色、边框线宽、填充颜色等的修改。

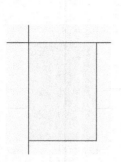

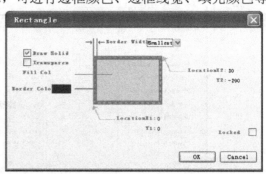

图 6-22　绘制完成的矩形框对象　　　　　　图 6-23　Rectangle 属性对话框

"AT89S52"采用 40 脚的 DIP 封装，绘制其原理图符号时，矩形的长边应该长一些，以方便引脚的放置。在放置所有引脚后，可以再调整矩形的尺寸，美化图形。

(5) 单击【Place】/【Pin】菜单项或单击图 6-18 所示辅助工具栏中的▨按钮进行管脚放置。

(6) 在对象放置过程中可能需要修改"snap grid"的设置，合理的格点设置有利于放置对象。单击菜单命令【View】/【Grids】/【Set Snap Grids…】，弹出如图 6-24 所示的对话框，从中可以重新设置"snap grid"的值，在这里设置为 10 mil。若用户的格点为隐藏状态，那么单击菜单命令【View】/【Grids】/【Toggle Visible Grid】或按【Shift】+【Ctrl】+【G】快捷键，可在可视格点的显示与隐藏状态之间切换。

(7) 完成各管脚的放置后，需要对各管脚进行详细的定义。双击该管脚可打开该管脚的属性对话框(参见图 6-20)，用户也可以在放置管脚的同时按【Tab】键打开该管脚的属性对话框。完成引脚放置的器件符号如图 6-25 所示。

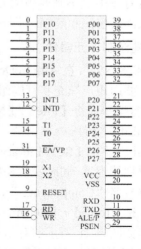

图 6-24　格点设置对话框图　　　　　　图 6-25　完成引脚放置的器件符号

(8) 若用户还想建立其他元器件的符号模型，则可重新创建一个作图区建立新元器件的符号模型。单击【SCH Library】面板元器件栏中的 Add 按钮或单击【Tools】/【New Component】。

(9) 元器件符号模型创建好后，单击【File】/【Save】菜单项或单击工具栏中的 按钮，保存原理图库文件。

2．复制法制作元器件

这里以一个简单元器件的例子来介绍复制法制作元器件的过程，可以体现出复制法的优越性。

"DS18B20"是一个温度测量元器件，它可以将模拟温度量直接转换为数字信号量输出，与其他设备连接简单，广泛应用于工业测温系统，元器件 DS18B20 的外观如图 6-26 所示。它采用 TO-29 封装。其中 1 脚接地，2 脚为数据输入/输出端口，3 脚为电源引脚。

经观察 DS18B20 元器件外观与"Miscellaneous Connectors.Intlib"中的"Header 3"相似，"Header 3"元器件外观如图 6-27 所示。

图 6-26　DS18B20 元器件外观　　　　图 6-27　"Header 3"的外观

复制法制作元器件的步骤如下：

(1) 打开原理图库文件"我的原理图库.SchLib"。

(2) 打开要复制的源文件：执行【File】/【Open】命令，找到库文件"Miscellaneous Connectors.Intlib"，如图 6-28 所示。

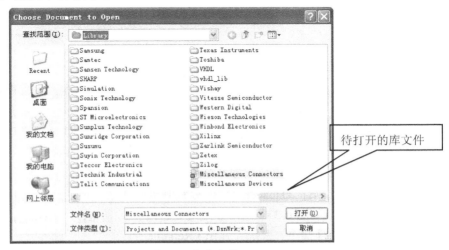

图 6-28　打开现有库文件

单击【打开】按钮，系统会自动弹出如图 6-29 所示的【Extract Sources or Install】提示框。

单击【Extract Sources】按钮，在【Projects】面板上将会显示出该库所对应的原理图库文件"Miscellaneous Connectors.Intlib"，如图 6-30 所示。双击【Projects】面板上的"Miscellaneous Connectors.Intlib"，则该库文件被打开。在【SCH Library】面板的元器件栏中显示出了库文件"Miscellaneous Connectors.Intlib"的所有库元器件，如图 6-31 所示。

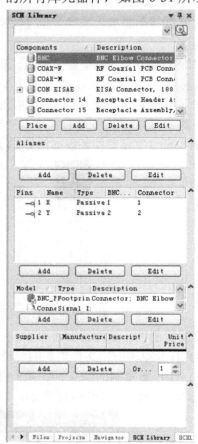

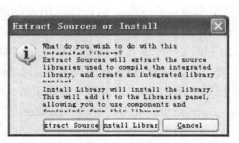

图 6-29 【摘录源文件或安装文件】提示框

图 6-30 打开现有的原理图库文件

图 6-31 库文件所包含的器件列表

(5) 复制元器件：选中库元器件"Header 3"，执行【Tools】/【Copy Component】命令，则系统弹出【Destination Library】对话框，如图 6-32 所示。选择"我的原理图库"，单击【OK】按钮，关闭对话框。

(6) 修改元器件：打开原理图库"我的原理图库"，可以看到库元器件"Header 3"已被复制到该原理图库文件中，如图 6-33 所示。执行【Tools】/【Rename Coponent】命令，系统会弹出【Rename Coponent】对话框，如图 6-34 所示。在文本编辑

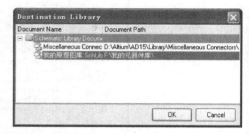

图 6-32 【Destination Library】对话框

栏内写入器件的新名称，更改名称后，再将原来的描述信息删除。通过【SCH Library】面板可以看到修改名称后库元器件如图 6-35 所示。

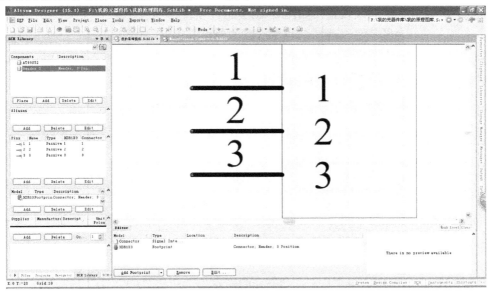

图 6-33　完成库元器件的复制

图 6-34　【Rename Coponent】对话框　　　　图 6-35　更改名称后的库元器件

　　单击左键，选中元器件绘制窗口的矩形框，在矩形框的四周会出现拖动框，改变矩形框到合适尺寸。接着调整引脚到合适位置。双击 1 号引脚，弹出【Pin Properties】对话框，如图 6-36 所示。设置【Display Name】为 GND，设置【Designator】为 1，设置引脚的【Electric type】为 Power，设置【Display Name】、【Designator】均为【Visible】，引脚【Length】为 30，其他选项采用系统默认设置，如图 6-37 所示。

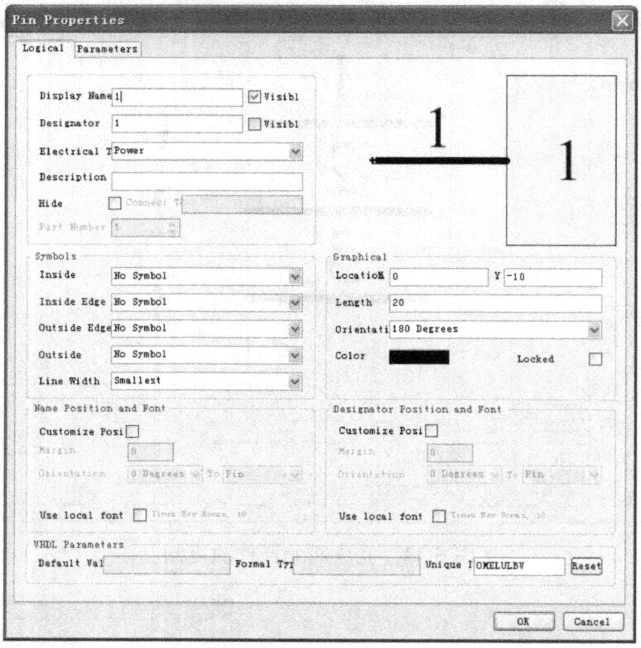

图 6-36　【Pin Properties】对话框

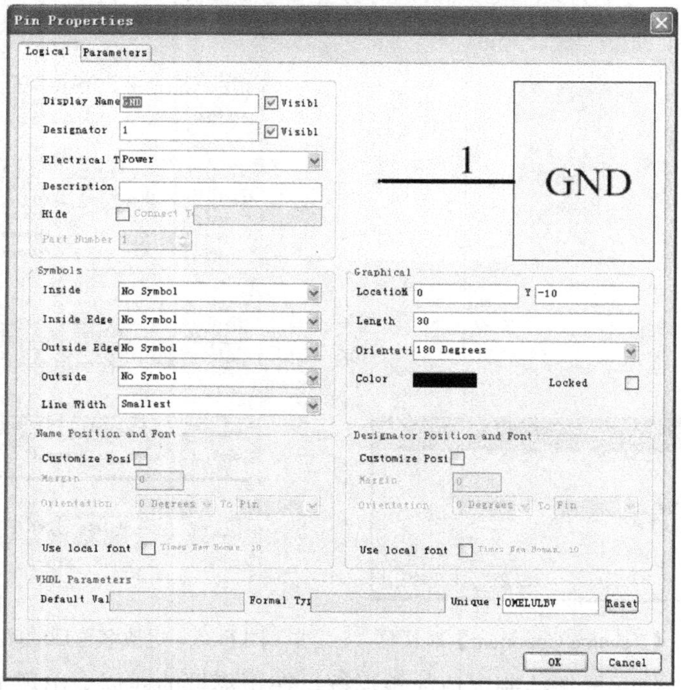

图 6-37　设置【Pin Properties】对话框

设置完成后，单击【OK】按钮完成设置。编辑后的引脚如图 6-38 所示。

按照上述方法编辑其他引脚，完成所有编辑后如图 6-39 所示。

图 6-38　编辑后的引脚图　　　　　　　　图 6-39　编辑好的元器件引脚

(7) 保存元器件：执行【File】/【Save】命令或按 🔳 按钮保存绘制好的原理图符号。

6.3.4　元器件库的有关报表

对于元器件库，其报表有 3 种，即 Component(元器件报表)、Component Rule Check(元器件规则检查报表)、Library(元器件库报表)，它们的扩展名分别为".cmp"、".rep"、".ERR"。

元器件报表主要描述被选定元器件的名称、功能单元个数、管脚个数等信息。

元器件规则检查报表主要是按照设定的规则，检查是否有重复的元器件名称、管脚，检查有无封装等信息。

元器件库报表主要描述当前元器件库中元器件的个数等信息。

1. 创建元器件报表

激活库文件"我的原理图库.SchLib"，选定元器件"DS18B20"。单击菜单【Reports】/【Component】，系统自动生成元器件报表文件"我的原理图库.cmp"，如图 6-40 所示。

```
Component Name : DS18B20

Part Count : 2

Part : P?
        Pins - (Normal) : 0
                Hidden Pins :

Part : P?
        Pins - (Normal) : 3
                GND            1            Power
                DQ             2            Passive
                NC             3            Passive
                Hidden Pins :
```

图 6-40　元器件报表文件内容

2. 创建元器件规则检查报表

单击菜单【Reports】/【Component Rule Check...】，会出现如图 6-41 所示的库元器件规则检查选择对话框，选择不同的检查选项将输出不同的检查报告。图 6-41 中各项的含义如下：

• Component Names 选项：表示是否检查重复的元器件名称。

• Pins 选项：表示是否检查重复的管脚。

• Description 选项：表示是否检查未写的描述信息。

图 6-41　库元器件规则检查选择对话框

- Pin Name 选项：表示是否检查未定义的管脚名称。
- Footprint 选项：表示是否检查未定义的封装。
- Pin Number 选项：表示是否检查未定义的管脚序号。
- Default Designator 选项：表示是否检查未定义的默认标号。
- Missing Pins in Sequence 选项：表示是否检查管脚排序的准确性。

规则采用默认设置，单击【OK】按钮，生成检查报表文件"我的原理图库.ERR"，如图 6-42 所示。从该文件内容来看，按照设定的规则，没有发现错误。

```
Component Rule Check Report for : F:\我的元器件库\我的原理图库.SchLib


Name            Errors
------------------------------------------------------------------
```

图 6-42　元器件规则检查报表文件内容

3. 创建元器件库报表

单击菜单命令【Reports】/【Library】，系统自动生成元器件库报表文件"我的原理图库.rep"，如图 6-43 所示，同时伴随生成一个".csv"文件。

```
CSV text has been written to file : 我的原理图库.csv

Library Component Count : 2

Name            Description
------------------------------------------------------------------

AT89S52
DS18B20
```

图 6-43　元器件库报表文件内容

6.4　创建 PCB 封装库

PCB 元器件封装的创建与原理图符号模型的创建方法基本相同，但要求 PCB 元器件的封装与实际元器件完全一致。若元器件厂商提供了所用元器件的 datasheet，用户就应严格地按照 datasheet 中的信息进行元器件封装的创建；若没有提供 datasheet，则需使用测量工具对元器件的外形及引脚尺寸进行测量，然后根据实际的测量结果进行元器件封装的创建。

6.4.1　熟悉元器件 PCB 封装库编辑环境

1. PCB 库文件编辑器的启动

单击菜单命令【File】/【New】/【PCB Library】就可创建一个 PCB 库的编辑文件，该文件的缺省名称为"Pcblib1. PcbLib"，用户可以修改为其他文件名(保存文件时可更改文件名和保存路径，保存为"我的封装库. PcbLib")。按 PageUp 快捷键对工作窗口进行放大，然后单击【Edit】/【Jump】/【Reference】菜单项或者按【Ctrl】+【End】快捷键，此时鼠标就会跳到坐标原点处，其编辑器界面如图 6-44 所示。

　　PCB 库文件编辑器的界面与原理图库文件编辑器的界面大同小异，只是菜单项【Tools】和【Place】差别较大。

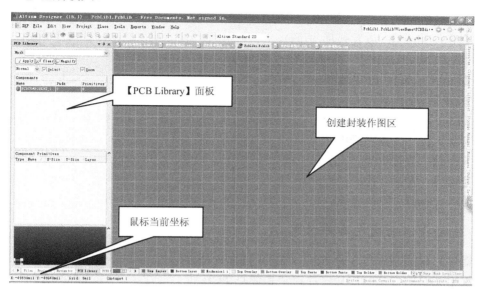

图 6-44　PCB 编辑器界面

2.【Tools】菜单

　　【Tools】菜单提供了 PCB 库文件编辑器所使用的工具，如新建、属性设置、元器件浏览、元器件放置等，如图 6-45 所示。其各项含义如下：

- 【New Blank Component】：新建元器件。
- 【Remove Component】：删除元器件。
- 【Component Properties...】：元器件属性。
- 【Next Component】：下一个元器件。
- 【Prev Component】：上一个元器件。
- 【First Component】：第一个元器件。
- 【Last Component】：最后的元器件。
- 【Update PCB With Current Footprint】：用当前的封装更新 PCB。
- 【Update PCB With All Footprints】：用所有的封装更新 PCB。
- 【Place Component...】：放置元器件。
- 【Layer Stack Manager...】：层堆栈管理器。
- 【Layers & Colors...】：板层与颜色。
- 【Library Options...】：库选项。
- 【Preferences...】：系统参数。

图 6-45　【Tools】菜单

3. 【Place】菜单

【Place】菜单提供了创建一个新元器件封装时所需的图件，如焊盘、过孔等，如图 6-46 所示。其各项含义如下：

- 【Arc (Center)】：放置弧形(定中心)。
- 【Arc (Edge)】：放置弧形(边限)。
- 【Arc (Any Angle)】：放置弧形(任意角度)。
- 【Full Circle】：放置圆环。
- 【Fill】：放置填充。
- 【Line】：放置线。
- 【String】：放置字符串。
- 【Pad】：放置焊盘。
- 【Via】：放置过孔。
- 【Keepout】：禁止布线。

图 6-46　【Place】菜单

6.4.2 完全手工创建元器件封装

元器件封装的制作有 3 种方法，即手工绘制元器件封装、采用编辑的方法制作元器件封装和使用 PCB 元器件向导制作元器件封装。

手工绘制元器件封装就是利用绘图工具，按照实际的尺寸绘制出元器件的封装。如图 6-47 所示为元器件封装实例，该元器件封装主要由图形和焊盘组成，图形部分决定了元器件的封装尺寸，焊盘的属性决定了元器件管脚的钻孔尺寸，其具体绘制步骤如下：

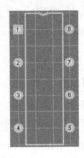

图 6-47　手工创建的元器件封装

(1) 单击菜单命令【File】/【New】/【PCB Library】创建一个 PCB 的库文件，对该文件进行保存并把其名称更改为"我的封装库.PcbLib"，同时打开左下侧【PCB Library】面板标签。与原理图元器件符号的创建方法一样，PCB 的封装模型也应尽量放置在作图区靠近原点的地方，但 PCB 作图区并不像原理图库作图区一样存在一个十字坐标，用户可以按【Ctrl】+【End】快捷键来确定作图区的原点。

(2) 用户进行可视格点及捕获格点的重新设置，以方便焊盘的合理放置。单击【Tools】/【Library Options】菜单命令，在弹出的对话框中进行捕获格点的设置。

(3) 放置元器件封装的焊盘，通孔焊盘通常放置在"Multi-Layer"上，而表贴型元器件的焊盘应该选择放置在"Top Layer"上并将焊盘的孔径尺寸设置为 0。单击工作窗口右下角的【Multi-Layer】标签使该层处于当前的工作窗口中，然后单击菜单命令【Place】/【Pad】或单击工具条上的 ◎ 图标或依次单击 P、P 键，这时鼠标将变成十字形状，同时焊盘附在鼠标上随鼠标一起移动，选择合适的位置单击鼠标左键即可完成焊盘的放置，接着进行其他焊盘的放置操作。焊盘的间距应以测量工具测得的实物测量数据或厂商提供的 datasheet 为依据。习惯上我们一般把 1 号焊盘放置在(0, 0)位置，在本例中假设焊盘之间的垂直距离为

200 mil, 水平距离为 300 mil, 那么 2 号焊盘将布置在(0, −200)位置, 8 号焊盘将布置在(300, 0)位置, 依此类推, 可放置其他焊盘。焊盘的直径设置为 60 mil, 孔径设置为 30 mil。一般而言, 焊盘间的距离为 100 mil 的整数倍(英制), 孔径为 10 mil 的整数倍。

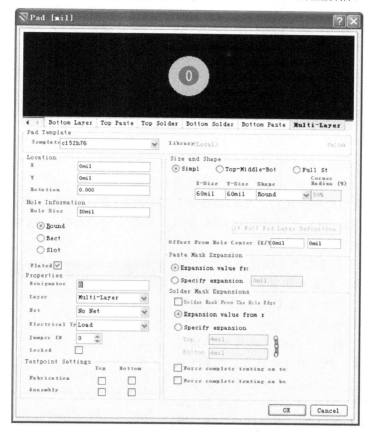

图 6-48   【Pad】属性编辑对话框

(4) 双击焊盘打开其属性编辑对话框, 如图 6-48 所示, 从中进行焊盘属性的设置。PCB 封装的管脚标号(【Designator】属性)应与原理图符号中元器件的管脚标号一致, 否则在同步更新或网络布线时将出现错误。

(5) 将 1 号焊盘的形状设置为正方形, 即将 1 号焊盘【Size and Shape】属性栏的【Shape】项设置为【Rectangle】, 然后将【X-Size】和【Y-Size】设置为等值 60 mil 即可。按照同样的方法将其他焊盘设置为【Round】(圆形焊盘)并依次放好, 如图 6-49 所示。

(6) 接着绘制元器件的外形轮廓。单击工作窗口下方的【Top Overlay】标签使该层处于当前的工作窗口中, 然后单击菜单命令【Place】/【Line】或单击工具条上的 图标或依次单击 P、L 键绘制出元器件封装的轮廓。

绘制时启动布置导线, 这里要注意组件间的距离要转化为绝对坐标值。左上角坐标为 (40, 100), 右上角坐标为(260, 100), 左下角坐标为(40, −700), 右下角坐标为(260, −700), 上端左开口坐标为(120, 100), 上端右开口坐标为(180, 100), 布置好的导线如图 6-50 所示。

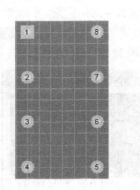 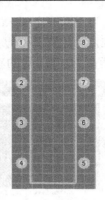

图 6-49 放置好的焊盘   图 6-50 放置好的导线

(7) 布置圆弧导线。单击菜单命令【Place】/【Arc】或单击工具条上的 图标或依次单击 P、A 键绘制出圆弧导线。最终绘制好的元器件封装模型如图 6-47 所示。

(8) 设置元器件封装参考点。单击菜单命令【Edit】/【Set Reference】/【Pin 1】，就可设置以 1 号管脚为参考点；若选择【Center】，表示以元器件中心为参考点；若选择【Location】，表示由用户指定一个位置作为参考点。

(9) 修改名字。在【PCB Library】面板上双击已创建的元器件，就会弹出如图 6-51 所示的对话框。在该对话框中的【Name】栏输入"MyDIP8"即可完成更名。

(10) 若用户还想建立其他元器件的封装模型，则可重新创建一个作图区来建立。在【PCB Library】面板上的已创建的元器件处单击鼠标右键，然后在弹出的快捷菜单中选择【New Blank Component】菜单项，即可新建一个元器

图 6-51 【PCB Library Component】对话框

件，并且会在工作窗口中打开此元器件的封装编辑区域。其余的步骤与第一个元器件封装的创建方法完全相同，这里不再赘述。

(11) 单击菜单命令【File】/【Save】或单击工具栏上的 按钮保存整个 PCB 库文件，这样便完成了 PCB 库文件的创建。

6.4.3 修改已有元器件封装库来创建新封装库

当一个元器件封装形式与库中的某个元器件封装形式类似时，我们可以通过修改已有的元器件封装来获得新的元器件封装。下面这个例子是通过编辑三极管的封装获得 DS18B20 的封装。

具体步骤如下。

(1) 从已有的元器件封装获得一个副本。执行菜单命令【File】/【Open】，选择已有元器件封装库的路径，例如 D:\Altium Designer\Library\Miscellaneous Devices，出现如图 6-52 所示的对话框。单击【Extract Source】按钮，打开该库文件。在 PCB 元器件列表中查找 TO-92 结果，如图 6-53 所示。

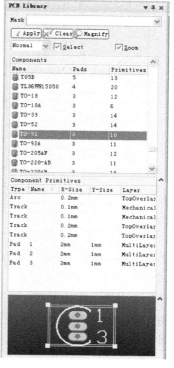

图 6-53　TO-92 封装形式

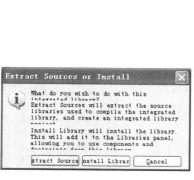

图 6-52　打开封装库对话框图

将鼠标放置到元器件列表窗口中的 TO-92 上，单击鼠标右键，此时，系统将弹出如图 6-54 所示的右键菜单。单击其中的【Copy】命令后，将界面切换到前面建立的 PCB 库文件窗口，并在【PCB Library】面板单击右键，如图 6-55 所示。单击右键菜单中的【Paste 1 Components】命令，此时 TO-92 封装添加到了 PCB 元器件库中，结果如图 6-56 所示。

图 6-54　PCB 库的右键菜单图

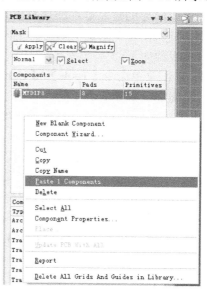

图 6-55　切换界面到 PCB 库文件

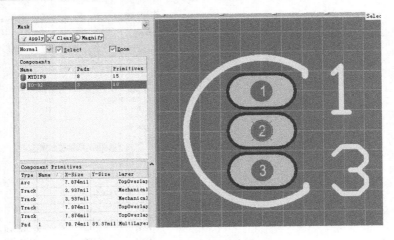

图 6-56 添加 TO-92 到 PCB 库文件

（2）修改元器件封装。按照 DS18B20 的实际外形调整元器件的外形尺寸，编辑成如图 6-57 所示的形状。

（3）编辑焊盘属性。双击焊盘，在弹出的对话框中编辑属性参数(方法与前一个例子完全相同)。

（4）设置元器件封装参考点(方法与前一个例子完全相同)。

（5）重命名与保存。重命名为"MyP3"(方法与前一个例子完全相同)。

图 6-57 编辑后的元器件封装

6.4.4 利用向导创建元器件封装

Altium Designer 系统为用户提供了一种简便快捷的元器件封装制作方法，即通过元器件封装生成向导创建元器件的封装模型，但这仅限于创建一些标准化的封装。下面通过创建一个"MyDIP40"来说明如何利用向导创建新的元器件封装。

具体步骤如下：

（1）单击菜单命令【Tools】/【Component Wizard】或依次单击 T、C 快捷键即可启动元器件封装向导，如图 6-58 所示。

（2）单击 Next> 按钮，系统弹出如图 6-59 所示的对话框，从中选择一种标准的元器件封装形式。

在图 6-59 所示的文本框中列出了 12 种元器件外形，从中可以选择需要的一种。这些形式包括：

- Dual In-line Package(DIP)：双列直插式。
- Ball Grid Arrays(BGA)：格点阵列式。
- Staggered Pin Grid Array(SPGA)：开关门阵列式。
- Diodes：二极管式。
- Capacitors：电容式。
- Quad Packs(QUAD)：四芯包装式。

- Pin Grid Arrays(PGA)：引脚栅格阵列式。
- Leadless Chip Carriers(LCC)：无引线芯片载体式。
- Small Outline Packages(SOP)：小外形包装式。
- Resistors：电阻式。
- Staggered Ball Grid Arrays(SBGA)：格点阵列式。
- Edge Connectors：边连接式。

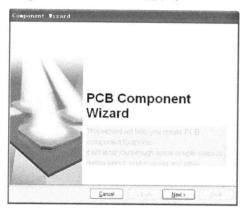

图 6-58　元器件封装向导界面

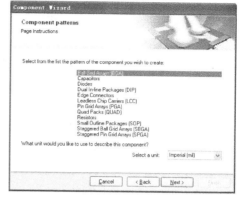

图 6-59　选择元器件封装形式

同时，可以在对话框下的选择框中选择度量单位，即 Imperial(mil)(英制)和 Metric(mm)(公制)，系统默认为 Imperial(mil)。

本例选择 Qual In-line Package(DIP)形式，使用系统默认的度量单位 Imperial(mil)。

(3) 单击 Next> 按钮，系统弹出如图 6-60 所示的对话框，在对话框中进行焊盘尺寸的设置。方法是：在尺寸标注文字上单击鼠标左键，进入文字编辑状态，直接输入确定的数值。

(4) 单击 Next> 按钮，系统弹出如图 6-61 所示的对话框，在对话框中进行焊盘间距的设置。方法同焊盘尺寸设置。本例将双排焊盘的排距设置为 600 mil，同排焊盘的间距设置为 100 mil。

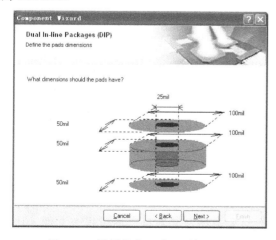

图 6-60　设置焊盘尺寸对话框

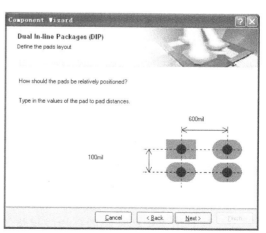

图 6-61　设置焊盘间距对话框

　　(5) 单击 Next> 按钮，系统弹出如图 6-62 所示的对话框，在对话框中进行元器件封装轮廓线条粗细设置，方法同焊盘尺寸设置。本例将它设为 10 mil。

　　(6) 单击 Next> 按钮，系统弹出如图 6-63 所示的对话框，在对话框中进行焊盘数量设置。方法是：直接在编辑框中输入焊盘数量，也可使用右边的微调器来设置焊盘数量。本例将它设为 40。

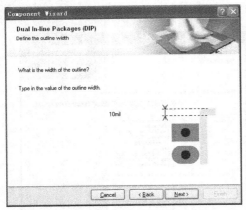
图 6-62　设置元器件封装轮廓线粗细

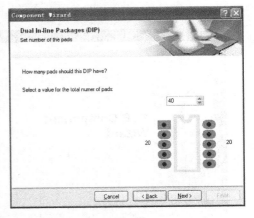
图 6-63　设置焊盘数量对话框

　　(7) 单击 Next> 按钮，系统弹出如图 6-64 所示的对话框，在对话框中对元器件封装命名。直接在编辑框中输入名字即可，将本封装命名为"MyDIP40"。

　　(8) 单击 Next> 按钮，系统弹出如图 6-65 所示的对话框，表示元器件封装设置完毕。

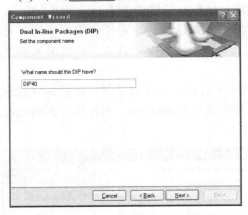
图 6-64　元器件封装命名

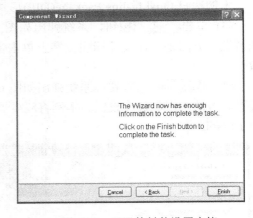
图 6-65　元器件封装设置完毕

　　若所有设置都满意，单击 Finish 按钮，即可完成元器件封装的创建。若有什么不妥，可以单击 <Back 按钮进行修改。若要取消此次创建操作，可单击 Cancel 按钮完成。

6.4.5　有关元器件封装的报表

1. 元器件封装信息报表

　　封装信息报表主要反映的是构成封装的所有对象类型及其数目，通过报表文件，可全面了解封装的结构。

在"我的封装库.PcbLib"窗口选定封装"MyDIP8",单击菜单命令【Reports】/【Component】,启动封装信息报表,则系统会自动产生一个扩展名为".CMP"的封装报表文件,结果如图 6-66 所示。从该文件可知,"MyDIP8"封装由 8 个焊盘、5 条线及 1 条弧线构成,其中线条和弧线放置在 Top Overlay 层。

```
Component   : MyDIP8
PCB Library : 我的封装库.PcbLib
Date        : 2016-4-9
Time        : 11:10:21


Dimension : 0.368 x 0.81 in

Layer(s)        Pads(s)  Tracks(s)  Fill(s)  Arc(s)  Text(s)
----------------------------------------------------------------
Multi Layer        8        0         0        0        0
Top Overlay        0        5         0        1        0

Total              8        5         0        1        0
```

图 6-66　"MyDIP8"封装信息

2. 元器件封装库信息报表

元器件封装库信息报表主要的信息是在该封装库中元器件封装的名称及其数量,可帮用户全面了解封装库的构成情况。

单击菜单命令【Reports】/【Library List】,则系统会自动产生一个扩展名为".REP"的封装库信息报表文件,结果如图 6-67 所示。该文件表明,在"我的封装库.PcbLib"中有 3 个封装,其封装名分别为"MyDIP8"、"MyDIP40"和"MyP3"。

```
PCB Library : 我的封装库.PcbLib
Date        : 2016-4-9
Time        : 11:13:21

Component Count : 3

Component Name
------------------------------------------------

MyDIP8
MyDIP40
MyP3
```

图 6-67　封装库信息报表

6.4.6　创建和修改元器件封装应注意的问题

建议用户将自己创建的元器件库保存在另外的磁盘分区,这样的好处是,如果在 Altium Designer 软件出现问题或操作系统出现问题时,创建的元器件库不可能因为重新安装软件或系统而丢失,另外对元器件库的管理也比较方便和容易。

用手工绘制元器件时,必须注意元器件的焊接面在底层还是在顶层,一般来讲,贴片元器件的焊接面在顶层,其他元器件的焊接面在底层(实际是在 Multi-Layer 层)。对贴片元器件的焊盘用绘图工具中的焊盘工具放置,然后双击焊盘,在对话框中将 Shape(形状)中的下拉菜单修改为 Rectangle(方形),同时将焊盘大小 X-Size 和 Y-Size 调整为合适的尺寸,将 Layer(层)修改到"Toplayer"(顶层),将 Hole Size(内径大小)修改为 0 mil,再将 Designator 中的焊盘名修改为需要的焊盘名,再点击【OK】按钮就可以了。有的初学者在做贴片元器件时用填充来做焊盘,这是不可以的,一则它本身不是焊盘,在用网络表自动放置元器件时肯定出错;二则如果生产 PCB 板,阻焊层将这个焊盘覆盖,无法焊接,请初学者特别注意。

在用手工绘制封装元器件和用向导绘制封装元器件时,首先要知道元器件的外形尺寸和引脚间尺寸以及外形和引脚间的尺寸,这些尺寸在元器件供应商的网站或供应商提供的 datasheet 资料中可以查到。如果没有这些资料，那用户只有用游标卡尺一个尺寸一个尺寸地测量了。测量后的尺寸是公制，最好换算成以 mil 为单位的尺寸(1 cm = 1000/2.54 = 394 mil, 1 mm = 1000/25.4 = 39.4 mil)，如果要求不是很高，可以取 1 cm = 400 mil, 1 mm = 40 mil。

如果目前已经编辑了一个 PCB 电路板，那么单击【Design】/【Make PCB Library】就可以将 PCB 电路板上的所有元器件新建成一个封装元器件库，放置在 PCB 文件所在的工程中。这个功能十分有用，我们在编辑 PCB 文件时如果仅仅对这个文件中的某个封装元器件修改的话，那么只修改这个封装元器件库中的相关元器件就可以了，而其他封装元器件库中的元器件不会被修改。

6.5 创建集成元器件库

Altium Designer 使用了集成库的管理模式，集成库中包括了元器件的各种模型，例如元器件的原理图符号模型、PCB 封装模型、仿真模型和信号完整性分析模型。集成库的管理模式给元器件库的加载、网络表的导入及原理图与 PCB 之间的同步更新带来了方便。当用户完成了原理图符号库及 PCB 封装库的创建后，此时就需要生成一个集成的元器件库，以方便今后设计的进行。

创建集成元器件库的具体步骤如下：

(1) 单击菜单命令【File】/【New】/【Project】/【Integrated Library】即可创建一个集成库，此时将在【Project】面板中出现用户新建的文件包 "Integrated_Library.LibPkg"，如图 6-68 所示。虽然这里不是集成元器件库的 ".IntLib" 格式，而是 ".LibPkg" 格式，但用户不必担心，只要完成元器件各种模型的添加及编辑后就可生成 ".IntLib" 格式的集成元器件库。

(2) 在【Integrated_Library.LibPkg】上右击【Save Project As】菜单项，选择合适的路径对其进行重新命名并保存，在这里命名为 "我的集成库"，如图 6-69 所示。

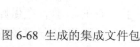

图 6-68 生成的集成文件包　　　　　　图 6-69 重命名与保存对话框

(3) 在【Projects】面板中新建的集成文件包上单击鼠标右键，在弹出的快捷菜单中选择【Add Existing to Project...】菜单项，弹出一个如图 6-70 所示的对话框。选中要添加的原理图库文件，单击 打开(O) 按钮即可将该原理图库文件添加到新建的集成文件包中。

(4) 按同样的方法将对应的 PCB 封装库也添加到这个新建的集成文件包中，如图 6-71 所示。

图 6-70　添加已有的原理图库文件　　　　　图 6-71　添加已有的 PCB 封装库文件

(5) 双击打开刚添加进来的原理图库文件，并切换到【SCH Library】面板中。

(6) 这时在【SCH Library】面板中会列出该元器件库中的所有元器件符号模型及相关信息，如图 6-72 所示。单击【Model】栏的 Add 按钮，弹出一个如图 6-73 所示的对话框，选择要添加的元器件模型类型，在这里选择 "Footprint" 封装模型。

图 6-72　元器件管理器　　　　　　　　图 6-73　选择添加模型的类型

(7) 单击 OK 按钮完成元器件模型类型的选择，这时将弹出如图 6-74 所示的对话框。

（8）若用户知道元器件对应的封装模型，则可直接在【Name】栏中填写元器件封装的名字。通常可以单击 Browse... 按钮，从弹出的对话框中选择要添加元器件的封装模型，添加后的对话框如图 6-75 所示。

图 6-74　　【PCB Model】对话框　　　　　　　　图 6-75　　【PCB Model】对话框

（9）单击 OK 按钮，用户可在【SCH Library】面板的【Model】栏中看到刚才添加的封装模型，如图 6-76 所示。

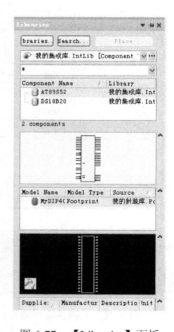

图 6-76　添加封装模型后的【SCH Library】面板　　　图 6-77　【Libraries】面板

（10）继续添加其他元器件的封装模型。用户也可以采用同样的方法添加元器件的其他模型，例如仿真模型等。完成了所有元器件对应模型的添加操作后，单击菜单命令【Project】/【Compile Integrated Library 我的集成库.LibPkg】即可对该集成库进行编译。编译后的系统将自动激活【Libraries】面板，用户可以在该面板最上面的下拉列表中看到编译后的集成库文件"我的集成库.IntLib"，并且会看到每一个元器件名称都对应一个原理图符号和一个 PCB 封装，如图 6-77 所示。

　　至此便完成了一个集成元器件库的创建。若想继续向该集成元器件库中添加元器件，用户按照上面的步骤操作即可，这样日积月累就可创建一个属于自己的丰富的元器件库。

习　　题

　　1. Altium Designer 提供的是(　　)的库文件管理模式，即将元器件的(　　)、(　　)、SPICE 仿真模型及 SI 模型等信息集成放在一个元器件库中。

　　2. 元器件的原理图符号模型主要由(　　)和(　　)两部分组成，元器件的封装模型主要由(　　)和(　　)两部分组成。

　　3. 简述自带元器件库存在的弊端。

　　4. 简述集成元器件库创建的步骤。

　　5. 在继电器控制系统中，经常需要图 6-78 所示的元器件，试建立原理图库，并画出这些元器件，同时利用所创建的原理图库绘制图 6-79 所示的电动机长动控制线路。

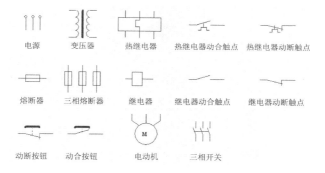

图 6-78　原理图库中的元器件

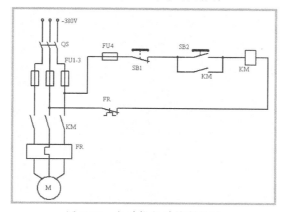

图 6-79　电动机长动控制线路

6. 试创建原理图库并画出图 6-80 所示的元器件，元器件名分别为 MC33033 和 MC14460。

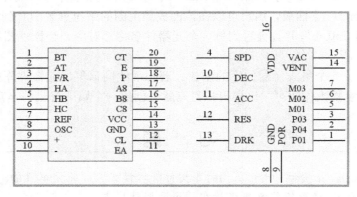

图 6-80 MC33033 和 MC14460 元器件

7. 试从已有的封装库中拷贝一个 DIP8 的封装，然后将它改为 DIP4 的封装。

8 试画出图 6-81 所示连接器封装图。焊盘尺寸为外径 120 mil，内径 60 mil。

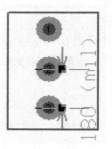

图 6-81 连接器

9. 用两种不同的方法创建自己的 DIP12 封装的元器件库。

第 7 章　Altium Designer 仿真入门与应用

内容提要：

本章将以三极管放大器、滤波器、计数器等电路为例，介绍仿真的基本概念和具体应用，以达到以下学习目标：

- 理解电路仿真的基本概念
- 了解电路仿真的基本操作步骤
- 掌握工作点分析、瞬态仿真分析、参数扫描、交流小信号分析的操作和应用

7.1　电路仿真概述

在电子线路仿真软件问世之前，当完成原理图构思和设计后，必须使用实际元器件、导线，根据原理图中规定的连接关系在面包板或万能板上搭接实验电路，然后借助有关的实验仪器仪表，在特定的环境下对电路的功能、性能指标进行测试。这种方法工作量非常大，设计周期长，而且需要专业的、设备齐全的实验室才能完成，成本很高。

7.1.1　仿真的基本概念

电路仿真，是以电路理论、数值计算方法和计算机技术为基础，采用仿真模型和仿真算法，借助计算机仿真软件(如：Altium Designer、EWB、OrCAD 等)分析计算，模拟出实际电路的基本工作过程，并把电路工作时的各种参数(如功率、频率、各节点的电压值、各支路的电流值等)以波形、图表等形式显示出来。

一个电路仿真软件就相当于一个设备齐全的电子实验室，这样无需元器件、面包板和电子仪器仪表，设计者就可以对整个电子系统进行模拟设计和参数分析。它把硬件工程师从面包板上复杂的导线中解脱出来，提高了电子产品的设计质量和可靠性，降低了开发费用，缩短了开发周期。

随着计算机技术的发展，电子设计自动化(EDA)得到了普及，出现了很多电路仿真软件，其中具有代表性的有 Microsim 公司的 PSPICE，Interactive Image Technologies 公司的 EWB。这些都是专用的仿真软件。由于电路仿真已经是电子线路设计过程中一个非常重要的环节，因此很多电子 CAD 软件中都包含了电路仿真功能，Altium Designer 当然也不例外，其仿真程序具有如下特点。

1. 简单的编辑环境

仿真电路的编辑环境与原理图是融为一体的，唯一的区别在于仿真电路中的所有元器

件必须具有仿真属性。

2. 丰富的仿真器件

Altium Designer 提供了丰富的仿真激励源和仿真元器件，能够对模拟电路、数字电路及数字/模拟混合电路进行仿真分析。

3. 多样的仿真方式

Altium Designer 提供了十多种仿真方式，如静态工作点分析、瞬态分析等。不同的仿真方式从不同的角度对电路的各种电气特性进行仿真，设计者可以只执行其中一种仿真方式，也可以同时进行多种仿真方式。

4. 直观的仿真结果

仿真结果以图形方式输出，直观性强。仿真结果管理方便，能以多种方式从不同的角度观察分析仿真结果。

7.1.2 电路仿真的操作步骤

使用 Altium Designer 进行电路仿真的步骤如下。

1. 绘制仿真原理图

利用原理图编辑器绘制仿真测试电路图。在绘制仿真电路图的过程中，除了导线、电源、接地等符号外，电路图中的所有元器件必须具有【Simulation】(仿真)属性。

在放置仿真元器件的过程中，元器件未固定之前，一般要按下【Tab】键对元器件进行属性设置，此时就可以修改元器件的仿真参数，如电阻的阻值等。

2. 放置仿真激励源

仿真激励源是用来模拟实际电路的输入信号的。在仿真电路中，必须包含至少一个仿真激励源。Altium Designer 为我们提供了多种仿真激励源，包括信号源(如正弦波、矩形波)和直流电源(直流稳压电源)。激励源如同一个特殊的仿真元器件，其放置和属性设置方法与一般元器件基本相同。

3. 放置节点网络标号

在需要观察信号电压波形的电路节点处放置网络标号，以便直观地观察指定节点的电压波形。

4. 选择仿真方式和设置仿真参数

设计者根据仿真电路的特征与性质，选择不同的仿真方式。除静态工作点分析不需要设置仿真参数外，其他仿真方式均需设置仿真参数。

5. 运行仿真

设置完仿真参数后，在原理图编辑窗口内执行菜单命令【Design】/【Simulation】/【Mixed Sim】就可以启动仿真程序了。当仿真电路或仿真参数存在错误时，则自动弹出错误信息窗口，设计者要根据错误提示进行更正，直到仿真原理图中没有错误为止。

6. 管理分析仿真结果

在仿真测试过程中，仿真程序会自动创建*.SDF 文件(仿真数据文件)，设计者可以利用波形编辑器窗口内的工具，将信号显示幅度进行调整，然后进行仿真结果的测量与分析。若仿真结果不理想，可修改元器件参数或仿真参数，再进行仿真。

7.2　电路仿真入门

为了让读者对电路仿真有一个整体的认识，了解仿真操作的具体过程，下面介绍一个简单的仿真电路——固定偏置放大电路仿真实例。

按照如下步骤完成固定偏置放大电路仿真实例(请读者在阅读时打开计算机，依据例子中的叙述一步一步做下去)：

绘制仿真原理图→放置仿真激励源→放置节点网络标号→选择仿真方式和设置仿真参数→运行仿真→管理仿真结果。

7.2.1　绘制仿真原理图

电路仿真的第一步就是绘制仿真原理图，读者已经有了绘制原理图的基础，这一部分难度不是很大，但应当注意的是电路图中的所有元器件必须具有【Simulation】属性。

1. 原理图绘制

仿真原理图绘制步骤如下：

(1) 新建项目文件 sim.PrjPcb 并保存。

(2) 建立一个新的原理图文件 "amp.SCHDOC" 并保存。

(3) 加载仿真电路需要的元器件库。

Altium Designer 不提供专门的仿真元器件库，而是为仿真元器件添加一个【Simulation】属性。这些元器件分布在各个元器件库中。

在原理图编辑窗口下，执行菜单命令【Design】/【Add/Remove Library】，弹出如图 7-1 所示的对话框。

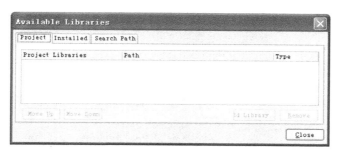

图 7-1　加载仿真原理图库

单击 Add Library... 按钮，在弹出的对话框中分别选择如图 7-2 所示的两个元器件库，然后单击按钮 Close ，即可完成仿真原理图库加载的操作。

在这里添加两个元器件库：分立元器件库(Miscellaneous Devices.IntLib)和仿真信号源元器件库(Simulation Sources.IntLib)。

(4) 编辑原理图。原理图的绘制过程这里就不再赘述。我们要用到的器件有电阻 RES2、电解电容 CAP Pol1 以及三极管 2N3904。电路图如图 7-3 所示。

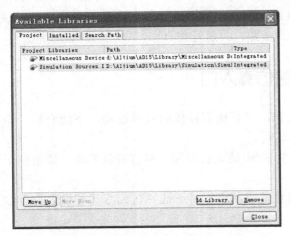

图 7-2　原理图库加载完成

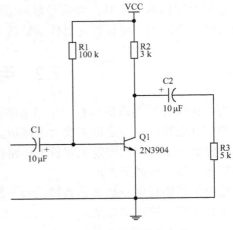

图 7-3　固定偏置放大电路

2. 元器件参数设置

1) 电阻(以 R1 为例，其他电阻可同样设置)的设置

在原理图中双击电阻 R₁ 的符号，弹出图 7-4 所示电阻属性设置对话框，按对话框中的内容进行设置，该电阻阻值为 100 kΩ。这里需要修改两处：① Comment；② Value。

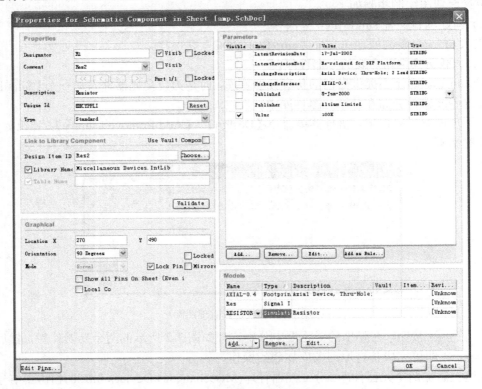

图 7-4　电阻属性设置对话框

将鼠标移到【Simulation】选项栏上，双击鼠标左键，弹出如图 7-5 所示的对话框，单击图 7-5 中的【Parameters】标签，得到图 7-6 所示的对话框，按对话框的内容进行设置。

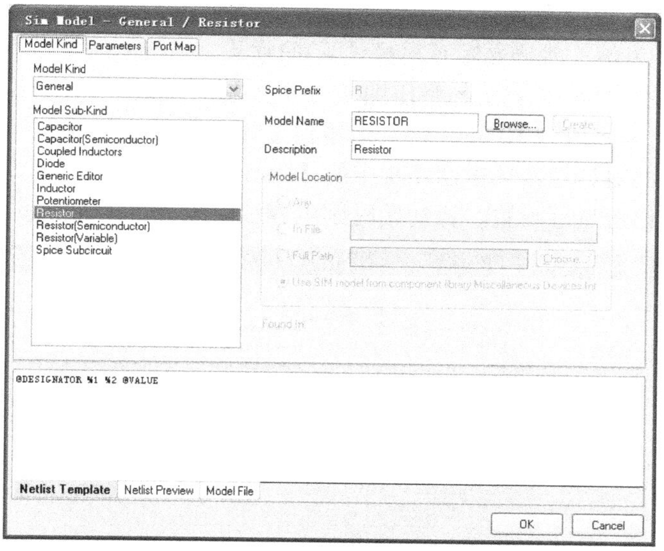

图 7-5　电阻仿真属性设置

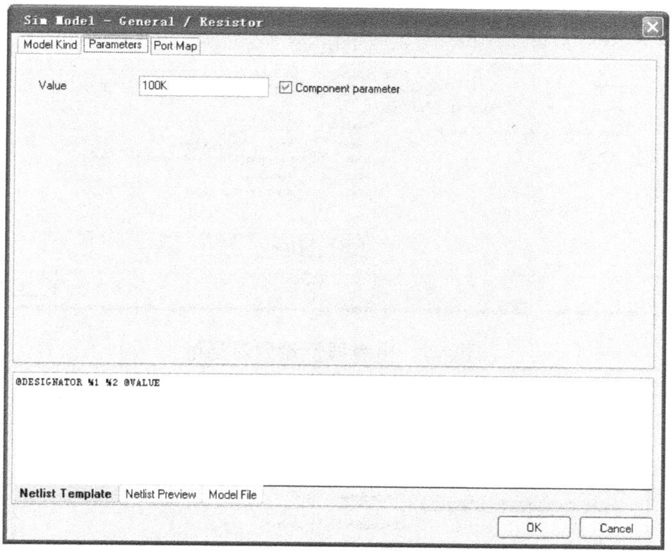

图 7-6　电阻仿真参数设置

元器件库中提供了两类电阻：RES(固定电阻)和 RES SEMI(半导体电阻)。两种电阻的仿真参数是不同的。下面介绍这两类电阻参数如何设置。

固定电阻只有一个参数：

【Value】：电阻阻值。

半导体电阻的阻值是由其长度、宽度和环境温度决定的，所以有如下参数：

【Value】：电阻阻值；

【Length】：电阻长度；

【Width】：电阻宽度；

【Temperature】：温度系数。

2) 电容(以 C1 为例，其他电容可同样设置)的设置

在原理图中双击电容 C1 符号，弹出图 7-7 所示的电容属性设置对话框，按对话框中的内容进行设置。C1 电容值为 10 μF。将鼠标移到【Simulation】选项栏上，双击鼠标左键，弹出如图 7-8 所示的对话框，单击图 7-8 中的【Parameters】标签，得到图 7-9 所示的对话框。按照对话框的内容进行设置，将初始时刻电容端电压 Initial Voltage 设为 "0 V"。

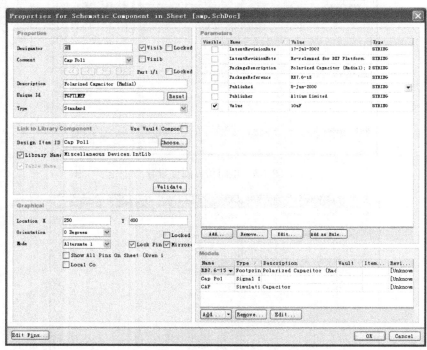

图 7-7　电容属性设置对话框

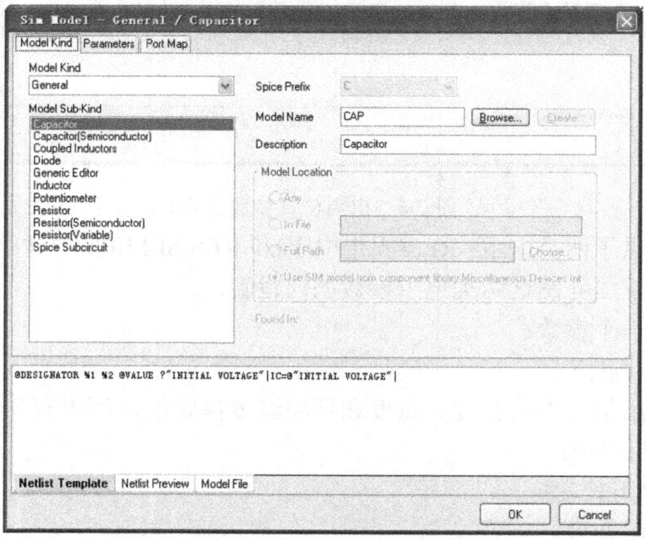

图 7-8　电容仿真属性设置

图 7-9 电容仿真参数设置

元器件库中提供了两种类型的仿真电容：CAP(无极性电容)和 CAP Pol(有极性电容)，其仿真参数设置方法如下：

【Value】：电容值，单位为 F(法拉)。

【Initial Voltage】：初始时刻电容两端电压，缺省值为"0 V"。

三极管的仿真参数采用默认值，这里不做叙述。

请注意，在设置元器件参数、仿真参数时，都可以不用输入物理量的单位，系统默认电阻为 Ω，电容为 F，电感为 H，电压为 V，电流为 A，频率为 Hz，功率为 W；m 表示 10^{-3}，u 表示 10^{-6}，n 表示 10^{-9}，p 表示 10^{-12}，f 表示 10^{-15}，K 表示 10^3，M 表示 10^6，G 表示 10^9。

7.2.2 放置仿真激励源

本实例中需要两个仿真激励源：直流电压源和正弦波电压源。首先将仿真激励源元器件库 Simulation Sources.IntLib 设置为当前元器件库，如图 7-10 所示，然后放置仿真激励源，电路如图 7-11 所示。

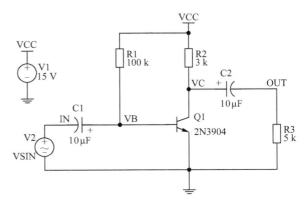

图 7-10 元器件库菜单　　　　　　　　图 7-11 固定偏置放大电路

下面修改激励源的仿真属性，仿真激励源属性的修改与其他器件基本相同。

1. 直流电压源(VSRC)

在原理图中双击直流电压源符号，弹出的属性设置对话框与电阻、电容相同，将鼠标移到【Simulation】选项栏上，双击鼠标左键，在弹出的对话框中单击【Parameters】标签，得到如图 7-12 所示的对话框，按对话框的内容进行设置。直流电压源的输出电压为 15 V。图 7-12 所示的对话框中各选项的功能如下：

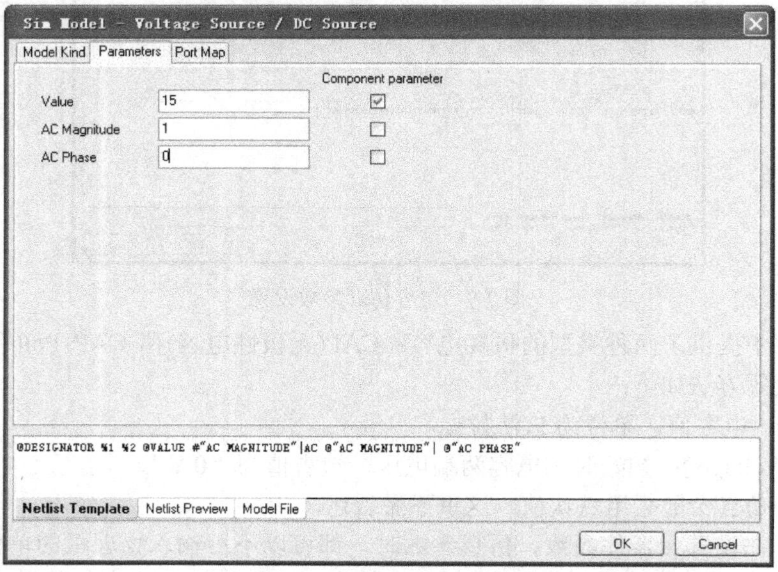

图 7-12　直流电压源仿真参数设置

【Value】：直流电压值，此处为 15 V；

【AC Magnitude】：交流小信号分析电压值，通常为 1 V，只在交流小信号分析时有用；

【AC Phase】：交流小信号分析相位，通常为 0，只在交流小信号分析时有用。

直流电压源的波形如图 7-13 所示。直流电流源的设置与直流电压源基本相同。

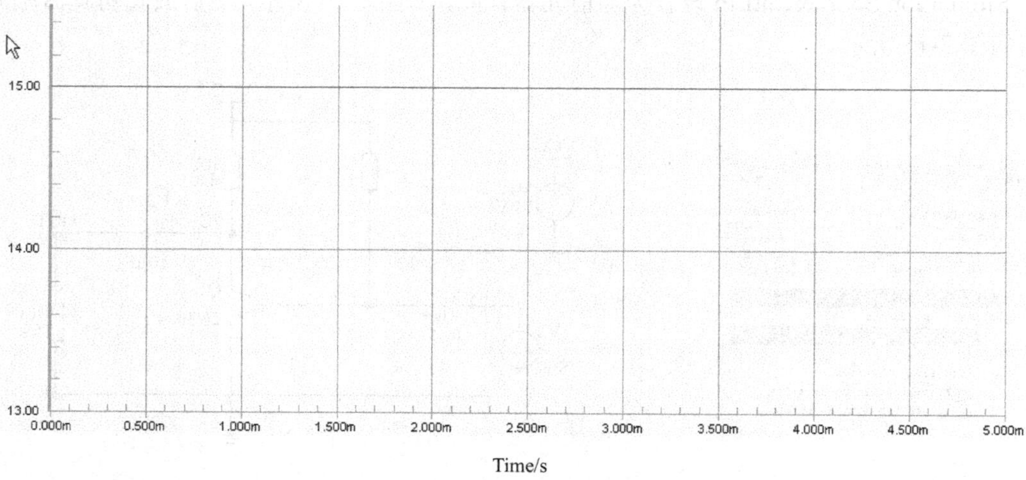

图 7-13　直流电压源的波形

2. 正弦波电压源(VSIN)

正弦波电压源在模拟电路仿真中使用较多，所以了解正弦波激励源的仿真参数设置是非常有必要的。在原理图中双击正弦波电压源符号，弹出属性设置对话框，将鼠标移到【Simulation】选项栏上，双击鼠标左键，在弹出的对话框中单击【Parameters】标签，得到如图 7-14 所示对话框,按对话框的内容进行设置。

【DC Magnitude】：直流参数，可忽略，通常设置为 0；

【AC Magnitude】：交流小信号分析电压值，通常为 1 V，只在交流小信号分析时有用；

【AC Phase】：交流小信号分析相位，通常为 0，只在交流小信号分析时有用；

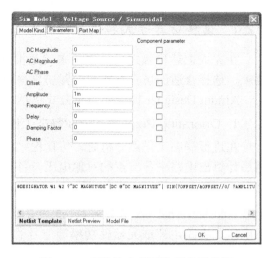

图 7-14   正弦波电压源仿真参数设置

【Offset】：正弦波信号上叠加的直流分量；

【Amplitude】：正弦波信号振幅；

【Frequency】：正弦波信号频率；

【Delay】：初始时刻的延时时间。

正弦波电压源的波形如图 7-15 所示。正弦波电流源的设置与正弦波电压源基本相同。

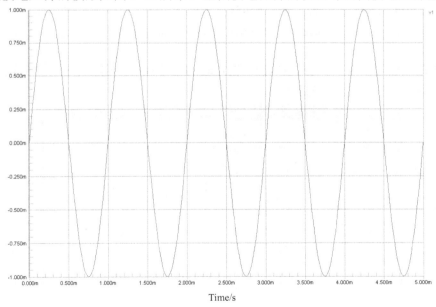

图 7-15   正弦波电压源的波形

7.2.3 放置节点网络标号

按如图 7-11 所示放置节点网络标号，以便直观地观察指定节点的电压波形。在这里我们添加了 4 个网络标号：IN、OUT、VB、VC。

7.2.4　选择仿真方式和设置仿真参数

在完成上述步骤之后，接下来就是根据电路的具体特点、性能以及需要测试的元器件要求，选择合适的仿真方式和设置仿真参数。

Altium Designer 提供的仿真方式包括如下几类。

1. Operating Point Analysis(静态工作点分析)

在进行静态工作点分析时，仿真程序将电路中的电感元器件视为短路，电容视为开路，然后计算出电路中各节点的对地电压及各支路(每一元器件)的电流值。

2. Transient Analysis(瞬态特性分析)

Transient Analysis 是最基本、最常用的仿真分析方式之一，属于时域分析，用于获得节点电压、支路电流或元器件功率等信号的瞬时值，即信号随时间变化的瞬态关系，仿真结果直观，易于分析。

3. Fourier Analysis(傅立叶分析)

傅立叶分析是频域分析，用来分析非正弦激励源和节点电压波形的频谱。

除了上述 3 种仿真方式，还有 DC Sweep Analysis(直流扫描分析)、AC Small Signal Analysis(交流小信号分析)、Noise Analysis (噪声分析)、Transfer Function Analysis (传输函数分析)、Temperature Sweep Analysis (温度扫描分析)、Parameter Sweep Analysis (参数扫描分析)、Monte Carlo Analysis (蒙特卡罗分析) 7 种方式。

根据本例电路的特点，选择 Operating Point Analysis(静态工作点分析)和 Transient Analysis(瞬态特性)两种仿真方式。

在原理图编辑窗口下，执行菜单命令【Design】/【Simulate】/【Mixed Sim】，进入如图 7-16 所示的仿真方式设置对话框。

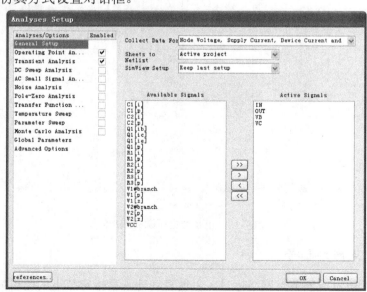

图 7-16　仿真方式设置对话框

图 7-16 对话框左边是【Analyses/Options】分组框，可以看到这里选择了 Operating Point Analysis 和 Transient Analysis 两种仿真方式。右边是公共参数设置分组框，其含义已在图 7-16 中标出，设计者可根据图 7-16 进行设置。注意，【General Setup】和【Advanced Options】并非仿真方式。

【General Setup】：用来设置仿真方式的公共参数；

【Advanced Options】：用来设置仿真方式的高级设置内容，一般选择用默认值。

选择好仿真方式，设置完公共参数后，就要对所选仿真方式所特有的一些参数进行设置了，其中静态工作点分析不需要设置仿真参数，其他仿真方式均需设置仿真参数。

在图 7-16 中单击【Transient Analysis】选项，得到图 7-17 所示对话框。按对话框的内容设置参数。

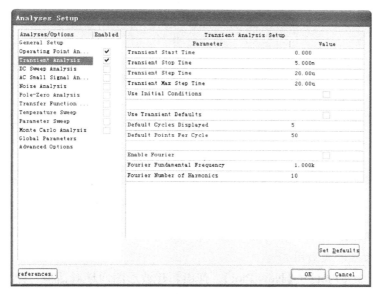

图 7-17　瞬态特性分析设置

图 7-17 是瞬态特性/傅立叶分析仿真设置对话框，图中已对各参数的含义做了标注，若要修改参数只需用鼠标选中，即可修改。下面介绍其中几个主要参数的设置方法。

【Transient Start Time】：仿真起始时间，一般为 0；

【Transient Stop Time】：仿真终止时间，一般比瞬态分析所需时间稍长；

【Transient Step Time】：时间步长，如果选得过大，则仿真结果波形太粗糙，反之，仿真时间就会很长；

【Transient Max Step Time】：最大时间步长；

【Use Initial Conditions】：使用初始设置条件，可在有储能元器件的电路中使用；

【Use Transient Defaults】：选中此项后所有灰色的选项不可修改。

7.2.5　运行仿真并管理仿真结果

1. 运行仿真

在图 7-17 中单击 `OK` 按钮，即可运行仿真，如果上述所有步骤正确无误，这时就会出现如图 7-18 所示的仿真结果。

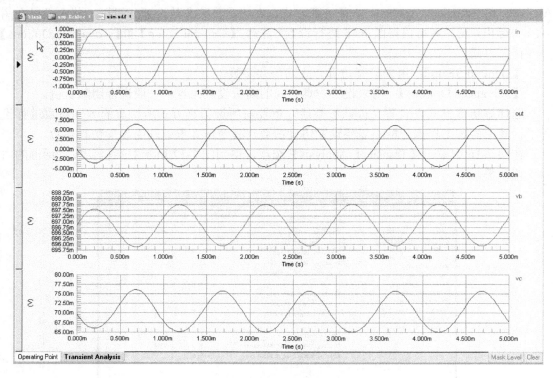

图 7-18　瞬态分析仿真结果

2. 管理仿真结果

1) 添加新的显示波形图

执行菜单命令【Plot】/【New Plot】，弹出新建波形图向导对话框，如图 7-19(a)所示，单击 Next> 按钮，直到出现如图 7-19(b)所示对话框，单击 Add... 按钮，得到如图 7-20 所示的对话框，选择需要显示的波形，如 q1[ib]，继续单击 Next> 按钮，直到完成，可以发现新的波形图 q1[ib]被添加到仿真结果中，如图 7-21 所示。

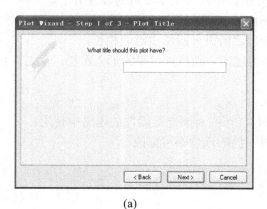
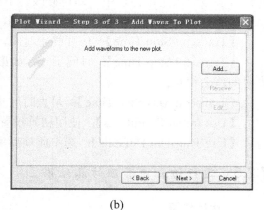

(a)　　　　　　　　　　　　　　　　　(b)

图 7-19　新建波形图向导对话框

图 7-20　选择添加新的波形图

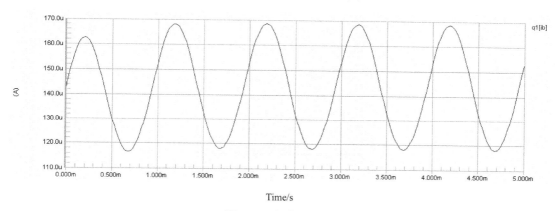

图 7-21　新的波形图

2) 删除显示波形

在图 7-18 中单击需要删除的波形，然后执行菜单命令【Plot】/【Delete Plot】，即可删除已显示的波形。

3) 给图表添加标题

执行菜单命令【Chart】/【Chart Options】，弹出的对话框如图 7-22 所示，按对话框中的内容输入标题。这里添加的标题是 amp sim。

图 7-22　绘图表选项

4) 修改 Y 轴坐标范围

在图 7-18 中单击需要修改 Y 轴坐标的波形，执行菜单命令【Plot】/【Format Y Axis】，弹出如图 7-23 所示的对话框，按对话框中的内容修改参数。请读者自行尝试。

5) 叠加显示波形

在分析仿真结果时，往往需要比较两个信号波形，此时就希望将两个波形叠加到一起，以达到更加直观的效果。

用鼠标单击一个需要比较的波形，执行菜单命令【Wave】/【Add Wave】，弹出图 7-20 所示的对话框，在对话框中选择要比较的另一个波形，单击 Create 按钮，可以看到两个波形叠加在一起了。图 7-24 就是 "in" 和 "out" 两个信号叠加在一起的结果。

图 7-23　修改 Y 轴坐标

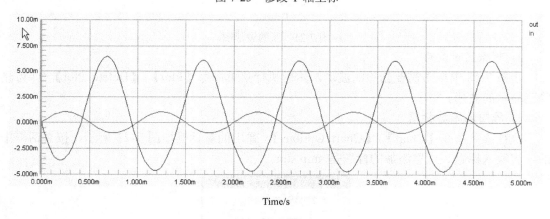

图 7-24　信号波形叠加

6) 改变显示范围

在图 7-18 的仿真结果中，各波形为周期函数，实际只需分析其中的 2、3 个周期，但由于仿真的 Transient Stop Time(终止时间)已经设置为 5 ms，因此仿真结果严格按照设定的终止时间显示。下面我们将显示时间范围修改为 0～2 ms。

执行【Chart】/【Chart Options】命令，弹出对话框如图 7-22 所示，在该对话框中选择【Scale】标签，得到图 7-25 所示对话框，按对话框中的内容修改，可得仿真结果如图 7-26 所示。

图 7-25　修改显示范围

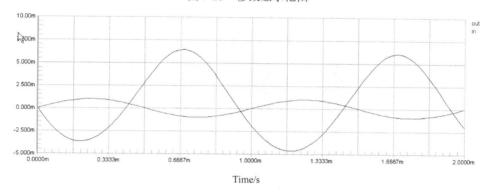

图 7-26　改变显示范围后的结果

3．静态工作点分析仿真结果

在图 7-16 中设置静态工作点仿真，在图 7-18 选择【Operating Point】标签，即可得到静态工作点分析仿真结果，如图 7-27 所示。

图 7-27　静态工作点分析仿真结果

7.3　电路仿真应用举例

在前一节中，以固定偏置放大电路为例介绍了电路仿真中工作点分析和瞬态分析的全过程，有了这些基础之后，就可以学习其他几种仿真方式以及数字电路、模数混合电路的仿真方法了。

7.3.1　参数扫描分析

参数扫描分析(Parameter Sweep Analysis)用于研究电路中某一元器件参数变化时，对电路性能的影响，常用于确定电路中某些关键元器件参数的取值。在 Altium Designer 中，启动参数扫描分析前，必须至少进行瞬态特性分析、交流小信号分析或直流传输特性分析中的一种仿真方式。

　　下面以图 7-28 所示的共射极分压式偏置放大电路为例，介绍 Altium Designer 的参数扫描分析的仿真操作过程。

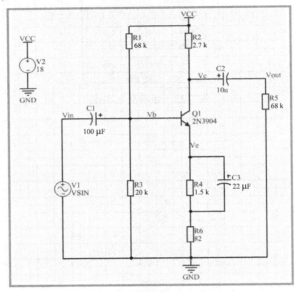

图 7-28　共射极分压式偏置放大电路

1. 绘制如图 7-28 所示的原理图

绘制原理图的步骤如下：

(1) 新建项目文件 offset.PrjPcb 并保存。

(2) 建立一个新的原理图文件"offset.SCHDOC"并保存。

(3) 加载仿真电路需要的元器件库。

添加两个元器件库：分立元器件库(Miscellaneous Devices.IntLib)和仿真信号源元器件库(Simulation Sources.IntLib)。

(4) 绘制原理图。

(5) 放置网络标号。

2. 放置激励源

1) 直流电压源

【Value】：直流电压值，此处为 18 V，其余参数使用默认值。

2) 正弦电压源

【Amplitude】：1 MV；【Frequency】：1 k；其余参数使用默认值。

3. 选择仿真方式和设置仿真参数

选择 Operating Point Analysis(静态工作点分析)、Transient Analysis(瞬态特性)和 Parameter Sweep Analysis(参数扫描分析) 3 种仿真方式。其中静态工作点分析不用设置仿真参数，瞬态分析的仿真参数设置方法前面已经介绍，下面对参数扫描分析的仿真参数设置做详细说明。

在如图 7-16 所示的仿真方式设置对话框内，将 "Parameter Sweep" 标签后的复选框勾选上，然后单击 "Parameter Sweep" 标签，即可显示如图 7-29 所示的参数扫描仿真参数设置对话框。

图 7-29　参数扫描仿真参数设置

【Parameter Sweep Variable】：扫描参数即变化的元器件参数，如 R1、C1、Q1[bf]等，Q1[bf]表示三极管 Q1 的电流放大倍数 β。【Primary Start Value】表示元器件参数的初值；【Primary Stop Value】表示元器件参数的终值；【Primary Step Value】表示参数变化增量。请读者按照图 7-29 所示进行设置。可见，此参数仿真实例是以三极管的放大倍数 β 作为扫描参数的。

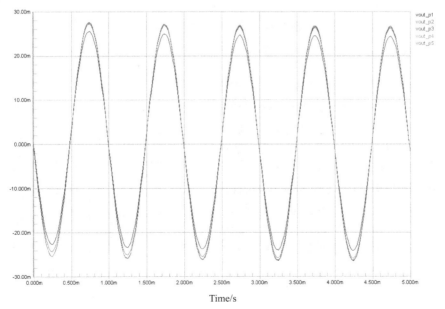

图 7-30　β 参数扫描仿真结果

4. 运行仿真并分析仿真结果

在图 7-29 中单击 ⎡ OK ⎦ 按钮，即可运行仿真，若操作无误，这时就会出现如图 7-30 所示的仿真结果。

在如图 7-28 所示的放大电路中，三极管 Q1 放大倍数 β 对电路放大性能的影响不大，在图 7-30 中，当 β＞70 后，放大器输出信号 Vout 基本重叠。

若选择 R5 作为主扫描参数，即可获得负载电阻对放大器放大性能的影响，例如 R5 从 500 Ω 增加到 6.5 kΩ(增量为 2 kΩ)时，输出信号 Vout 的振幅如图 7-31 所示。

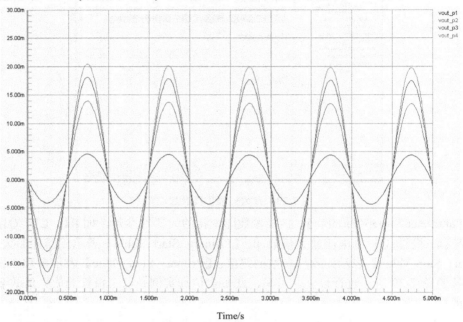

图 7-31　R5 参数扫描仿真结果

7.3.2　交流小信号分析

在电子线路中我们学习过滤波电路，滤波电路的功能是让指定频段的信号能比较顺利地通过，而对其他频段的信号起衰减作用，例如带通滤波器。交流小信号分析能够非常直观地将滤波器的这种特性显示出来。

交流小信号分析(AC Small Signal Analysis) 用于获得电路中如放大器、滤波器等的频率特性。简单地说，电路中的某些器件参数，如放大电路的放大倍数等并不是常数，而是随着工作频率的升高而下降的。

图 7-32 所示的电路就是一个带通滤波器，可以利用"AC Small Signal Analysis"来分析该

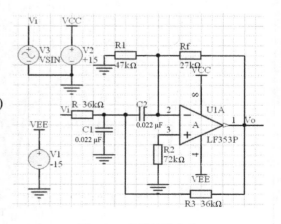

图 7-32　带通滤波电路

电路的频率特性。

1．绘制如图 7-32 所示的原理图

绘制原理图的步骤如下：

(1) 新建项目文件 BPF.PrjPcb 并保存。

(2) 建立一个新的原理图文件"BPF.SCHDOC"并保存。

(3) 加载仿真电路需要的元器件库。添加 3 个元器件库，分别为 TI Operational Amplifier.IntLib、Miscellaneous Devices.IntLib 和 Simulation Sources.IntLib。

(4) 绘制原理图。

2．放置激励源

1) 直流电压源

【Value】：直流电压值，图 7-32 中使用了两个直流电压源，V1 为 −15 V，V2 为 +15 V，其余参数使用默认值。

2) 正弦电压源

【Amplitude】：1 V；【Frequency】：1 k；其余参数使用默认值。

3．选择仿真方式和设置仿真参数

选择 Operating Point Analysis(静态工作点分析)和 AC Small Signal Analysis (交流小信号分析)两种仿真方式。

在如图 7-16 所示的仿真方式设置对话框内，将"AC Small Signal Analysis"标签后的复选框勾选上，然后单击"AC Small Signal Analysis"标签，即可显示如图 7-33 所示的交流小信号分析仿真参数设置对话框。

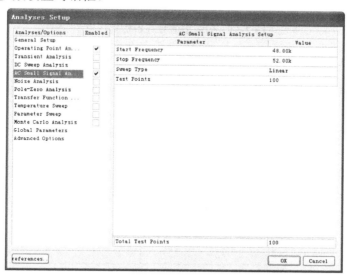

图 7-33　交流小信号分析仿真参数设置

【Start Frequency】：扫描起始频率；

【Stop Frequency】：扫描结束频率；

【Test Points】：分析频率点的数目。

请按图 7-33 所示设置各参数。

4．运行仿真并观察仿真结果

在图 7-33 中单击 OK 按钮，即可运行仿真，若操作无误，这时就会出现如图 7-34 所示的仿真结果。

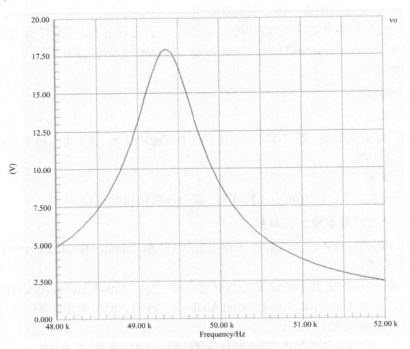

图 7-34　交流小信号分析仿真结果

7.3.3　数字电路仿真

计数器是用来实现累计电路输入 CP 脉冲个数功能的时序电路。在计数功能的基础上，计数器还可以实现计时、定时、分频和自动控制等功能，应用十分广泛。下面将以图 7-35 所示的同步十进制加法计数器为例来仿真分析计数器电路的特点。

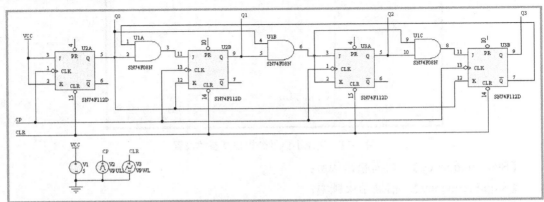

图 7-35　同步十进制加法计数器

1. 绘制如图 7-35 所示的原理图

绘制原理图的步骤如下：

(1) 新建项目文件 count.PrjPcb，建立新的原理图文件"count.SCHDOC"并保存。

(2) 加载仿真电路需要的元器件库。

添加 3 个元器件库，分别为 TI Logic Flip-Flop.IntLib、TI Logic Gate 2.IntLib 和 Simulation Sources.IntLib。

(3) 绘制原理图。

2. 放置激励源

1) 直流电压源(VSRC)

【Value】：直流电压值，V1 为 5 V，其余参数使用默认值。

2) 脉冲电压源(VPULSE)

在原理图中双击脉冲电压源符号，弹出元器件属性设置对话框，将鼠标移到【Simulation】选项栏上，双击鼠标左键，在弹出的对话框中单击【Parameters】标签，得到如图 7-36 所示的对话框，按对话框的内容进行设置。

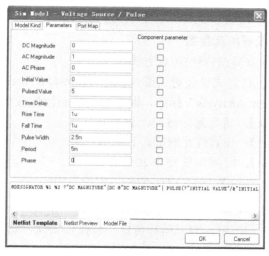

图 7-36　脉冲电压源仿真参数设置

【Pulsed Value】：脉冲波电压幅度；

【Time Delay】：初始时刻延时时间；

【Rise Time】：上升时间；

【Fall Time】：下降时间；

【Pulse Width】：脉冲宽度；

【Period】：脉冲周期。

3) 分段线性电压源(VPWL)

分段线性电压源的波形由几条直线段组成，是非周期信号激励源。为了描述这种激励源的波形特征，需给出线段各转折点的时间-电压坐标。

双击分段线性电压源符号，弹出元器件属性设置对话框，将鼠标移到【Simulation】选项栏上，双击鼠标左键，在弹出的对话框中单击【Parameters】标签，得到如图 7-37 所示的对话框，按对话框的内容进行设置。

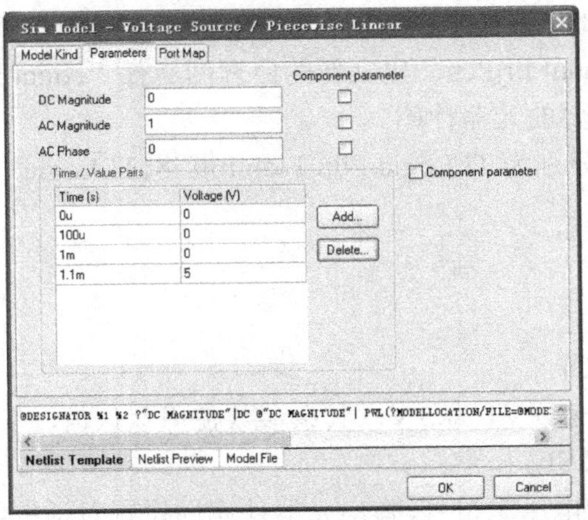

图 7-37　分段线性电压源仿真参数设置

【Time/Value Pairs】：转折点的"时间-电压"，第一点的时间坐标应为 0；[Add...]/[Delete...]用来添加/删除时间坐标。

3. 选择仿真方式和设置仿真参数

选择 Transient Analysis(瞬态特性)仿真方式。

在如图 7-16 所示的仿真方式设置对话框内，将"Transient Analysis"标签后的复选框勾选上，然后单击"Transient Analysis"标签，即可显示瞬态特性分析仿真参数设置对话框。

【Transient Start Time】：仿真起始时间，设为 0；

【Transient Stop Time】：仿真终止时间，设为 60 ms；

【Transient Step Time】：时间步长设为 20 μs；

【Transient Max Step Time】：最大时间步长，也设为 20 μs。

4. 运行仿真并观察仿真结果

在图 7-17 中单击[OK]按钮，即可运行仿真，若操作无误，这时就会出现如图 7-38 所示的仿真结果。

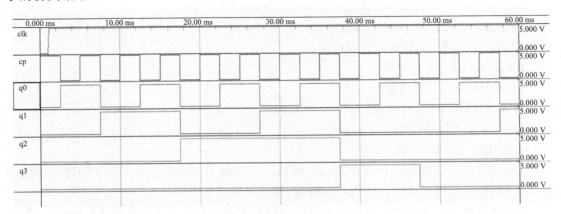

图 7-38　同步十进制加法计数器仿真结果

7.3.4　模数混合电路仿真

在计算机控制系统中，通常要将生产现场的模拟量参数转换为数字量，送给计算机进行处理，处理的结果又要转换为模拟量去控制现场。所以在很多实际电路中既有模拟信号，又有数字信号。

例如，比较两个信号 V1 和 V2 的大小，并统计 V1 大于 V2 的次数，在这个设计中既涉及到模拟电路(信号大小的比较)，又包含数字电路(统计计数)。在进行信号比较时可以使用运算放大器，当 V1 大于 V2 时出现一次高电平，再用计数器对脉冲次数进行统计。由于运算放大器的输出是 15 V，而计数器的有效输入高电平是 5 V，因此需要通过光电耦合器将运算放大器输出的 15 V 电平调整为 5 V，否则有可能损坏计数器芯片。计数器的电路构成和仿真在上一节已经介绍，本节只介绍比较、调整电路，并对其进行仿真。如图 7-39 所示的电路可以完成上述功能。

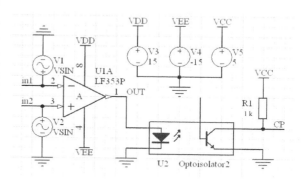

图 7-39　数模混合电路

1. 绘制如图 7-39 所示的原理图

绘制原理图的步骤如下：

(1) 新建项目文件 AD.PrjPcb 并保存，建立一个新的原理图文件"AD.SCHDOC"并保存。

(2) 加载仿真电路需要的元器件库。添加 3 个元器件库，分别为 TI Operational Amplifier.IntLib、Miscellaneous Devices.IntLib 和 Simulation Sources.IntLib。

(3) 绘制原理图。

2. 放置激励源

1) 直流电压源

【Value】：直流电压值，图 7-39 中使用了 3 个直流电压源，V3 为 –15 V，V4 为 15 V，V5 为 5 V，其余参数使用默认值。

2) 正弦电压源

V1：【Amplitude】为 10 V，【Frequency】为 1 kHz，其余参数使用默认值；

V2：【Amplitude】为 5 V，【Frequency】为 500 Hz，其余参数使用默认值。

3. 选择仿真方式和设置仿真参数

选择 Transient Analysis(瞬态特性)仿真方式。

在如图 7-16 所示的仿真方式设置对话框内，将"Transient Analysis"标签后的复选框勾选上，然后单击"Transient Analysis"标签，即可显示瞬态特性分析仿真参数设置对话框。

【Transient Start Time】：仿真起始时间，设为 0；

【Transient Stop Time】：仿真终止时间，设为 5 ms；

【Transient Step Time】：时间步长设为 20 μs；

【Transient Max Step Time】：最大时间步长，也设为 20 μs。

4. 运行仿真、观察仿真结果

在图 7-17 中单击 ⬚OK⬚ 按钮，即可运行仿真，若操作无误，就可以得到如图 7-40 所示的仿真结果。

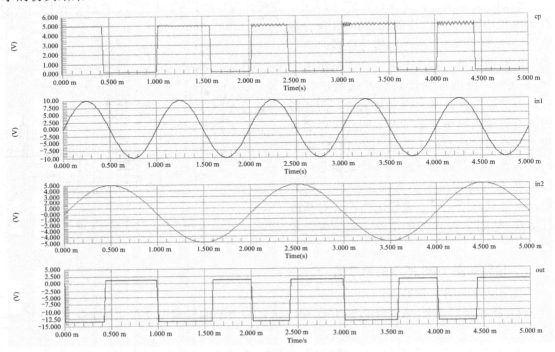

图 7-40　数模混合电路仿真结果

读者可以看到，脉冲 CP 的输出波形产生了失真，在电路 CP 节点连接一个 74LS00 与非门，可以对失真的脉冲进行整形，电路如图 7-41 所示。

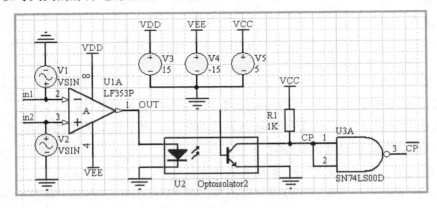

图 7-41　改进后的数模混合电路

重新仿真，可以看到仿真结果如图 7-42 所示。

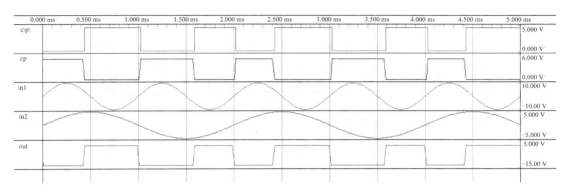

图 7-42　改进后的电路仿真结果

习　题

1. 什么是电路仿真?
2. 电路仿真的基本操作步骤是什么?
3. Altium Designer 有哪些基本仿真方式?
4. 如何设置仿真属性?
5. 如何放置仿真激励源和设置属性?

第 8 章　Altium Designer 的多通道设计

内容提要

- 📖 重复通道原理图绘制
- 📖 多通道原理图数量定义
- 📖 单个通道元器件的布局与布线
- 📖 多通道格式复制

在设计电路时，通常会碰到电路设计中的一部分电路被多次重复使用的情况，这时就可以使用 Altium Designer 提供的多通道设计方法来解决这一问题，从而达到事半功倍的效果。

多通道设计的流程如图 8-1 所示。

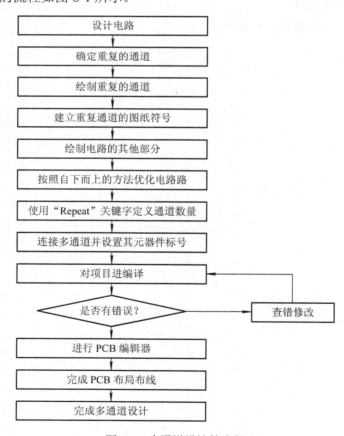

图 8-1　多通道设计的流程

　　所谓多通道设计，就是对同一通道(子图)多次引用。这个通道可以作为一个独立的原理图的子图(只绘制一次)包含在该项目中。可以很容易地通过放置多个指向同一个子图的原理图符号，或者在一个原理图符号的标志符中包含有说明重复该通道的关键字(Repeat)来定义使用该通道(子图)的次数。

8.1　多通道设计示例电路

　　在第 2 章中，我们绘制过一个光立方电路，如图 8-2 所示。

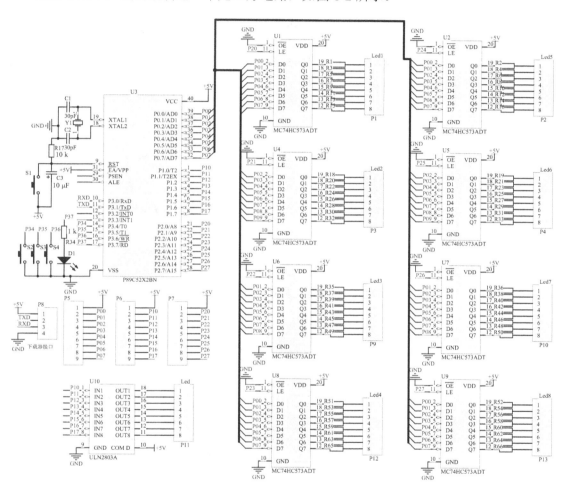

图 8-2　光立方电路原理图

　　本电路实现的是一个 $8 \times 8 \times 8$ 的光立方电路，电路看起来比较复杂，但实际上 64 列的发光二极管驱动电路是由 8 个完全相同的电路组成的。采用多通道设计方法，不但使电路原理图变得简化，而且使 PCB 板的设计也更加容易。下面就以光立方电路为例来讲述多通道设计的过程。

8.2 多通道设计的操作

8.2.1 多通道原理图的设计

从前面对原理图的分析可以看出，发光二极管列驱动部分的电路就是重复使用的"通道"，而且重复了 8 次。

1. 绘制重复通道电路图

执行菜单命令【File】/【New】/【Project】/【PCB Project】，建立一个新的 PCB 工程文件，并命名为 guanglifang.Prjpcb，如图 8-3 所示。

执行菜单命令【File】/【New】/【Schematic】，在工程下添加了一个新的空白原理图文件，保存并命名为 Cd.SchDoc，如图 8-4 所示。

图 8-3 建立工程项目

图 8-4 新建 Cd.SchDoc 原理图文件

绘制发光二极管列显示驱动单元电路，如图 8-5 所示。

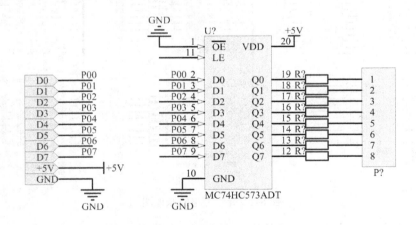

图 8-5 列显示驱动单元电路

由于本单元电路最后要形成原理图纸符号，所以按照子图的标准去画原理图，加了多个电路端口，方便建立子图与总图的连接关系。

2．建立原理图纸符号

与通常的层次原理图设计一样，多通道设计采用的也是层次设计，同样需要在新建图纸上建立原理图纸符号来表示子图。

执行菜单命令【File】/【New】/【Schematic】，在工程下再添加了一个新的空白原理图文件，保存并命名为 duotongdao.SchDoc，如图 8-6 所示。

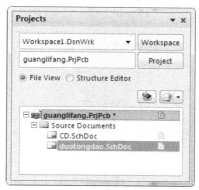

图 8-6　新建 duotongdao.SchDoc 原理图文件

执行菜单命令【Design】/【Create Sheet Symbol from Sheet or HDL】，系统会弹出【Choose Document to Place】对话框，如图 8-7 所示。对话框中列出了该工程中所有的原理图文件，选择要放置在该图纸上图纸符号为 Cd.SchDoc 的文件名。

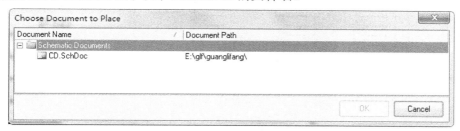

图 8-7　【Choose Document to Place】对话框

此时光标下出现 Cd.SchDoc 图纸符号，如图 8-8 所示。移动光标，将图纸符号放置到合适的位置，调整原理图纸符号的大小和 I/O 端子的位置，如 8-9 所示。

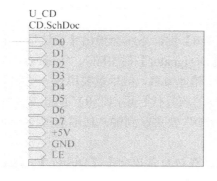 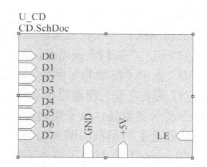

图 8-8　光标下的图纸符号　　　　　　图 8-9　调整后图纸符号

完成光立方其余电路的绘制，如图 8-10 所示。

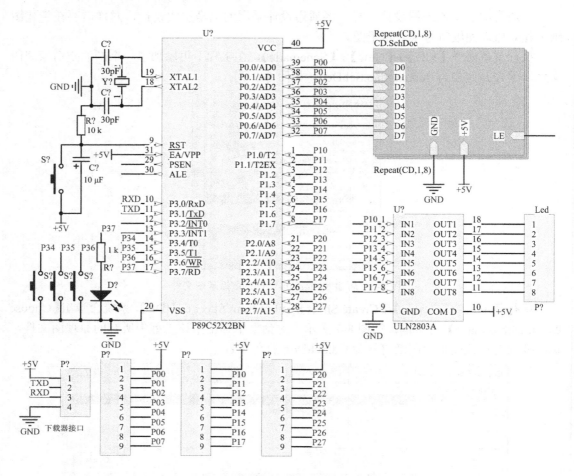

图 8-10　duotongdao.SchDoc 电路

3. 定义重复通道数量

下面用一个 Cd.SchDoc 图纸符号来表示所需要的所有通道。为实现这个功能，Altium Designer 专门提供了 Repeat 命令，命令的格式为

Repeat(sheet_symbol,first_channel,last_channel)

双击该图纸符号或在放置图纸符号时按【Tab】键，系统会弹出【方块符号】对话框，如图 8-11 所示。在【Properties】选项卡中的【Designator】栏中输入"Repeat(CD,1,8)"，其中，"CD"表示子图纸的文件名，图纸符号可以随便命名，但尽量要用短一些的名字。因为在编译时，图纸符号名和通道序号要加到元器件的项目代号后，如"R1"就会变为"R1_CD*"。这条命令的含义就是，该子图通过图纸符号"CD"要关联到输入通道原理图 8 次，设置好的【方块符号】对话框如图 8-12 所示。

【Filename】栏中显示的是子图的文件名。在执行菜单命令【Design】/【Create Sheet Symbol from Sheet or HDL】时，文件名会自动添加在该栏中。【Unique ID】栏用于自动产生符号 ID，以区别其他的符号。

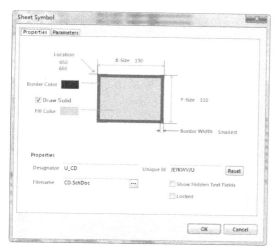
图 8-11　方框符号对话框

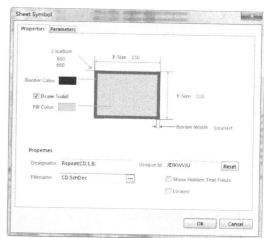
图 8-12　设置好方框符号对话框

该对话框的上半部分是图纸符号的外形设置。一般来说，设置图形的大小用鼠标拖曳的方法比较方便，而边框和填充的颜色是以实心填充显示还是只显示边框等方式，也是在这里设置。

单击对话框中的【Parameters】标签，打开【Parameters】选项卡，如图 8-13 所示。

在【Parameters】选项卡中单击【Add…】按钮，可以给该图纸符号添加一个描述性的字符串，对该选项卡进行如图 8-14 所示的设置。在【Name】栏中输入"guanglifang"，在【Value】栏中输入"Repeat(CD,1,8)"，并选中【Visible】复选框，设置其类型为"STRING"。

图 8-13　【Parameters】选项卡

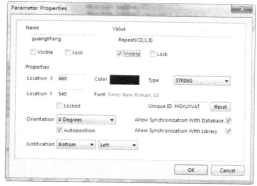
图 8-14　设置【Parameters】对话框

设置完成后，【Parameters】选项卡显示如图 8-15 所示。

图 8-15　设置完成的图纸符号参数

完成所示的设置后，该图纸符号如图 8-16 所示。

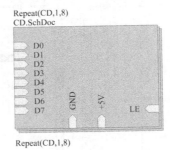

图 8-16　设置完成的图纸符号

4. 元器件统一命名

执行菜单命令【Tools】/【Annotate Schematics】，系统会弹出【Annotate】对话框，如图 8-17 所示。该对话框中包括层次原理图中所有的原理图文件。按一定的方向对工程下所有的元器件进行统一命名，结果如图 8-18 和图 8-19 所示。

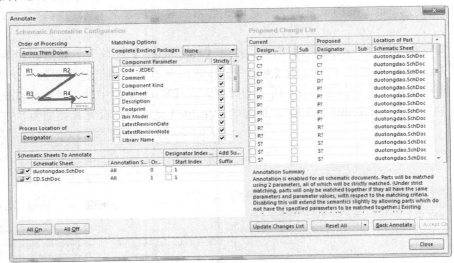

图 8-17　【Annotate】对话框

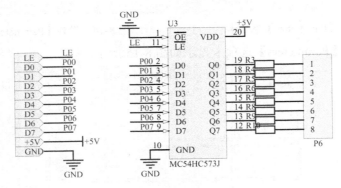

图 8-18　CD.SchDoc 原理图统一对元器件编号后的结果

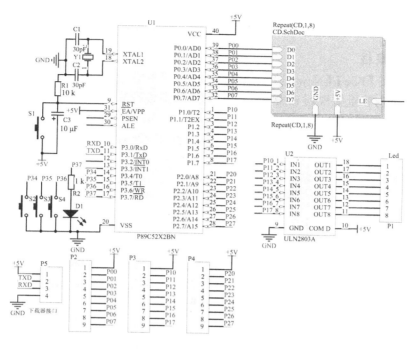

图 8-19　duotongdao.SchDoc 原理图统一对元器件编号后的结果

5. 元器件封装统一检查

通过以上步骤，多通道原理图设计已完成，在 PCB 设计之前，必须保证每一个元器件有一个正确的封装。否则原理图中的元器件不能正确导入到 PCB 板中。

执行菜单命令【Tools】/【Footprint Manager】，出现如图 8-20 所示的对话框，对于没有封装的元器件在右边的窗口会提示出来，可以在此窗口添加封装。

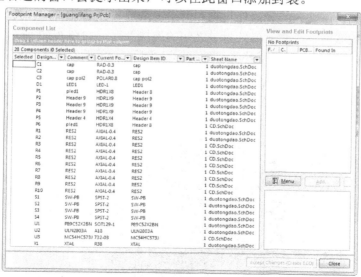

图 8-20　Footprint Manager 对话框

一般元器件封装存在问题的原因是没有安装元器件所对应的集成库。

8.2.2 多通道 PCB 的设计

1. 规划 PCB 板

执行菜单命令【File】/【New】/【PCB】，启动 PCB 编辑器，并将其命名为"glfpcb.PcbDoc"。按照第 5 章所讲内容重新规划 PCB 板，进行相应的参数设置。

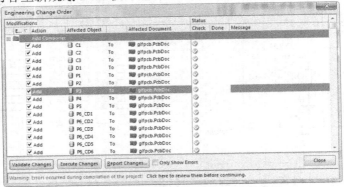

图 8-21　Engineering Change Order 对话框

2. 导入网络表

在 PCB 编辑器下执行菜单命令【Design】/【Import Changes From guanglifang.Prjpcb】，系统弹出"Engineering Change Order"对话框，该对话框详细列出从原理图传递到 PCB 中的元器件、元器件网络连接、元器件类及 Room 等信息，如图 8-21 所示。

单击【Validate Changes】按钮，校验这些信息的改变，在对话框右侧的状态栏【Check】列中，出现一列绿色的对号标志，表明对这些对象的操作是正确的；然后单击【Execute Changes】按钮，将元器件封装及网络表装入到 PCB 文件，如果装入正确，则在右侧的状态栏【Done】列中，出现一列绿色的对号标志，网络表装载完成，关闭对话框。

此时可以看到，所装入的元器件封装和网络表均放置在 PCB 的电气边界之外，并且以飞线的形式显示关联网络表和元器件封装之间的连接关系，如图 8-22 所示。

图 8-22　网络表导入 PCB 板后结果

从图 8-22 中可以看出，8 个列驱动单元电路已经按照定义的数量成功建立。所有的子图元器件都存放在自己的 Room 空间内，且各个通道元器件标号分别加上了通道的尾缀。

3. 对工程下所有的 Room 进行布局

执行菜单命令【Tools】/【Component Placement】/【Arrange with Room】，编辑所有的 Room 形状，然后对所有的 Room 进行合理布置，全盘考虑元器件的分布和信号的走向等方面的因素，进行 Room 空间布放，如图 8-23 所示。

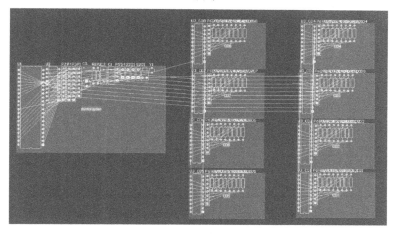

图 8-23　对所有元器件按照 Room 进行布局

4. 布通多通道中的一个通道

下面进行元器件的手工布局。根据原理图中各元器件的关系，按照连线最短原则对其中一个通道下所有的元器件进行布局，如图 8-24 所示。

下面开始元器件布线。由于光立方电路的连线较多，所以在布线规则里设置成双面板布线，布线的最佳宽度设为 20 mil。

执行菜单命令【Auto Route】/【Room】，对布局好的 Room 进行自动布线，结果如图 8-25 所示。如果对自动布线结果不是很满意，可以通过手动进行修改。

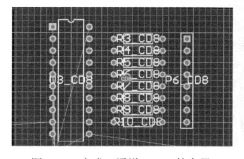
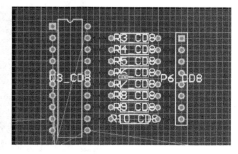

图 8-24　完成一通道 Room 的布局　　　　图 8-25　完成一通道 Room 的布线

5. 自动完成多通道中其余通道的布局和布线

执行菜单命令【Design】/【Room】/【Copy Room Formats】，此时光标变成十字形状，在布好线的通道上单击鼠标，此时光标依然存在，在待复制的目标通道上单击鼠标，系统会弹出【Confirm Channel Format Copy】对话框，如图 8-26 所示。

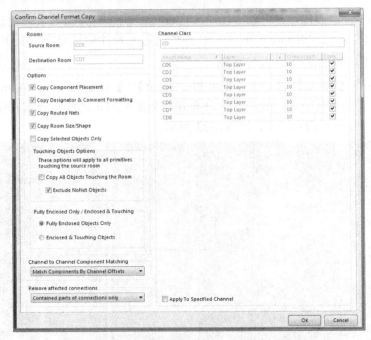

图 8-26 　【Confirm Channel Format Copy】对话框

在【Rooms】区域中列出了所选择的源通道和目标通道。

在【Options】区域中，可以设置复制元器件布局、布线网络、通道尺寸/形状等。

在【Channel Class】区域中，列出了通道类别的名称、通道类的成员以及是否应用源通道到所有通道的选项。

设置好这些选项后，单击【OK】按钮，系统就会按照源通道的样子自动完成该通道元器件的布局和布线；同时给出信息提示窗口。该窗口中提示共完成了 10 个元器件的更新。

依次完成其余通道元器件的布局和布线，结果如图 8-27 所示。

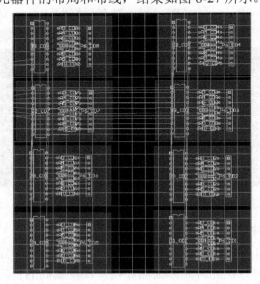

图 8-27 　利用格式拷贝功能完成多通道中其余通道的布局和布线

至此，每个通道的 Room 已完成了它的功能，现在可以删除；此后完成其他电路的布局和布线工作，如图 6-28 所示。

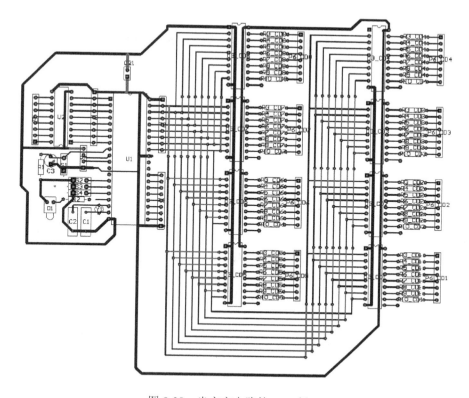

图 8-28　光立方电路的 PCB 板

通过上述步骤可以看出，Altium Designer 提供的多通道电路设计功能对完成电路中相同电路的布局和布线还是非常方便的。

习　　题

1. 简述多通道设计的流程。
2. 使用多通道设计有什么优点？
3. 找一个立体声功放电路，试按照多通道设计方法进行 PCB 设计。

第9章 综合实例

内容提要

- 了解电子产品设计流程
- 提高原理图绘制水平
- 熟练掌握电路 PCB 的设计技能

9.1 Altium Designer 设计流程介绍

通过前面 8 章的学习，读者已经了解了 Altium Designer 的基本使用方法，掌握了原理图的绘制、印制电路板的设计以及电路仿真的基本方法，但前面的章节只是把 Altium Designer 的使用方法分解成很多知识点进行介绍，所以还需要用一些综合实例将这些知识点贯穿起来，使读者对于印制电路板设计流程有一个整体认识。本章将以直流稳压电源电路、单片机最小系统以及单片机开发板电路的设计为案例，通过练习，使读者进一步熟练地掌握 Altium Designer 的使用方法。

9.1.1 电子产品设计流程

在学习 Altium Designer 设计流程之前，先了解一下电路板的设计在整个电子产品的研发环节中所占的位置。

1. 确定规格

企业根据市场需求或其客户的要求，调查搜集有关资料加以消化，并与相关人员协商出此产品的最终规格，再将电子部分的规格交给电子工程师，确定设计方案。为了突破复杂关键技术，减小产品预研的技术风险，寻求最佳方案，应进行一系列的试验，要做好原始记录，并加以整理分析。

2. 绘制线路图

电子工程师根据用户的需求，绘制电路图(Schematic 或称 Entry)，待完成后，交给布局工程师(Layout Engineer)进行电路板的设计。

3. 电路板设计

布局工程师根据电子工程师提供的电路图及设计规范要求，并在电子工程师的参与下，协同进行电路板的设计工作。待完成后，产生相关的设计资料(即底片档案，Gerber Files 或称 Artwork Files)，交给下游的电路板加工厂。

4．试做电路板

电路板加工厂根据收到的相关设计资料，立即试做少量的电路板。

5．插件及焊接

电子工程师收到电路板样本(PCB Sample)后，立即自行或交由专职人员进行零件的插接及焊接作业。

6．除错及验证

电子工程师对插好零件的电路板进行功能除错及验证；若有问题，则进行修改作业，直到没有错误为止；若无错误，则可进行工厂试产或量产作业。

9.1.2 电子线路板设计流程

在计算机上，利用 Altium Designer 进行电路板设计的过程如下：

(1) 编辑原理图。原理图编辑(Schematic Edit)是电路 CAD 设计的前提，也是电路 CAD 软件必备的功能。

(2) 必要时利用 Altium Designer 软件的电路仿真功能，对电路的功能和性能指标进行仿真测试。电路的功能和性能主要由原理图决定。

(3) 生成网络表文件，创建 PCB 文件并将原理图中的元器件序号、封装形式以及连接关系装入 PCB 文件内。

(4) 若有问题则返回(1)，修改原理图。

(5) 执行"Update PCB…"命令，或启动 Altium Designer PCB 编辑器，并装入从原理图文件中提取的网络表文件。

(6) 设计元器件封装，Altium Designer 不可能提供所有元器件的封装。如果发现元器件封装库中没有所需要的元器件，可以自己动手设计元器件封装。

(7) 编辑 PCB，根据系统设计的要求绘出 PCB 的轮廓，按照网络表和设计规则要求布局和布线，最后进行设计规则检查。

9.2 基于 MC34063 直流电源变换器的设计

9.2.1 MC34063 芯片介绍

MC34063 是一单片双极型线性集成电路，专用于 DC-DC 电源变换器控制部分。片内包含有温度补偿带隙基准源、一个占空比周期控制振荡器、驱动器和大电流输出开关。它能使用最少的外接元器件构成开关式升压变换器、降压式变换器和电源反向器。这种开关电源相对线性稳压电源来说，效率较高，而且当输入输出电压降很大时，效率不会降低；该电源也不需要大的散热器，因此体积较小，应用范围非常广泛；主要应用于以微处理器或单片机为基础的系统里。

1．MC34063 芯片特点

MC34063 芯片具有以下特点：

- 能在 3.0～40 V 的输入电压下工作。
- 具有短路电流限制。
- 低静态工作电流。
- 输出开关电流可达 1.5 A(无外接三极管)。
- 输出电压可调。
- 工作振荡频率从 100 Hz 到 100 kHz。

2．MC34063 内部结构及引脚功能

MC34063 内部结构及引脚功能如图 9-1 所示。

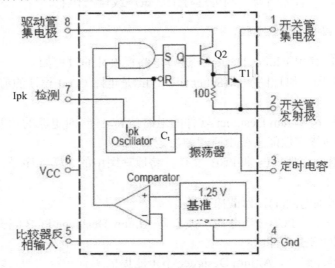

图 9-1　MC34063 内部结构及引脚

- 1 脚：开关管 T1 集电极引出端。
- 2 脚：开关管 T1 发射极引出端。
- 3 脚：定时电容 Ct 接线端；调节 Ct 可使工作频率在 100～100 kHz 范围内变化。
- 4 脚：电源地。
- 5 脚：电压比较器反相输入端，同时也是输出电压取样端；使用时应外接两个精度不低于 1%的精密电阻。
- 6 脚：电源端。
- 7 脚：负载峰值电流(Ipk)取样端；6、7 脚之间电压超过 300 mV 时，芯片将启动内部过流保护功能。
- 8 脚：驱动管 T2 集电极引出端。

9.2.2　MC34063 芯片构成的升压变换电路

1．MC34063 数控升压电路原理图

MC34063 数控升压电路原理图如图 9-2 所示，通过 R10 电位器可调节其输出电压的大小，只要将 R10 电位器的中心抽头电压用单片机的数模电路的输出电压代替，就变成了数控升压电路。

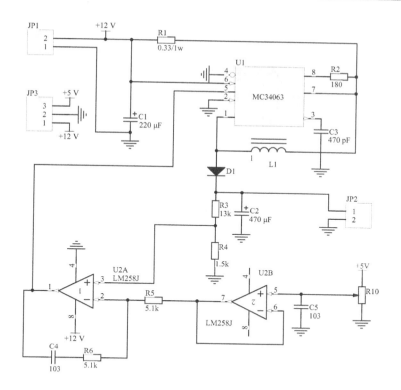

图 9-2　MC34063 数控升压电路原理图

2. MC34063 数控升压电路 PCB

MC34063 数控升压电路的 PCB 如图 9-3 所示。

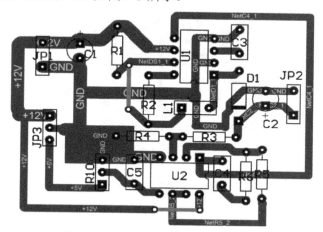

图 9-3　MC34063 数控升压电路 PCB

9.2.3　MC34063 芯片构成的降压变换电路

1. MC34063 数控降压电路原理图

MC34063 数控降压电路的原理图如图 9-4 所示。

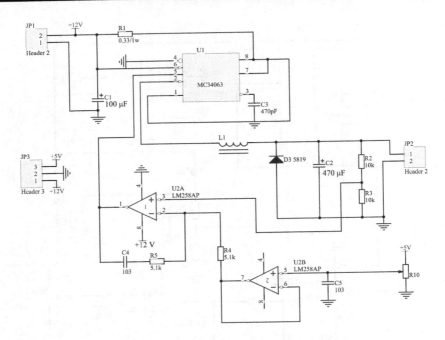

图 9-4　MC34063 数控降压电路原理图

2．MC34063 数控降压电路 PCB

MC34063 数控降压电路的 PCB 如图 9-5 所示。

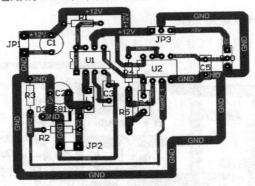

图 9-5　MC34063 数控降压电路 PCB

9.3　基于 LM317 的 0～20 V 直流电源设计

9.3.1　LM317 集成电路介绍

LM317 是应用最为广泛的电源集成电路之一，它不仅具有固定式三端稳压电路的最简单形式，又具备输出电压可调的优势。

1．LM317 集成电路的特点

LM317 集成电路具有以下特点：

- 输出电压范围从 1.25～37 V 连续可调。
- 保证 1.5 A 输出电流。
- 典型线性调整率及负载调整率都达到 0.01%。
- 纹波抑制比达到 80 dB。
- 具有输出短路、过流、过热保护和调整管安全工作区保护的功能。

2．LM317 引脚

LM317 有 3 个管脚：

- 第一引脚为电压调节端。
- 第二引脚为电压输出端。
- 第三引脚为电压输入端。

3．LM317 典型应用电路

LM317 典型应用电路如图 9-6 所示。

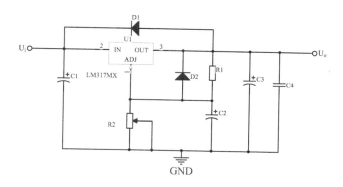

图 9-6 LM317 典型应用电路

输出电压与电压调节电路的关系为

$$U_o = 1.25\,V \times \left(1 + \frac{R_2}{R_1}\right)$$

9.3.2 基于 LM317 的 0～20 V 直流电源设计

1．由 LM317 组成的 0～20 V 直流稳压电源

由 LM317 组成的 0～20 V 直流稳压电源原理图如图 9-7 所示，本电路具有以下几个特点：

- 调压部分采用 LM317。
- LM317 的 ADJ 电压由集成运放 U2A 产生，在 −1.25～+18.75 V 范围内变化，保证电源输出电压从 0～20 V 的范围内变化。
- U2 集成电路采用正负电源供电，正电压为 +20 V，负电压为 −5 V。
- 输出电压大小由电位器 R14 控制，R14 电位器的输出电压最低为 0 V，最高为 5 V，U2A 运放的同相放大倍数为 4 倍。控制电压经同相放大后与反相端基准电压相减，保证 U2A 的输出电压范围为 −1.25～+18.75 V。

- 如果将 R14 电位器的输出电压由单片机的 D/A 信号替换，本电路就变成数控电压源。
- 单片机通过 ADC0 电压可以测量输出电压的大小，通过 ADC1 电压可以测量输出电流，并完成过流保护功能。
- 主电源输入电压由变压器将 220 V 交流降压后，再经过桥式整流和滤波电路来提供。
- 控制电路所需要的 +20 V、+5 V、−5 V 电压也是由变压器降压后的电压经半波整流、滤波、集成稳压电路来提供。
- 为了提高电源的电流驱动能力，增加了由 Q10 和 R100 组成的扩流电路。

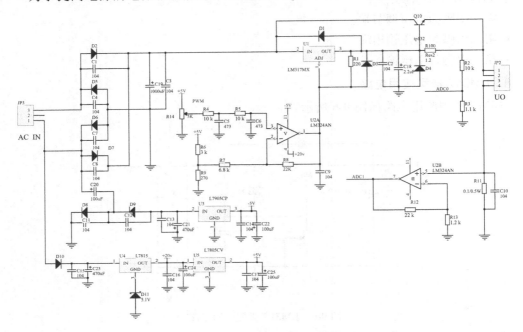

图 9-7　0～20 V 直流稳压电源

2. 由 LM317 组成的 0～20 V 直流电源的 PCB

由 LM317 组成的 0～20 V 直流电源的 PCB 如图 9-8 所示。

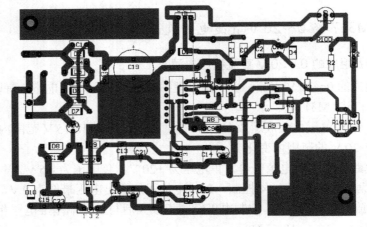

图 9-8　0～20 V 直流稳压电源 PCB 板

9.4 单片机最小系统的电路设计

近年来，各种电子类竞赛项目越来越多，大到全国大学生电子设计竞赛，小到各行业、各省区的电子技能比赛。但所有电子类竞赛项目都有一个共同点，就是在竞赛内容上都用到了单片机技术，而且对单片机系统有一些特殊要求，就是在单片机主板上只能有键盘、显示、串口通信、A/D、D/A 变换基本单元电路。下面针对大赛的具体要求，设计一个单片机最小系统。

9.4.1 单片机最小系统的原理图

设计完成的单片机最小系统如图 9-9 所示，由于电路功能多，原理图复杂，元器件之间的网络连接主要采用网络标号，可读性强。电路各个模块的功能如下所述。

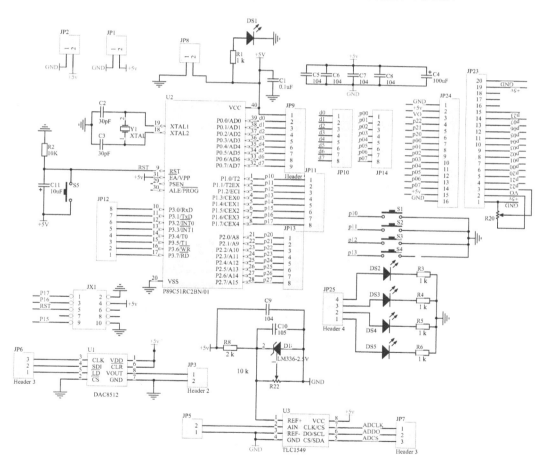

图 9-9 单片机最小系统原理图

(1) 电源部分：电源部分由主板外部的电源电路产生 +5 V 电压，通过 JP8 开关引入单片机系统。为了电源的稳定性，在板子的不同位置放置 C5、C6、C7、C8 和 C4 滤波电容。

在主板上又增加了 JP2、JP1 插头，以方便向外部电路提供 +5 V 电压。

(2) 单片机型号：此单片机最小系统采用 P89S52 单片机，ROM 空间达到 8 K，可满足一般电子产品编程需要，支持 ISP 下载，JX1 是它的下载接口。

(4) 键盘：共设有 4 个独立式按键，方便编程。

(5) 显示电路：显示部分提供两种独立插头，其中 JP24 接 LCD1602 显示器，用于英文和特殊符号显示；JP23 接 LCD12864 显示器，可显示中文。另外还有 4 个 LED 灯，可用于单片机一些状态信息的显示。

(6) A/D 电路：采用 TLC1549。

TLC1549 是 10 位模数转换器。它采用 CMOS 工艺，具有内在的采样和保持，采用差分基准电压高阻输入，抗干扰，可按比例量程校准转换范围，总的不可调整误差达到±1LSB Max(4.8 mV)等特点。

本系统将 TLC1549 基准电压(REF+)设定为 2.5 V，所以模拟信号的输入电压范围为 0～2.5 V，TLC1549 通过三线式串口方式与单片机通信，所以电路简单，占用单片机资源较少。

(7) D/A 电路：采用 DAC8512。

DAC8512 是一款完整的串行输入、12 位电压输出数模转换器，采用+5 V 单电源供电，内置 DAC、输入移位寄存器和锁存器、基准电压源以及一个轨到轨输出放大器。这些单芯片 DAC 采用 CBCMOS 工艺制造，适合仅有+5 V 电源的系统，具有成本低、易于使用的特点。

DAC8512 采用三线式串行接口与单片机连接，提供数据输入(SDI)、时钟(CLK)和负载选通(LD)3 个引脚，所以电路简单，占用单片机资源较少。

9.4.2 单片机最小系统 PCB

单片机最小系统的 PCB 如图 9-10 所示。

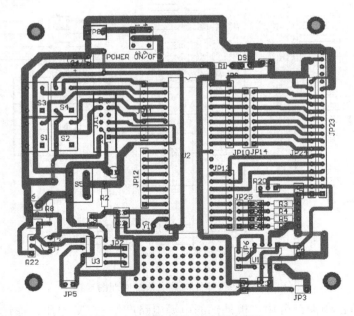

图 9-10 单片机最小系统原理图

9.5 单片机开发板电路设计

单片机开发板电路在保留前面讲过的单片机最小系统的大部分电路外，将显示电路变成了 LCD12232S，还增加了时钟电路、标准 RS232 接口。为了使开发板的体积更小，除过插接件外，大部分元器件都采用贴片封装。下面具体讲述单片机开发板的设计流程。

9.5.1 创建 PCB 工程

首选新建一个 PCB 工程，在工程下新建原理图和 PCB 文件。

9.5.2 原理图文件设计

单片机开发板电路如图 9-11 所示。

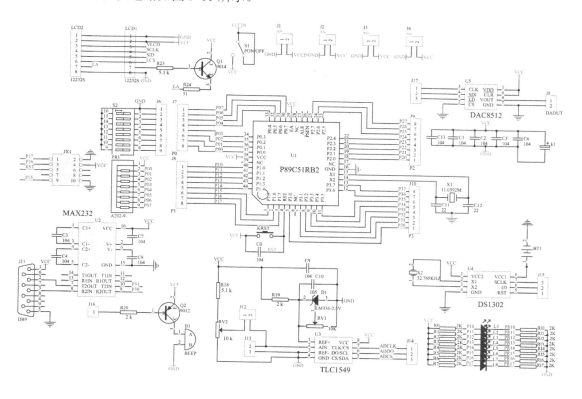

图 9-11 单片机开发板电路原理图

绘制原理图时要注意以下事项：
- 首先加载原理图中元器件所在的原理图库。
- 如果元器件所对应的库无法找到，就要先创建元器件的集成库。
- 除了插接元器件外，其余元器件的封装全部采用贴片元器件。
- 元器件网络之间的连线尽量采用网络标号。

9.5.3 PCB 文件设计

1．规划 PCB 板

- PCB 板是一个边长为 4000 mil 的正方形。
- PCB 板参数设置。设置 PCB 板为双面板，只允许顶层放置元器件，其余参数保持系统默认值。

2．元器件及网络导入

利用 Altium Designer 的同步更新功能将原理图中的元器件及网络连接关系导入到 PCB 文件。

3．元器件布局

元器件采用手工布局，所有元器件的排列位置如图 9-12 所示。

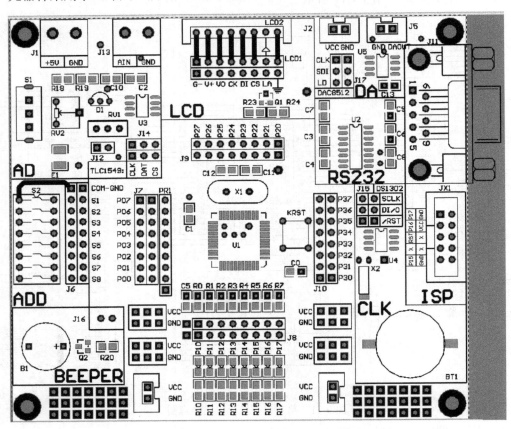

图 9-12 单片机开发板元器件布局位置

4．元器件布线

首先进行元器件布线参数设置，包括布线宽度、线距等，允许双面布线。顶层布线如图 9-13 所示，底层布线如图 9-14 所示，综合布线效果如图 9-15 所示。

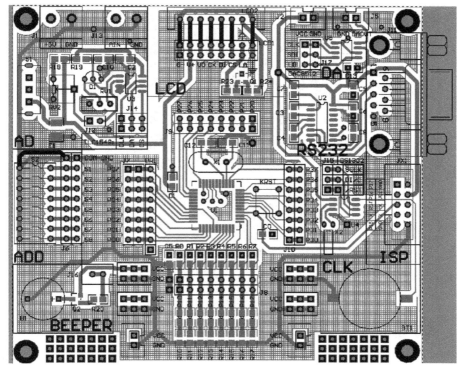

图 9-13 单片机开发板顶层元器件布线图

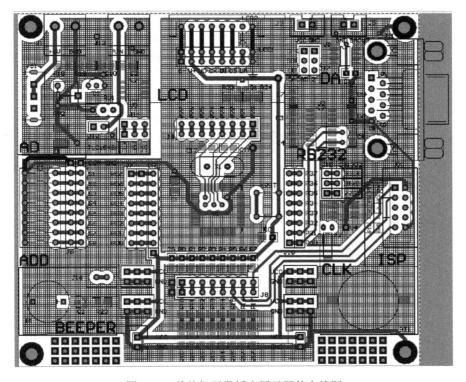

图 9-14 单片机开发板底层元器件布线图

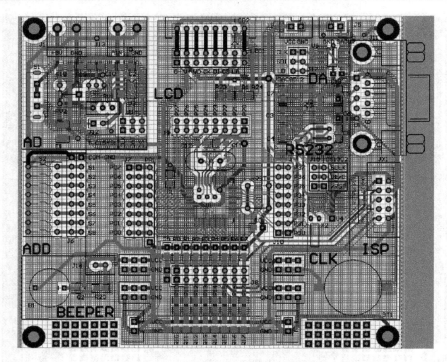

图 9-15　单片机开发板整体布线图

5. 单片机开发板 3D 效果图

单片机开发板 3D 效果图如图 9-16 所示。

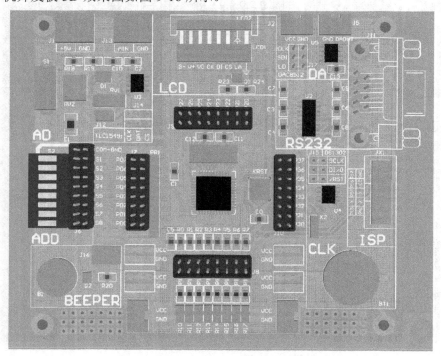

图 9-16　单片机开发板 3D 效果图

附 录　常 用 快 捷 键

Enter——选取或启动

Esc——放弃或取消

F1——启动在线帮助窗口

Tab——启动浮动图件的属性窗口

Pgup——放大窗口显示比例

Pgdn——缩小窗口显示比例

End——刷新屏幕

Del——删除点取的元器件(1 个)

Ctrl + Del——删除选取的元器件(1 个或 1 个以上)

x+a——取消所有被选取图件的选取状态

x——将浮动图件左右翻转

y——将浮动图件上下翻转

Space——将浮动图件旋转 90°

Ctrl + Ins——将选取图件复制到编辑区里

Shift + Ins——将剪贴板里的图件粘贴到编辑区里

Shift + Del——将选取图件剪切放入剪贴板里

Alt + Backspace——恢复前一次的操作

Ctrl + Backspace——取消前一次的恢复

Ctrl + g——跳转到指定的位置

Ctrl + f——寻找指定的文字

Alt + F4——关闭 Protel

Spacebar——绘制导线、直线或总线时，改变走线模式

v + d——缩放视图，以显示整张电路图

v + f——缩放视图，以显示所有电路部件

Home——以光标位置为中心，刷新屏幕

Esc——终止当前正在进行的操作，返回待命状态

Backspace——放置导线或多边形时，删除最末一个顶点

Delete——放置导线或多边形时，删除最末一个顶点

Ctrl + Tab——在打开的各个设计文件文档之间切换

Alt + Tab——在打开的各个应用程序之间切换

a——弹出 Edit\Align 子菜单

b——弹出 View\Toolbars 子菜单

e——弹出 Edit 菜单

f——弹出 File 菜单

h——弹出 Help 菜单

j——弹出 Edit\Jump 子菜单

l——弹出 Edit\Set Location Makers 子菜单

m——弹出 Edit\Move 子菜单

o——弹出 Options 菜单

p——弹出 Place 菜单

r——弹出 Reports 菜单

s——弹出 Edit\Select 子菜单

t——弹出 Tools 菜单

v——弹出 View 菜单

w——弹出 Window 菜单

x——弹出 Edit\Deselect 子菜单

z——弹出 Zoom 菜单

左箭头——光标左移 1 个电气栅格

Shift + 左箭头——光标左移 10 个电气栅格

右箭头——光标右移 1 个电气栅格

Shift + 右箭头——光标右移 10 个电气栅格

上箭头——光标上移 1 个电气栅格

Shift + 上箭头——光标上移 10 个电气栅格

下箭头——光标下移 1 个电气栅格

Shift + 下箭头——光标下移 10 个电气栅格

Ctrl + 1——以零件原来尺寸的大小显示图纸

Ctrl + 2——以零件原来尺寸的 200%显示图纸

Ctrl + 4——以零件原来尺寸的 400%显示图纸

Ctrl + 5——以零件原来尺寸的 50%显示图纸

Ctrl + f——查找指定字符

Ctrl + g——查找替换字符

Ctrl + b——将选定对象以下边缘为基准，底部对齐

Ctrl + t——将选定对象以上边缘为基准，顶部对齐

Ctrl + l——将选定对象以左边缘为基准，靠左对齐

Ctrl + r——将选定对象以右边缘为基准，靠右对齐

Ctrl + h——将选定对象以左右边缘的中心线为基准，水平居中排列

Ctrl + v——将选定对象以上下边缘的中心线为基准，垂直居中排列

Ctrl + Shift + h——将选定对象在左右边缘之间水平均布

Ctrl + Shift + v——将选定对象在上下边缘之间垂直均布

F3——查找下一个匹配字符

Shift + F4——将打开的所有文档窗口平铺显示

Shift + F5——将打开的所有文档窗口层叠显示

Shift + 单击鼠标左键——选定单个对象

Ctrl + 单击鼠标左键，再释放 Ctrl——拖动单个对象

Shift + Ctrl + 单击鼠标左键——移动单个对象

按 Ctrl 后移动或拖动——移动对象时，不受电器节点限制

按 Alt 后移动或拖动——移动对象时，保持垂直方向

按 Shift + Alt 后移动或拖动——移动对象时，保持水平方向

参 考 文 献

[1]　马安良. 计算机辅助电路设计 Protel 2004. 西安：西安电子科技大学出版社，2008.

[2]　王正勇. Altium Designer 板级设计与数据管理. 北京：电子工业出版社，2014.

[3]　周润景. Altium Designer 原理图与 PCB 设计. 北京：电子工业出版社，2015.

[4]　张义和. 电路板设计. 北京：科学出版社，2013.

[5]　叶林朋. Altium Designer 14 原理图与 PCB 设计. 西安:西安电子科技大学出版社,2015.